応用生命科学シリーズ ⑨

バイオインフォマティクス

美宅成樹・榊 佳之 編

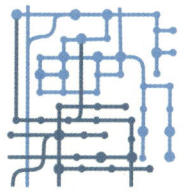

東京化学同人

序

　生命科学は，それぞれ生物学，物理学，化学の面から明らかにされた生物のもつ特質に関する研究成果を総合するとともにその意義を考え，さらにヒトとのかかわりを理解するための学問分野である．

　かつて，生命現象には単なる物質を超えた原理が働いているのではないかと考えられたときもあった．それは，すべての物質は時間とともに変化し分解する方向に進むのに対し，生命はいわば無から始まって有形の個体となりさらには増殖する，という常識を超えた面があったからであろう．20世紀半ばから生命現象を物理化学的に解明しようとする分子生物学が勃興し，生物のもつ基本的な性質である遺伝現象，遺伝子の実体，遺伝子機能の発現，代謝などの原理が明らかにされ，すべての生物に共通な仕組みと，種ごとに見られる微妙な相違についても理解が進んだ．その結果現代では，それまで努力と，経験と，幸運に任せて行われてきた生物の利用，たとえば作物や家畜の品種改良，医薬品の開発，病気の治療などをより理論的に説明し，判断し，適切に進めることができる段階に近づきつつある．同じ原理は，限られた地球の資源をより有効に利用したり，増えすぎた人類の生活を自然との折合いをはかりながら維持するためにも，重要な手がかりを与えてくれるに違いない．

　本"応用生命科学シリーズ"は，大学・研究機関などに所属する現場の研究者が中心となって，上に述べた生命科学の発展の過程で明らかにされた事実を整理するとともに，ヒトの生活とのかかわりあいでどのように理解し，未来を明るいものにするためにいかに応用すべきであると考えているかを述べたものである．特に，この領域は研究の進歩があまりに急速であったために，研究の成果や開発された技術の結果としてつくられた製品，たとえば遺伝子組換えの原理やその技術を利用した新しい医薬品，医療，食品などに関して必ずしも正しくない情報がひとり歩きしていたり，不安感をもたれたりしている面がある．このような現状をふまえて，将来直接この分野にかかわりをもたないと思われる方々にも要点を正しく理解して

いただけるように解説した第1巻"応用生命科学の基礎"から，第9巻"バイオインフォマティクス"のように専門性の高い領域に焦点を絞って解説したものまで，幅広く取りそろえることにより読者の便宜をはかったつもりである．高校，高専，専門学校，大学教養課程から専門課程の学生諸君，大学院生から技術者，研究者にいたる多くの読者のみなさんにこの意図をくんでいただければ幸いである．

2002年 2月

応用生命科学シリーズ 編集代表

永 井 和 夫

まえがき

　生命科学には，長い歴史がある．その歴史のなかで，バイオインフォマティクスは，本当に新しい学問分野であり，今後急速に発展していくと期待されている．この時期にバイオインフォマティクスという学問分野が生まれ，今後の大きな発展が期待されるのには，いくつかの理由がある．そのなかでもっとも大きな要因は，ヒトゲノム計画によって多くの生物ゲノムが解析され，今後もつぎつぎとゲノム情報が蓄積されていくと考えられていることである．

　生命の姿・形から性質まで，基本的なところはゲノムの情報によって決められている．したがって，すべての生命科学はゲノム解析によって得られる全塩基配列やアミノ酸配列を利用し，参照する必要に迫られている．ところが，大量のゲノム情報はコンピュータに収められ，バイオインフォマティクスの力なしではその利用が不可能な状況となっている．

　このことから，バイオインフォマティクスは，他の生命科学分野と大きく異なるということに気が付く．つまり，バイオインフォマティクスは横断的な学問分野である．生命科学には，対象を絞った動物学，植物学，微生物学など，また，現象を絞った発生生物学，遺伝学などがある一方，分子生物学，生化学，生物物理学などの手法を中心とした学問分野もある．これに対し，バイオインフォマティクスは情報処理を用いるという意味で手法の学問という面があるものの，扱う情報が生物にとってもっとも基本的な配列や構造の情報であることから，すべての生命科学に対する大きな役割をもっている．

　バイオインフォマティクスには，二つの側面がある．バイオインフォマティクスのフロンティアに位置する人たちは，コンピュータを用いたさまざまな手法によって生物情報からより高次の生物的意味を抽出することに努力を傾注していくだろう．また，より広い，すべての生命科学にかかわるすべての人たちは，コンピュータに向かって，関心のある対象や現象についての生物情報を検索・情報処理するのが日常茶飯事となるに違いな

い．

　この本の構成は以下のとおりである．1章では生物情報について基本的な事項を示す．2章では生物情報の基盤である生物情報のデータベースをまとめている．DNA塩基配列のレベルの問題としての遺伝子同定，シグナル同定を3章で紹介する．4章は配列解析のもっとも有力な手法である相同性検索を，5章は遺伝子の関係に注目するパスウェイについて紹介する．最後に，6章，7章ではタンパク質の分類・構造のバイオインフォマティクスを示す．

　この本が，生命科学の歴史の一里塚となれば幸いである．

　2003年1月

美　宅　成　樹
榊　　佳　之

編　集

美 宅 成 樹　東京農工大学工学部 教授, 理学博士
榊　　佳 之　東京大学医科学研究所 教授, 理学博士

執　筆

金 久　　實　京都大学化学研究所 教授, 理学博士
木 下 賢 吾　横浜市立大学大学院総合理学研究科
　　　　　　　生体超分子システム科学専攻, 理学博士
五 斗　　進　京都大学化学研究所 助教授, 工学博士
佐 藤 賢 二　北陸先端科学技術大学院大学知識科学研究科 助教授, 工学博士
高 木 利 久　東京大学医科学研究所 教授, 工学博士
藤　　博 幸　京都大学化学研究所 教授, 理学博士
富 井 健太郎　産業技術総合研究所 生命情報科学研究センター, 理学博士
中 井 謙 太　東京大学医科学研究所 助教授, 理学博士
中 村 春 木　大阪大学蛋白質研究所 教授, 理学博士
矢 田 哲 士　東京大学医科学研究所 助教授, 理学博士

（五十音順）

目　　次

1章　生物情報とは……………………………美宅成樹, 榊 佳之…1
1・1　生物は情報機械である………………………………………………1
1・2　個体が生きていくための情報伝達…………………………………2
　　1・2・1　外界からの情報の受容………………………………………3
　　1・2・2　細胞間の情報伝達……………………………………………4
　　1・2・3　細胞内の情報伝達……………………………………………5
　　1・2・4　非常に速い神経における膜電位変化………………………6
　　1・2・5　情報伝達のしくみを与えるゲノム情報……………………7
　　1・2・6　生物での情報は並列処理……………………………………9
1・3　ゲノム情報を学問するバイオインフォマティクス……………11
　　1・3・1　ゲノム解析とデータベース…………………………………12
　　1・3・2　生物進化のバイオインフォマティクス……………………14
　　1・3・3　タンパク質の構造と機能……………………………………16
　　1・3・4　ネットワーク解析と生物・細胞のシミュレーション……18
　　1・3・5　今後の展開……………………………………………………20

2章　生物情報のデータベース………………佐藤賢二, 高木利久…22
2・1　生物情報データベースとは………………………………………22
2・2　生物情報データベースの開発の歴史……………………………27
2・3　ゲノム計画とデータベースの統合化……………………………30
2・4　データベースの構成および構築技術……………………………32
2・5　インターネットを用いたデータベースの検索…………………36
2・6　高次データベースへの進化………………………………………39
2・7　データベースからの知識発見……………………………………41
2・8　生物情報データベースの将来像…………………………………45
参考URL……………………………………………………………………48

3章　遺伝子同定，シグナル同定技術 …………… 中井謙太，矢田哲士 … 50
- 3・1　シグナル同定のストラテジー ……………………………………… 50
  - 3・1・1　シグナル同定の重要性と難しさ ………………………… 50
  - 3・1・2　分子認識の生物学 …………………………………………… 51
  - 3・1・3　シグナル表現の諸方法 ……………………………………… 52
- 3・2　典型的な問題 ……………………………………………………………… 57
  - 3・2・1　大腸菌プロモーター ………………………………………… 57
  - 3・2・2　RNA スプライス部位 ……………………………………… 61
  - 3・2・3　真核生物プロモーター ……………………………………… 64
  - 3・2・4　細胞内局在化シグナル ……………………………………… 66
- 3・3　遺伝子発見のアルゴリズム ………………………………………… 67
  - 3・3・1　転写産物による遺伝子発見 ………………………………… 68
  - 3・3・2　*Ab initio* 遺伝子発見 ………………………………………… 70
  - 3・3・3　ゲノム比較による遺伝子発見 ……………………………… 76
- 3・4　遺伝子発見プログラムの信頼性 …………………………………… 79
- 3・5　ゲノムプロジェクトにおける遺伝子発見 ………………………… 81
  - 3・5・1　原核生物 ……………………………………………………… 81
  - 3・5・2　真核生物 ……………………………………………………… 82
- 参考文献 ……………………………………………………………………… 84

4章　相同性検索技術の基礎 …………………… 藤　博幸，富井健太郎 … 85
- 4・1　相同アミノ酸配列の比較解析 ………………………………………… 85
- 4・2　動的計画法によるアラインメント ………………………………… 85
  - 4・2・1　アラインメント ……………………………………………… 86
  - 4・2・2　グローバル・アラインメント ……………………………… 88
  - 4・2・3　ローカル・アラインメント ………………………………… 92
- 4・3　FASTA ……………………………………………………………………… 94
  - 4・3・1　FASTA のアルゴリズム …………………………………… 94
  - 4・3・2　FASTA における配列類似性の統計的評価 …………… 98
- 4・4　BLAST ……………………………………………………………………… 98
  - 4・4・1　ギャップなしアラインメントのモデル ………………… 99
  - 4・4・2　BLAST のアルゴリズム …………………………………… 99
- 4・5　マトリックス検索 ………………………………………………………… 102
  - 4・5・1　モチーフ ……………………………………………………… 102

4・5・2	重み行列	104
4・5・3	ホモロジー・プロファイル法	105
4・6	PSI-BLAST と PHI-BLAST	110
4・6・1	gapped BLAST と PSI-BLAST	110
4・6・2	PHI-BLAST	113
4・7	おわりに ── Twilight Zone ──	114
参考文献		114

5章　パスウェイから見た生物情報　　　五斗 進, 金久 實　116

5・1	ゲノム情報からパスウェイ情報へ	116
5・1・1	パスウェイとは	117
5・1・2	パスウェイ情報が重要なわけ	118
5・2	パスウェイ情報のデータベース	120
5・3	パスウェイデータベースを用いた生物情報の解析	125
5・3・1	パスウェイのグラフ表現	126
5・3・2	パスウェイの再構築	126
5・3・3	パスウェイの経路探索	129
5・3・4	パスウェイの比較	134
5・4	パスウェイの今後	137
参考文献		139

6章　タンパク質の分類から見た生物情報　　　美宅成樹　140

6・1	ゲノム時代のタンパク質分類	140
6・2	アミノ酸配列情報処理法の比較	142
6・3	タンパク質の立体構造を作る相互作用	147
6・4	構造形成を特徴付けるアミノ酸インデックス	151
6・5	物理化学的なパラメータによる膜タンパク質の予測	152
6・6	膜タンパク質のゲノム情報学	157
6・7	水溶性タンパク質を物理化学的なパラメータで予測する試み	160
6・8	まとめ	161
参考文献		163

7章　タンパク質の構造から見た生物情報　　　木下賢吾, 中村春木　164

7・1	タンパク質の立体構造情報	164

7・1・1	はじめに ………………………………………………………	164
7・1・2	基礎概念 ………………………………………………………	165
7・1・3	立体構造情報と機能の関係を理解したい理由 ………………	167

7・2 タンパク質のフォールドの類似性と多様性 ……………………… 169
   7・2・1 フォールドの類似性 ……………………………………… 169
   7・2・2 フォールドの比較法 ……………………………………… 171
   7・2・3 フォールドの類似性の意味 ……………………………… 173
   7・2・4 タンパク質のスーパーフォールド …………………… 174
7・3 フォールドの分類 …………………………………………………… 176
7・4 自然界に存在するフォールドの数は限られている ……………… 179
7・5 フォールド以外の見方 …………………………………………… 181
   7・5・1 原子配置での見方 ……………………………………… 181
   7・5・2 タンパク質の分子表面物性 …………………………… 184
7・6 構造からの機能予測 ……………………………………………… 186
7・7 タンパク質複合体による高次機能の発現 ……………………… 188
7・8 おわりに …………………………………………………………… 189
参考文献 …………………………………………………………………… 189

索　　引 ……………………………………………………………………… 191

1

生物情報とは

1・1 生物は情報機械である

　生物は多様である．私たちになじみ深い脊椎動物の範囲だけを眺めてみても，水中を泳ぐもの，空を飛ぶもの，大きなものや小さいもの，肉食のもの草食のものなど，千差万別である．さらに，昆虫，植物，菌類へと眺める範囲を広げていくと，共通点はさらに少なくなっていくように見える．バクテリアの世界は，日常的な大きさでないため，顕微鏡で観察しなければならないが，ここでも多様な形や性質が見られる．これら多種多様の生物には，どのような共通点があるのだろうか？

　抽象化していうと，**すべての生物は，情報に基づいて生きている**．生物の個体，あるいはそれを構成する細胞は，外界やまわりの細胞からの情報を受け取り，応答する．生物は危険から逃げたり，食物を探したりする．そのために外界の状況を認識するしくみをもっている．視覚では，外界からの光を受容し，認識する．音を聞き分けたり，味やにおいを感じることも外界の認識の大事なしくみとなっている．細胞の発生もからだを作る設計図に相当する情報なしでは起こらない．各細胞がまわりの細胞を認識しながら分化し，生物発生が進むのである．そのために行う細胞同士の情報のやり取り（コミュニケーション）は，細胞の働きの中でももっとも大事なものとなっている．

　このように生物は，情報を受け取り，情報処理を行い，それに従って挙動している．いい換えれば，生物は"情報機械"ともいえるのであるが，それ以上に重要な事実は情報機械を作るしくみがすべての生物で共通であるということである．情報のやり取りは生物や細胞においていろいろと多種多様な装置で行われるが，装置を

作る機構は，すべての生物で同じなのである．つまり，この情報機械は，ゲノム（遺伝子の総体）の情報によって作られている．本章では，生物という情報機械のしくみと，しくみを作っているゲノム情報の基本事項について述べ，バイオインフォマティクスについてのイメージをつかんでいただきたい．

1・2 個体が生きていくための情報伝達

　生物にとって外界の状況は常に変わっている．したがって，外界からくる物理化学的な刺激も常に変わり，生物はその情報を適切に処理して生き延びている．ヤギは忍び寄るオオカミに気が付かなければ，生き延びることはできない．また，ウサギのにおいを嗅ぎ分けることができないキツネは餓死する確率が高くなるだろう．同じようなことはバクテリアの世界でも起こる．まわりの媒質にどんな栄養が含まれているかは，時々刻々変わる．もし栄養物の組成が変わったときに，それを利用できるようにすばやく代謝酵素を用意できなければ，増殖のチャンスを失うことになるだろう．これらの情報の受容やからだの中での情報伝達は生物個体のその日暮らしにとって本質的な意味がある．

　これに対して，遺伝情報は生物個体の発生，成長を支配しているので，時間スケールで見ればかなり長時間の生命現象に関係していて，生物個体のその日暮らしにかかわる情報伝達とはあまり関係ないように見える．しかし，実は個体の短時間での情報伝達は，世代をまたぐ長期間の遺伝情報と深く関係しているのである．ま

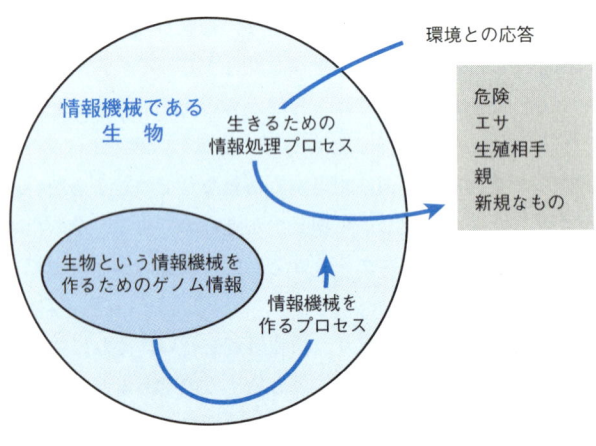

図 1・1　生物は情報機械である

ずは,体内で迅速に行われる情報伝達について簡単に触れ,その後で背景となる遺伝情報について述べることにする.

図1・1は生物に関係する情報の二重構造を示したものである.生物は環境からの情報やからだの状態の情報を適切に処理・応答する情報機械であり,それはゲノム情報に基づいて作られている.

1・2・1 外界からの情報の受容

生物は,外界の情報を受け取るために,いくつかの種類の"情報受容器"を発達させている.もっとも情報量の大きい受容器の一つに,視細胞による光の受容がある(視覚).ほかには,化学物質の受容器(嗅覚や味覚),音の受容器(聴覚),温度の受容器(温覚,冷覚),圧力の受容器(触覚)など外界の情報を受容するしくみはたくさん知られている(図1・2).

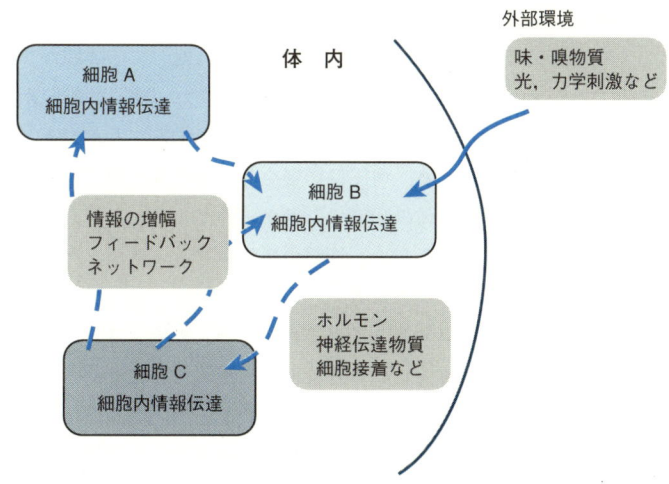

図1・2 細胞間信号伝達

視細胞には二つの働きがある.光の受容とそれに基づく膜電位の発生である.この二つの現象は,本来まったく関係のないものだが,細胞内の情報伝達によって結合されていて,視細胞の光受容体が光を吸収すると,それに応じて細胞膜上に膜電位が発生する.聴覚の受容器でも,最終的に音の波による力学的な振動を細胞の膜

電位に変換するしくみが作られているが，この変換にかかわる細胞や構造体は複雑である．これに対して温度の受容器は比較的単純で，神経細胞の細胞膜上のイオンチャネルそのものが受容体となっている．温覚や冷覚では，その受容となっているイオンチャネルが，温度が変わると構造変化を起こし，イオンの透過性を変え，膜電位を直接変化させる．化学物質の受容器での情報受容のしくみは視細胞と似ていて，化学物質を結合すると，細胞内の情報伝達の経路が働き，膜電位の変化を引き起こす．

1・2・2 細胞間の情報伝達

多細胞生物では，細胞はお互いに何らかのコミュニケーションを行っている．そのしくみはおおむね化学物質を経由したコミュニケーションである．細胞同士がお互いコミュニケーションして，全体の調和を図っているのである（図1・2）．信号を送り出す細胞と受け取る細胞の間の位置関係や信号伝達の範囲などによって，いくつかのタイプに分けられる．

内分泌のホルモンによる信号の伝達は，身体の全体に対して広範囲かつ持続的に影響を与えることができる．ホルモンは血流中に分泌され，遠くの細胞がそれを認識するので，身体のさまざまな部分の細胞が同時に反応することができ，身体全体の制御に適していると考えられる．血圧に影響を与えるホルモン，血糖値を制御するホルモン，性を特徴付ける身体の状態に影響する性ホルモンなど，非常に多くのホルモンが見いだされている．そして，情報の増幅やフィードバック，それらの組合わせによるネットワークが形成される．

シグナル分子を細胞外に分泌するタイプでも，まわりの細胞にだけ影響を与える傍分泌型のシグナル分子もある．この場合は血中に出ることはなく，分子の拡散によってまわりの細胞に信号を送る．たとえば，怪我をしたところでは新しい細胞が増殖して傷を直すが，そういうところでこのタイプのシグナル分子が働いている．

ごく限られた細胞に信号を送る場合でも，神経細胞では身体の遠いところに確実に信号を送る．神経細胞での信号伝達には二つの段階があって，まず非常に細長い形をした神経細胞の全長にわたって電気信号が伝えられる．その電気信号をきっかけとして，シナプスのところで神経伝達物質が放出され，つぎの細胞に信号が伝えられる．このしくみでは，信号が混線することはなく，遠くの目的の細胞だけに迅速に信号を送ることができる．

1・2・3 細胞内の情報伝達

細胞間が情報伝達を行う背景には，各細胞がまわりからの情報に応じて自分の状態を適切に変えられるということがなければならない（図1・3）．たとえば，血液中の血糖値が高くなると，すい臓の細胞がそれを察知して，細胞内の生合成の状態を変えてインシュリンをたくさん分泌する．また，筋肉などの細胞がインシュリンを認識すると，血糖を取込み，血液中の濃度を下げるように働く．細胞は，細胞内に向けて情報伝達し，状態を変えるしくみをもっているのである．

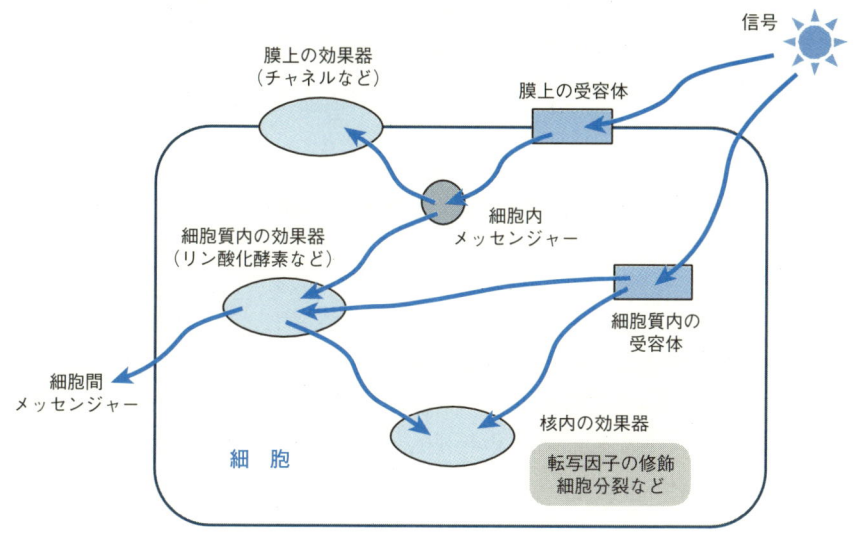

図 1・3　細胞内信号伝達

細胞内への情報伝達には，受容体（細胞外のシグナルを受ける分子），セカンドメッセンジャー（細胞内のシグナル分子），効果器（細胞の働きを変える分子）の組合わせが一つの単位となっている．細胞膜にある受容体にもいくつかのタイプがあり，Gタンパク質共役型受容体，酵素共役型受容体，イオンチャネル共役型受容体などがある．

Gタンパク質共役型受容体では，ホルモンや神経伝達物質など多くの種類のシグナル分子に対して応答する．Gタンパク質共役型受容体は，立体構造的に共通の特徴をもっている．細胞膜を横切る7本の膜貫通ヘリックスが束となって立体構造を

作っているのである．この7回膜貫通型の受容体タンパク質には，シグナル分子が結合する部分，細胞内に対して信号を伝える部分，それに二つの部分をつなぐ7本の膜貫通ヘリックスの束の部分がある．細胞外からのシグナル分子が結合すると，その結合による構造変化が膜貫通領域を伝わって，細胞内の部分にも構造変化が起こり，細胞内のシグナル分子であるGタンパク質との結合状態が変わる．

受容体と結合したGタンパク質は，それに結合しているGDP分子をGTP分子と交換し，活性型のαサブユニットと活性型の$\beta\gamma$複合体とに分離する．それと同時に，Gタンパク質は受容体とも離れる．この反応は，受容体がシグナル分子と結合して，活性化されている間ずっと繰返されるので，一つのシグナル分子の結合が数百，数千の活性型Gタンパク質に増幅される．つぎに，活性型のαサブユニットあるいは$\beta\gamma$複合体は効果器に結合し，効果器を活性型にして機能を発揮させる．

細胞でどのような働きが活性化されるかはGタンパク質と結合する効果器による．イオンを通すチャネルタンパク質，化学反応を進める酵素などが多い．ATPを基質として分子を環状にするアデニル酸シクラーゼや，脂質を分解するホスホリパーゼCなどが効果器である場合，反応産物がさらに別の反応を活性化するセカンドメッセンジャーとなる．こうした反応のカスケードによって，細胞外からの信号は，細胞内で非常に大きく増幅される．

ここで指摘しておかねばならないことは，受容体，セカンドメッセンジャー，効果器にはいろいろなタイプのものがあり，それらの信号伝達は細胞の中で行われているということである．

1・2・4 非常に速い神経における膜電位変化

化学反応による情報伝達では，どうしても時間がかかる．敏捷な捕食者から逃げたり，逃げ足の速い獲物を捕らえるには，体内での迅速な情報伝達が必要である．そこで，生物は単なる化学反応よりはるかに速い情報伝達のしくみを発達させてきた．これには，膜電位変化という非常に速い物理現象を情報伝達に利用している．神経細胞が典型的なのだが，細胞内外のイオン濃度勾配に対する膜透過性の変化が起こると膜電位変化という物理的な現象が起こるが，生物はそれを積極的に利用しているのである．

すべての細胞は膜を隔てて何らかのイオン濃度差を示している．私たちの身体の細胞は，外側でナトリウム濃度が高く，この反対にカリウム濃度は内側で高い．ナ

トリウムもカリウムも同じ1価の正電荷をもっていて，濃度勾配の反対方向に電位を発生する．つまり，外での濃度が高いナトリウムイオンに対する電位は内側がプラス，内側で濃度が高いカリウムイオンに対する電位はマイナスである．全体としてどうかというと，神経細胞の場合，ナトリウムチャネルとカリウムチャネルの両方があるが，いずれも普通の状態では閉じている．ただし，カリウムイオンの透過性の方が高く，内側でマイナスの電位（−数 10 mV 程度）が発生している．

何かのきっかけで（シナプスでの電位発生などによって）膜内外の電位変化が起こると，電位依存性ナトリウムチャネルが開く．そうすると，カリウムイオンに対する透過性よりもナトリウムイオンに対する透過性の方がはるかに高くなり，ナトリウムイオンによる電位の方が発生するようになる．つまり，細胞内がプラスへと大きく電位が振れるわけである（＋数 10 mV 程度）．さらに，電位依存性ナトリウムチャネルは，そのタンパク質の性質として，いったん開いた穴は自動的に閉じる．そのために，約1ミリ秒程度の時間でナトリウムイオンの電位からカリウムイオンの電位へと戻る．このようにして，マイナスの電位が一過的にプラスの電位に振れるパルス的な電気信号が発生することになる．

イオンチャネルには，穴が開いた状態と閉じた状態とがあるが，いったん開閉を行った後，しばらくは電位依存性チャネルの開閉が起こらない不活性状態というのもある．このために，細胞膜上のある場所で電気パルスが発生すると，場所を変えてパルスが伝播していく．神経細胞は一般に非常に細長い形をしていて，その一方の端で電気パルスが発生すると，他の端にパルスが伝播していく．このようにして身体の中を，神経細胞を伝わって電気信号が伝わっているし，脳の中ではネットワーク（回路）が形成されていて，電気的な情報処理が行われているのである．

ただし，細胞と細胞の接点のところ（シナプスという構造）では，一方の細胞が化学物質（神経伝達物質）を放出し，他方にはそれを結合する受容体があり，化学的な情報伝達によってシグナルが中継される．

1・2・5 情報伝達のしくみを与えるゲノム情報

以上のように，**生物はあらゆるところで，情報の伝達が行われ，それに基づいて生物は環境に適応し，まわりの細胞と協調している**ことがわかる．生物に対してはいろいろな見方ができるが，生物は情報処理を発達させた"情報機械"であるという見方もできるのである．こういう見方をすると，すべての分子や分子集合体は，単独で機能することはなく，情報伝達の流れの中にあって必ず別の分子と相互作用

しあっているということがよくわかるのではないだろうか．

したがって、鍵となるような分子が欠けてしまうと、生物として生き延びることさえできなくなることがあるし、あまりたくさんの情報を伝達すると、細胞が異常な挙動（たとえばガン化）を示すようになる。時間的にも空間的にもうまく制御された分子の発現が必要であり、そのために**ゲノムのシステム**が進化してきたとも考えられる。またこうしてみると、生物が含んでいる情報には、"階層性"があるということもわかる．

図1・4はDNA塩基配列とその上に書き込まれた遺伝子の情報をイメージとして示したものである。DNA塩基配列は非常に長く、その上には多くの遺伝子は散存している。そして、各遺伝子は単に分子機械であるタンパク質のアミノ酸配列に対応するDNA塩基配列が書き込まれているだけではない。タンパク質コード領域の前（上流）にそれぞれのタンパク質の発現を制御する領域がある。タンパク質コード領域と制御領域が1セットとして存在していても、これは適当にDNA上で散在していても、遺伝子の発現がうまく行われるようになっているのである．

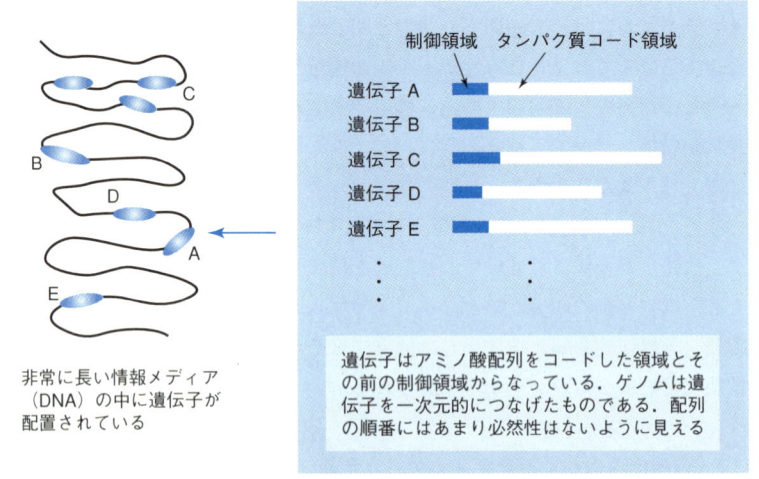

図 1・4　生物ゲノムにおける遺伝子発現のしくみ

たとえば、生物の発生過程では1個の受精卵が細胞分裂を繰返し、その途中で細胞の役割が次第に決まり、からだ全体の情報伝達のしくみが構築されていく。このとき、ゲノムの中に書き込まれた遺伝情報は、適切な時期に適切な場所で発現され

るように，遺伝子の制御が正確に行われる．それらの遺伝子の制御も遺伝子の発現によって制御されているので，ゲノム情報の中にはお互いに相互作用しあう遺伝子のカスケードが書き込まれているということになる．これによって，非常に複雑な**情報伝達のネットワーク**が作られ，生物のハードウェアができる．

しかし，コンピュータでもそうだと思うが，ハードウェアだけでは生物は良い情報機械とはならない．多くの生物は，環境の中で"学習"や"適応"という現象を示す．学習といういわばソフトウェアを乗せてはじめて，生物が完成するという意味で生物の情報にも階層性があるのである．本書は，ゲノムの情報（つまり生物のハードウェア部分）を対象としてまとめたものなので，学習や適応などという生物のソフトウェア部分については触れない．しかし，学問が進めば必然的に生物情報のハードウェア部分とソフトウェア部分が融合して，同時に理解されるようになるだろう．

1・2・6 生物での情報は並列処理

情報機械としての生物を考えるとき，もう一つの側面を指摘しておかねばならな

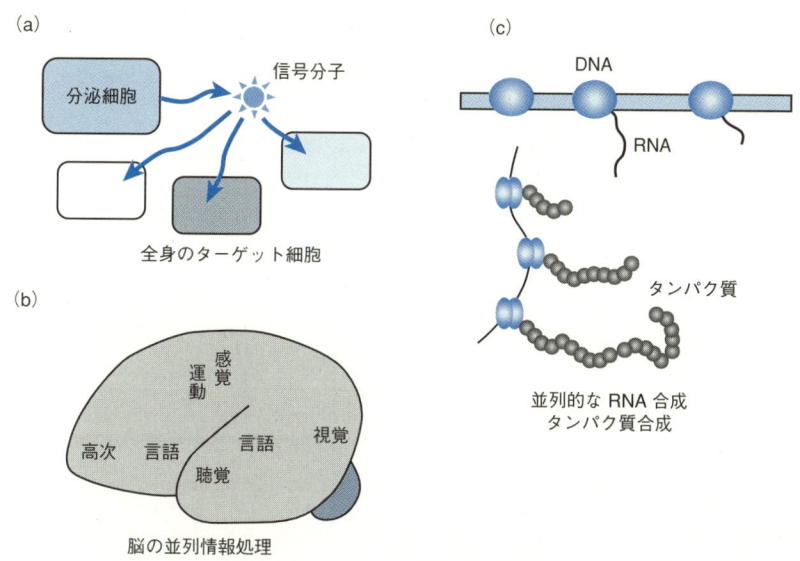

図 1・5　**生物における情報処理は基本的に並列である．**（a）ホルモンの作用，（b）脳神経系の機能局在，（c）遺伝子の発現．

表 1・1 **全ゲノムの塩基配列が明らかにされた生物種.** 全ゲノム (一部染色体を含む) の塩基配列が明らかにされた生物種は 2000 年 10 月現在で 44 種類に及ぶ. これほど多くの配列情報が得られたにもかかわらず, これらのゲノムの配列上で, タンパク質をコードしていると考えられる領域 (ORF) のうち平均すると 43％のものが機能未知 (機能未知 ORF 参照) のままである. なお, このテーブルは名古屋大学の由良敬博士がまとめたデータを用い, 本書第 7 章の著者により作成された.

生物種	ドメイン	サイズ (MB)	ORF	機能未知ORF		参考文献
Leishmania major Chr1	真核生物	0.03	79	41	52%	*PNAS*, **96**, 2902 (1999)
Mycoplasma genitalium	バクテリア	0.58	470	96	20%	*Science*, **270**, 397 (1995)
Buchnera sp. APS	バクテリア	0.64	583	83	14%	*Nature*, **407**, 81 (2000)
Ureaplasma urealyticum	バクテリア	0.75	613	288	47%	*Nature*, **407**, 757 (2000)
Mycoplasma pneumoniae	バクテリア	0.81	677	163	24%	*Nuc. Acid Res.*, **24**, 4420 (1996)
Plasmodium falciparum Chr 2	真核生物	1.00	209	90	43%	*Science*, **282**, 1126 (1998)
Chlamydia trachomatis Serovar D	バクテリア	1.05	894	290	32%	*Science*, **282**, 754 (1998)
Plasmodium falciparum Chr 3	真核生物	1.06	215	138	64%	*Nature*, **400**, 532 (1999)
Chlamydia trachomatis MoPn	バクテリア	1.07	924	296	32%	*Nuc. Acid Res.*, **28**, 1397 (2000)
Vibrio cholerae EI Tor N16961 Chr 2	バクテリア	1.07	1115	650	59%	*Nature*, **406**, 477 (2000)
Rickettsia prowazekii	バクテリア	1.10	834	311	37%	*Nature*, **396**, 133 (1998)
Treponema pallidum	バクテリア	1.14	1041	468	45%	*Science*, **281**, 375 (1998)
Chlamydia pneumoniae CWL029	バクテリア	1.23	1073	421	40%	*Nat. Genet*, **21**, 385 (1999)
Chlamydia pneumoniae AR39	バクテリア	1.23	1052	421	40%	*Nuc. Acid Res.*, **28**, 1397 (2000)
Borrelia burgdorferi	バクテリア	1.44	853	350	41%	*Nature*, **390**, 580 (1997)
Aquifex aeolicus	バクテリア	1.50	1512	663	44%	*Nature*, **392**, 353 (2000)
Thermoplasma acidophilum	古細菌	1.56	1509	686	45%	*Nature*, **407**, 583 (2000)
Campylobacter jejuni	バクテリア	1.64	1654	367	22%	*Nature*, **403**, 665 (2000)
Helicobacter pylori J99	バクテリア	1.64	1495	600	40%	*Nature*, **397**, 176 (1999)
Helicobacter pylori	バクテリア	1.66	1590	522	33%	*Nature*, **388**, 539 (1997)
Methanococcus jannaschii	古細菌	1.66	1738	1078	62%	*Science*, **273**, 1058 (1996)
Aeropyrum pernix	古細菌	1.67	2694	1538	57%	*DNA Research*, **6**, 83 (1999)
Thermoautotrophicm	古細菌	1.75	1855	1002	54%	*J. Bacteriology*, **179**, 7135 (1997)
Pyrococcus horikoshii (OT3)	古細菌	1.80	2061	1655	80%	*DNA Research*, **5**, 55 (1998)
Thermotoga maritima	バクテリア	1.80	1877	863	46%	*Nature*, **399**, 323 (1999)
Haemophilus influenzae Rd	バクテリア	1.83	1743	736	42%	*Science*, **269**, 496 (1995)
Archaeoglobus fulgidus	古細菌	2.18	2436	639	26%	*Nature*, **390**, 364 (1997)
Neisseria meningitidis Z2491	バクテリア	2.18	2121	743	35%	*Nature*, **404**, 502 (2000)
Neisseria meningitidis MC58	バクテリア	2.27	2158	999	46%	*Science*, **287**, 1809 (2000)
Xylella fastidiosa	バクテリア	2.68	2782	1499	54%	*Nature*, **406**, 151 (2000)
Vibrio cholerae EI Tor N16961 Chr1	バクテリア	2.96	2770	1156	42%	*Nature*, **406**, 477 (2000)
Deinococcus radiodurans	バクテリア	3.28	3187	1694	53%	*Science*, **286**, 1571 (1999)
Synechocystis sp. PCC 6803	バクテリア	3.57	3168	1768	56%	*DNA Res.*, **3**, 109 (1996)
Bacillus subtilis	バクテリア	4.20	4100	1722	42%	*Nature*, **390**, 249 (1997)
Mycobacterium tuberculosis	バクテリア	4.40	3924	1521	39%	*Nature*, **393**, 537 (1998)
Escherichia coli	バクテリア	4.60	4288	1629	38%	*Science*, **277**, 1453 (1997)
Pseudomonas aeruginosa	バクテリア	6.26	5570	2549	46%	*Nature*, **406**, 959 (2000)
Saccharomyces cerevisiae	真核生物	13.00	5885	3000	49%	*Science*, **274**, 563 (1996)
Arabidopsis thaliano Chr 4	真核生物	17.38	3744	1385	37%	*Nature*, **402**, 769 (1999)
Arabidopsis thaliano Chr 2	真核生物	19.64	4037	1978	49%	*Nature*, **402**, 761 (1999)
Homo sapiens Chr 21	真核生物	33.00	225	92	41%	*Nature*, **405**, 311 (2000)
Homo sapiens Chr 22	真核生物	33.40	545	148	27%	*Nature*, **402**, 489 (2000)
Caenorhabditis elegans	真核生物	97.00	19099	11140	60%	*Science*, **282**, 2012 (1998)
Drosophila melanogaster	真核生物	180.00	13601	7576	56%	*Science*, **287**, 2185 (2000)

い．図1・5は生物内での情報伝達や遺伝子の発現パターンの様子を示したものである．三つの例から共通してわかることは，生物での情報伝達が高度に並列化されたシステムだということである．ホルモンによる制御の場合，分泌細胞から分泌された信号分子は循環器系を流れ，全身のターゲット細胞に影響を及ぼすことができる．脳の場合も，機能の局在がはっきりしていて，視覚，聴覚，言語処理，運動，感覚などいろいろな機能が別々の場所で行われ，並列に行われた処理が統合されていると考えられる．

生物の部品を作るプロセス（DNAやRNAへの転写とRNAからタンパク質への翻訳）も基本的に並列処理である．RNA合成酵素やリボソームはDNAあるいはRNAに複数個結合することができ，並列の処理で増幅が可能である．

生物は，あらゆるところで並列処理が行われる高度に並列化された情報機械なのである．

1・3 ゲノム情報を学問するバイオインフォマティクス

生物という情報機械を対象として，**バイオインフォマティクス**という新しい学問領域が成立してきたことはごく自然なことだが，直接的なきっかけは，ヒトゲノム計画による大量の"ゲノム情報の解析"である．ヒトゲノム計画は，さまざまな生物がもつDNA塩基配列をすべて読み取るというプロジェクトである．表1・1は最近までにゲノム解析が完了した生物種のリストであるが，まずデータの膨大さがわかっていただけると思う．ヒトのゲノムはおよそ30億塩基対からなっているが，30億文字というのは新聞でも20～30年分となる．ヒトゲノムの大量のデータから何か意味のある情報を抽出していくのに，紙に出力したデータを人間がいろいろ見ていくことは，まったく現実的ではない．データをコンピュータにデータベースという形で収め，解析のためのアプリケーションソフトウェアを作り，コンピュータ上で高速に解析していくというのが，唯一の解決策である．しかし，バイオインフォマティクスという学問分野はそれだけではない．先に述べたとおり，生物を作る遺伝子とその産物は単独で生物の働きを発揮しているわけではない．情報の伝達を行うためには，多くの分子や分子複合体がお互いに協調して相互作用をしている．**生物を理解するには，個々の分子の機能を理解すると同時に，分子間の相互作用を知り，最終的にはそれらのすべての関係を用いて，生物を再現して見せることが必要となる**（図1・6）．そして，これらのことはコンピュータの力を借りなければ，まず不可能である．これがこの本の主なテーマであるが，本章の

後半では，大きく進展していくと考えられるこの分野を簡単に概観しておきたい．

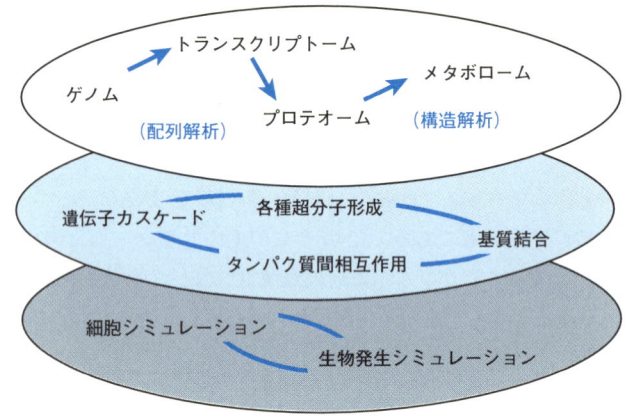

図 1・6　生物の階層とバイオインフォマティクス

1・3・1　ゲノム解析とデータベース（表1・2）

　ヒトゲノム計画では，コンピュータ・ネットワーク技術が必要とされたが，それは大量のデータをすべての研究者に公開するためのデータベースの構築と公開のための通信技術が必須となったからである．それと同時に，得られた大量の断片的なDNA塩基配列を一つながりのDNA塩基配列（コンティグ）を構成し，そこからより生物的な情報を抽出するため遺伝子領域を推定することが求められた．これらの技術的な問題は，かなり解決され，多くの生物ゲノムの完全解読結果がすでに報告されている．本書でも，これにかかわる話題がいくつか紹介されているが，この問題はすでに解決済みだというわけではない．

　データが本当に大量になってくると，データベースの検索にも時間がかかるようになるし，さまざまな種類のデータ同士の関係付けにもさらに時間がかかるようになる．コンピュータの処理速度や通信技術も年々速度が速くなっているが，それはゲノム情報の増加速度に追いついていないようである．したがって，データベースの構築にも，通信技術にも，さらに工夫が必要となってきている．生物情報の処理・解析は，情報科学にとって，もっともチャレンジングな問題の一つとなってい

るのである．

表 1・2　ゲノム解析と配列の比較

ゲノム解析	① DNA塩基配列の整理，コンティグ作成 ② cDNAのゲノムへの貼り付け ③ 遺伝子領域のシグナル配列の検索
アノテーション	④ 既知配列のアノテーション ⑤ モチーフによる機能推定
進化の解析	⑥ ゲノム全体の配列比較 ⑦ 類似度解析による進化系統樹 ⑧ ゲノムの配列比較による遺伝子領域
医科学	⑨ SNPsと病気の相関の解析

　ひとつながりのDNA塩基配列になる前の膨大な断片の配列情報は，それだけではほとんど価値のないデータにすぎないが，コンピュータで整理され順番付けられることによって，生物ゲノムのDNA塩基配列として大きな価値をもったデータに変身する．反復配列も含まれる膨大な塩基配列の断片をできるだけ高速に順番付けるという問題は，今後さまざまな生物ゲノムの解析を進めるうえでも重要な問題である．

　つぎに，DNA塩基配列からは，タンパク質のアミノ酸配列が得られるが，DNAの塩基配列の中に特徴的な配列を探し，遺伝子領域を探索する問題も，イントロンを含む真核生物では完全には解決されていない問題である．情報科学的な手法を駆使して，かなり高精度の予測は可能となっているが，まだ改善すべき余地はかなりあるようである．

　完全なDNA塩基配列が得られ，遺伝子領域を特定し，それぞれの遺伝子に対応するタンパク質のアミノ酸配列がわかったとしても，一つの生物種に関してほとんど理解されたことにはならない．最低限，個々のタンパク質の機能についての情報が必要である．そのために，既知タンパク質のアミノ酸配列に対して，**配列の類似性（ホモロジー）**から各タンパク質の生物的意味を推定する．まったく類似性のない配列がかなり残るが，それでも弱い類似性をいかにとらえるかということは，相変わらずバイオインフォマティクスの中心的な課題の一つである．

1・3・2 生物進化のバイオインフォマティクス

生物は，進化の過程で変化し，多様化してきたと考えられている．そもそも進化が起こるには図 1・7 に示したとおり，進化のサイクルがまわり，ゲノム情報が変化していくからである．DNA 塩基配列の変化が設計図の変更となり，タンパク質

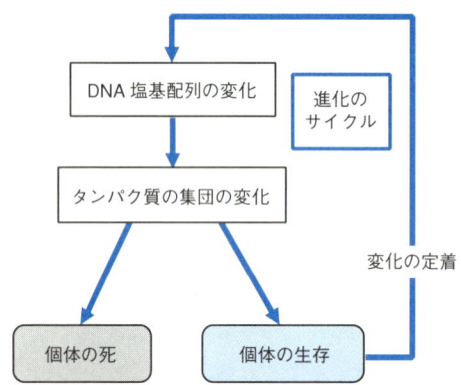

図 1・7　進化過程における配列の変化の定着

集団の変化に反映する．そして個体の生存をとおして，変化が定着していく．これが"進化のサイクル"なのである．したがって，二つの生物をとると，必ずその共通祖先があり，共通祖先からの時間に応じた DNA 塩基配列（またはアミノ酸配列）の類似性がある．配列の類似性解析は，遺伝子ないしタンパク質の意味を推定するための単なる技術的な問題だというわけではない．**進化という生物の基本問題は，配列の類似性と本質的に関係しているのである**．実際，ある一つのタイプのタンパク質に注目し，配列の類似性を計算すると，それと進化的な距離との間に非常に強い相関が見られる．

多くの生物ゲノムの解読結果を用いると，さらに多様な進化の過程が見えてくる．ショウジョウバエのゲノムとヒトのゲノムを比較してみると，ショウジョウバエが 14 000 くらいの遺伝子をもっており，ヒトは 30 000 ないし 40 000 の遺伝子をもっている．少し細かく分類して，同じタイプの機能をもつ遺伝子の数を比較してみると，だいたいショウジョウバエの 1 に対してヒトが 2 の割合となっている．多くの遺伝子がヒトとショウジョウバエの間で共通なのである．無脊椎動物から脊椎動物が進化したときに，遺伝子のレベルで何が変わったということを理解するためのデータが用意されたことだけは確かである．

同様のことは，チンパンジーゲノムからもいえる．現在チンパンジーゲノムの解析が進んでおり，チンパンジーゲノムとヒトゲノムは，およそ1％しか違わないということがわかってきている．DNA塩基配列の中での非常に小さな違いから，言語の獲得や直立歩行などのチンパンジーとヒトの違いが生まれているわけである．そして，さらにゲノムの解析が進むと，ゲノムの中のどの違いが，「ヒトとは何か？」という大きな問題にとってもっとも本質的かということもわかってくると考えられる．

微生物のゲノムの解析で印象深いことは，微生物のゲノムが非常に"個性的"だということである．微生物のゲノムから遺伝子を探し出してみると，他の微生物と共通でない独自の遺伝子が非常に多い．たとえば，実験室でよく使われている大腸菌と，毒性のある大腸菌O157のゲノムを比較してみると，ゲノムの大きさだけでも2割くらいO157の方が大きい．もちろんO157は普通の大腸菌がもっていない毒素の遺伝子をもっている．それだけではなく，O157独自の遺伝子がかなりあるらしい．微生物は，環境に対する適応性が非常に高いように見える．その中でも，どうしても欠かすことができない共通の機能をもった遺伝子を見いだすことによって，生物にとって最少の遺伝子セットを明らかにすることもできるかもしれない．

このように多くのゲノムのDNA塩基配列やアミノ酸配列を比較し，さらにタンパク質のアノテーションを行うことによって，生物そのものを進化という観点から

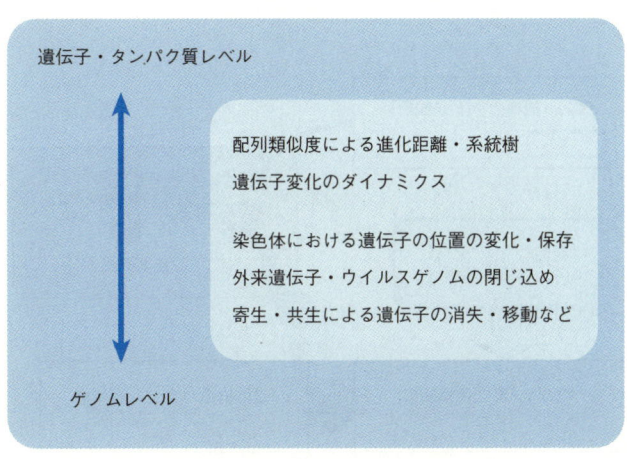

図 1・8　進化に関するゲノム情報の解析の考え方

解き明かすことができるだろう．図1・8が示したとおり，従来はタンパク質レベルで進化による変化を調べてきたが，ゲノム解析以来，ゲノム全体としてどのような変化をしてきたかを調べることから進化を考えられるようになった．そして，そこで用いられる手法は，ほとんどコンピュータの中での解析であり，バイオインフォマティクスによるものなのである．

1・3・3 タンパク質の構造と機能

タンパク質は，アミノ酸配列として合成され，**立体構造**を形成することによって機能するということがわかっている．もう一つの事実として，タンパク質の立体構造のパターン（フォールド）は1000種類くらいだというのが定説となっている．立体構造は機能と直結していることと，配列よりも立体構造のほうが保存的であるということから，まずすべての**フォールド**を明らかにし，それを軸にして配列，構造，機能の関係を調べるというアプローチが考えられている（図1・9）．

実験の方からは，できるだけ多くの異なる構造のパターンを解析することが進められている一方，すでにわかっている立体構造とアミノ酸配列のセットを利用して，コンピュータ上で新規なアミノ酸配列に対する立体構造のモデリングが行われている．また，この研究の流れを加速する形で，タンパク質立体構造予測コンテストが隔年で行われている．そこでわかってきたことは，まずある程度の配列類似性があれば，良いモデリングが可能であるということである．また，配列類似性が低いも

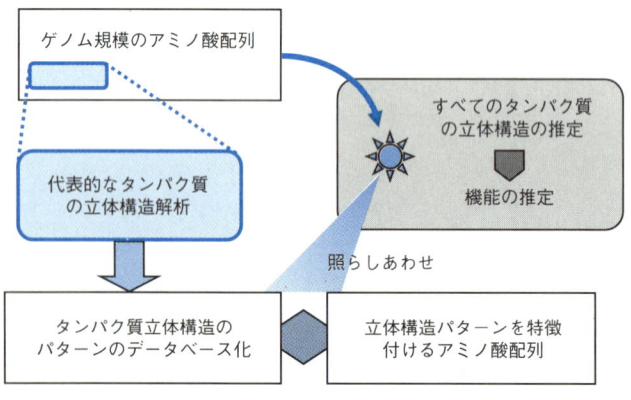

図1・9　代表的なタンパク質の立体構造を解析することから構造予測を行う考え方

のについても，新しい手法が考え出されている．数残基のアミノ酸配列が取れる立体構造はユニークではない．しかし，実際のタンパク質の中で見いだされる立体構造は，可能な立体構造の可能性の中で限られた集合となる．各アミノ酸配列の断片に対して，見いだされる立体構造のデータベースをつくる．そして，アミノ酸配列全体をそれらの断片のモザイクとしてさまざまな立体構造を生成するのである．そこから立体構造のモデリングを行うと，全体として配列類似性が見いだされなくてもかなり良い立体構造が予測されるようである．

いずれにしても，これらの方法はすでに構造解析が行われたタンパク質のデータに依存しており，そのことからくる弱点もある．一つは，タンパク質には構造解析のやさしいものと，そうでないものがあるということである．構造解析がやさしいタンパク質についてはどんどんデータがたまるが，構造解析が難しいタンパク質については後回しになり，いつまでも構造のパターンがなかなか埋められないのである．構造解析が難しいタンパク質の典型的なものが膜タンパク質で，かなり構造解析が行われるようになってきた現在でも，構造のわかったタンパク質の中で膜タンパク質の占める割合は，1％よりかなり低い．タンパク質の25％は膜タンパク質であるということを考えると，膜タンパク質も含めたタンパク質の構造パターンをすべて明らかにできるのは，かなり先になると考えざるを得ない．もう一つの問題は，タンパク質によっては大きな構造変化をするものがあるということである．一つのアミノ酸配列をもったタンパク質がまったく異なる構造のパターンを取り得るということは，モデリングの枠組みではあまり想定されていない．しかし，タンパク質は多かれ少なかれ構造変化を引き起こしていて，生物的な機能はそれらの構造変化を通して発現していると考えられる．したがって，**タンパク質の機能を理解するには，そうした構造変化のモードもわかるようなアプローチが必要となってくる**．

そこで試みられているのが，第一原理からのタンパク質立体構造予測である．タンパク質の立体構造は，そのフォールディング過程においてタンパク質のシャペロンやトランスロコンなどの構造形成を助ける装置が働いている場合があるが，できたタンパク質の安定性やダイナミクスはタンパク質内部および溶媒との物理的相互作用によって決まっていると考えられる．そこで，相互作用を考慮し，タンパク質の構造のシミュレーションを行うことができる（図1・10）．このアプローチには，計算上タンパク質の準安定構造から逃れることが難しく，目的の構造になかなか到達しないという問題があった．最近，新しいシミュレーションの方法が開発され，

小さなタンパク質であれば，こうした方法でも立体構造を予測できる可能性が開かれてきた．

ゲノムスケールのタンパク質の立体構造予測および機能予測は，バイオインフォマティクスの課題としてクローズアップされてきている．

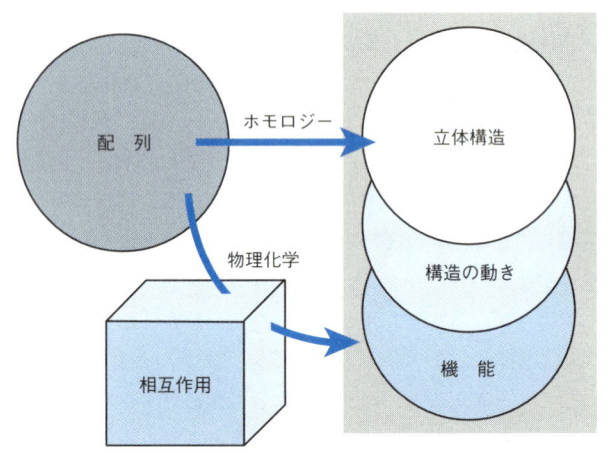

図 1・10　タンパク質の解析の考え方

1・3・4　ネットワーク解析と生物・細胞のシミュレーション

生物は情報伝達を発達させた情報機械であるということを述べた．そのことをコンピュータ上で扱おうというのが**ネットワークの解析と生物・細胞のシミュレーション**である．ここでのネットワークは，機能単位であるタンパク質とタンパク質（遺伝子と遺伝子）の相互作用や関係のことを指しているので，直接的に情報伝達にかかわらない酵素反応のサイクルなども含めてネットワークという．

DNA塩基配列やアミノ酸配列あるいはタンパク質立体構造などのデータは，生物情報としては一次情報といえるもので，ゲノム解析よりはるかに以前からデータベース化されていた．しかし，タンパク質とタンパク質，DNAとタンパク質などの分子間相互作用のデータはいわば二次情報であり，ゲノム解析が順調に進み出したころから急速にデータベース化の動きが起こってきた．これは一次情報を土台として，その上に分子間相互作用の情報を加えてさまざまなデータを統合した形の

データベースとなる．さらに多くの生物種のデータを比較することで，ネットワークの補完を行ったり，生物の特徴をクローズアップしたりすることができる（図1・11）．

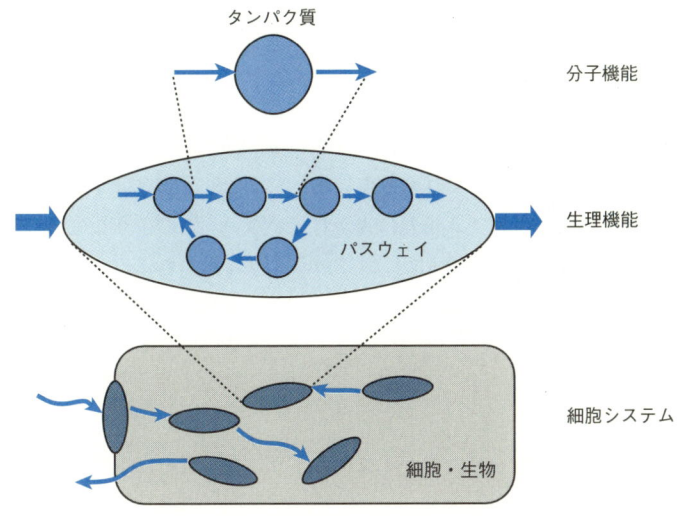

図1・11　パスウェイ・生命システム

しかし，現状では一次情報であるアミノ酸配列のアノテーションが完全についていないので，分子間相互作用のデータも実験から情報を加えることが必要である．DNAチップによる発現プロファイルの実験やおとりのタンパク質を用いた分子間相互作用の実験などがそれにあたる．DNAチップの実験では，一つの細胞の中でどのような遺伝子が実際に転写されているかを見ることができる．そして，条件を変えたときに，強く正のまたは負の相関を示す遺伝子同士は少なくとも間接的には相互作用があると考えられる．また，おとりを用いた分子間相互作用の実験では，物理的に細胞内で結合を示す分子の組を釣り上げることができ，同じ複合体の中にあり，機能的にも関係があるということが期待される．これらの実験データを具体的なネットワークのデータベースの中に組込むことは，バイオインフォマティクスの今後の大きな課題となっている．

ネットワークのデータベースが不完全な状態ではあるが，つぎの段階の研究も始められている．細胞ないし生物全体のシミュレーションである．システムの構成要

素であるタンパク質が基本的には非線形素子（入力に対してそれに比例した出力を出すのが線形素子だが，非線形素子はそうではない）であること，関係する遺伝子が非常に多種類であることから，細胞というシステムは非常に難しい問題を提供している．しかし，もし有効なシミュレーションが可能になれば，コンピュータ上で薬の効果を確かめることもできるなど非常に応用範囲が広いものとなると考えられる．

多くの生体高分子が部品となって細胞という情報機械が作られている．そして，細胞が集まって協調しあい生物個体が形成される．部品から細胞の関係まで基本的にゲノムの情報を設計図として作られている．しかし，生物という情報機械のコンテンツに相当する学習はゲノム情報に書かれていない．このような生物の性質はコンピュータ・ネットワークのLANに似ているように思われる（表1・3）．いずれにしても，設計の考え方を理解することが，システム全体の解明につながると考えられる．

1・3・5 今後の展開

ゲノム規模の生物情報を私たちが手にするようになったのは，ほんの数年のこと

表 1・3 生物と LAN（コンピュータ・ネットワーク）とのアナロジー

	生 物	LAN（コンピュータとネットワーク）
ユニット	細胞は培養もでき，独立の生命のユニットであり，情報機械として働いている	ネットワークにつながるサーバーは，単独でも情報処理できる
関 係	細胞が集まり，お互い協調しながら，生物個体を作り上げている	サーバーはまわりのサーバーと通信しあい，全体がネットワークを構成している
設 計	生物全体および細胞と生体高分子はゲノムの情報で設計されている	ネットワークやコンピュータのハードウェアは一定の設計方針で作られている
コンテンツ	人間がどのような学習をして能力をもつかはゲノムの情報とは一応独立である	コンピュータのジョブ，ネットワークのトラフィックは，ハードウェアとは独立である
進 化	多細胞生物の進化は，情報処理のスピード，並列度，記憶容量などを向上させてきた	コンピュータ・ネットワークの高度化で，スピード，並列度，記憶容量が向上している

1・3 ゲノム情報を学問するバイオインフォマティクス

である．それでもバイオインフォマティクスという学問分野は大きく発展してきている．本書ではできるだけ多くの話題を紹介しようと企画したが，今後バイオインフォマティクスはさらに大きく展開していくと考えられる．方向としては，実験と理論的研究との接点がさらに緊密になっていくことが期待される．たとえば，タンパク質の立体構造が大量に解析されるようになると，それに伴って構造予測の方法が改良され，最終的にはタンパク質の構造形成のメカニズムが明らかにされるだろう．そして，それが逆にタンパク質立体構造解析のスピードを向上させていくと考えられる．また，分子間相互作用に関するさまざまな実験データがより有効に解析されるようになり，細胞のシミュレーションにつなげられるようになることだろう．そして，これらの研究の発展はより社会的な問題につながっていく兆

表 1・4 生命倫理の問題

生命倫理の問題	バイオインフォマティクスのかかわり
・個人情報の保護	・データベースのセキュリティ
・ゲノム（遺伝子）情報の南北問題（格差の問題）	・ゲノム情報の公開，特許化　未知遺伝子アノテーションの精度
・病気の診断による保険差別，社会的差別	・情報処理による病気の診断，特に生活習慣病の診断
・生物，特にヒトゲノムの改変	・シミュレーションによる実験の誘導

しがある．個人情報の保護，ゲノム情報の格差の問題，遺伝子診断による差別，生物（ヒト）の改変からくる問題なども基本的に情報の扱いの問題であり，広い意味でのバイオインフォマティクスに含まれると考えられる（表1・4）．

2

生物情報のデータベース

　ワトソンとクリックの発見以来,急速に発展してきた分子生物学により,現代では,生物を分子レベルで理解し制御することが科学の大きな目標の一つとなってきた.さらに,多くの実験技術や測定技術の開発や改良により,遺伝子配列を代表とする各種の生物情報が非常に高いスループットで得られるようになってきた.その結果,世界中で蓄積されつつある大量の実験結果を更新し管理することは,もはや研究者個人には手に負えなくなり,NCBI や EBI など大規模な研究施設が提供するデータベース検索サービスに頼らざるを得なくなっている.これはある意味では,ネットワーク上の Web (WWW) がたどった発展の様子に似ている.非常に少数のサイトしかなかった黎明期の Web (WWW) が爆発的な発展を遂げ,社会の構造自体にインターネットが組込まれつつあるように生物情報は科学全体に浸透しつつあるように見える.そこでは情報がすべてであり,莫大な情報を目的に応じて短時間で有効活用できるかどうかが問題なのである.

　分子生物学が「生物を分子としてとらえる」ことにより新しい地平を切り拓いたように,バイオインフォマティクスの意義は「生物を情報体としてとらえる」ことにそのエッセンスがある.本章ではバイオインフォマティクスの根幹を成す各種のデータベースに対する概観を示した後で,それらの統合や利用法を述べ,最後に生物情報の将来像について議論する.

2・1 生物情報データベースとは

　生物情報データベースに明確な定義があるわけではなく,生物に関して実験の結

果得られた情報を大量に集積したものはすべて，広義の生物情報データベースであるといえる．しかしながら，過去に蓄積されているデータの量や，網羅性・系統性の点からいって，生物情報データベースの代表例が以下の3種類であることは論を待たないであろう．

> 塩基配列データベース（GenBank, EMBL, DDBJ）
> アミノ酸配列データベース（SWISS-PROT, PIR, PRF）
> 立体構造データベース（PDB）

この3種類はすべて，配列決定や構造決定の実験結果を収めたものである．これらのデータベースはすべて，一つもしくは複数の研究機関が学術研究目的で集積したものであり，公的に配布されている．一方，有償であり質的にも異なるが，データ量や網羅性という点では，文献データベースである MEDLINE（約1000万件の医学文献抄録）や Chemical Abstract（約1600万件の化学文献抄録）も重要な生物情報データベースであるといえる．

　これらのデータベース群には，どのような情報が入っているのであろうか．まずは例を見てみよう．以下に示すのは GenBank に入っているデータの一例である（図2・1）．この例から，GenBank ではある種の構造をもったテキストの形で情報が格納されていることが，生物情報に明るくない人でもすぐにわかるだろう．また，多少なりとも知識がある人は，LOCUS のところに書かれている EBOMAY という名前がこの情報単位（エントリという）の ID であり，最後の ORIGIN のところには塩基配列情報が書かれていることなどが読み取れるだろう．データベースの構成については2・4節で詳しく述べるが，古典的な生物情報データベースでは主にこのようなデータ格納形式を採用し，エントリを単位としたテキストファイルの形式を取っていることは覚えておくとよい．このようなテキストファイルを対象とし，各種のプログラムを適用することにより，検索や可視化，さらには推論や知識発見を含む高度な解析処理が可能になる．たとえば，最もポピュラーな生物情報処理の一つであるホモロジー検索（よく似た塩基配列やアミノ酸配列を検索する処理，第4章参照）を行うためには，変換プログラムを用いて上記の例のような配列情報データベースを，以下のような形（FASTA形式）に変換して使用する（図2・2）．

　また，コンピュータグラフィックスを使ってタンパク質分子の立体構造を精細に表示した図などを学術雑誌で目にすることがあるが，その可視化プログラムへの入

```
LOCUS       EBOMAY      157 bp ss-RNA           VRL     02-AUG-1993
DEFINITION  Ebola virus 3' proximal protein gene, 5' end.
ACCESSION   M33062
VERSION     M33062.1  GI:323684
KEYWORDS
SOURCE      Ebola virus (strain MAY; Zaire 1976) RNA.
  ORGANISM  Ebola virus
            Viruses; ssRNA negative-strand viruses; Mononegavirales;
            Filoviridae; Filovirus.
REFERENCE   1 (bases 1 to 157)
  AUTHORS   Kiley,M.P., Wilusz,J., McCormick,J.B. and Keene,J.D.
  TITLE     Conservation of the 3' terminal nucleotide sequences of Ebola and
            Marburg virus
  JOURNAL   Virology 149, 251-254 (1986)
  MEDLINE   86124724
FEATURES             Location/Qualifiers
     source          1..157
                     /organism="Ebola virus"
                     /db_xref="taxon:11268"
     CDS             53..>157
                     /note="3'proximal protein"
                     /codon_start=1
                     /protein_id="AAA42976.1"
                     /db_xref="GI:323685"
                     /translation="MRKINNFLSLKFDDRNLKLKLLICNHTVDSEPHTS"
BASE COUNT    56 a   22 c   31 g   48 t
ORIGIN
        1 gggcacacaa aaagaaagaa gaattttag gatctttgt gtgcgaataa ctatgaggaa
       61 gattaataat ttcctctcat tgaaatttga tgatcggaat ttgaaattga aattgttgat
      121 ctgtaatcac accgttgatt cagagccaca cacaagt
//
```

図 2・1　GenBank：EBOMAY

```
>gb:EBOMAY [M33062] Ebola virus 3' proximal protein gene, 5' end.
gggcacacaaaaagaaagaagaattttaggatctttgtgtgcgaataactatgaggaa
gattaataatttcctctcattgaaatttgatgatcggaatttgaaattgaaattgttgat
ctgtaatcacaccgttgattcagagccacacacaagt
```

図 2・2　GenBank：EBOMAY（FASTA 形式）

2・2 生物情報データベースの開発の歴史

力データとしてよく使われるのが以下の例にあるような PDB のエントリである（図2・3）．ATOM のところには，タンパク質中の各原子の座標がÅ単位で記述されており，これをもとに図2・4のような可視化をコンピュータ上で行うことが可能になる．

さて，ほかにはどのような生物情報データベースがあるのだろうか．ここでは公

```
HEADER    CHROMOSOMAL PROTEIN            02-JAN-87  1UBQ           1UBQ    3
COMPND    UBIQUITIN                                                 1UBQ    4
SOURCE    HUMAN (HOMO $SAPIENS) ERYTHROCYTES                       1UBQ    5
AUTHOR    S.VIJAY-*KUMAR,C.E.BUGG,W.J.COOK                          1UBQ    6
REVDAT  2 16-JUL-87 1UBQA  1      JRNL  REMARK                      1UBQA   1
REVDAT  1 16-APR-87 1UBQ   0                                        1UBQ    7
JRNL      AUTH S.VIJAY-*KUMAR,C.E.BUGG,W.J.COOK                     1UBQ    8
JRNL      TITL STRUCTURE OF UBIQUITIN REFINED AT 1.8 ANGSTROMS      1UBQ    9
JRNL      TITL 2 RESOLUTION                                         1UBQ   10
JRNL      REF  J.MOL.BIOL.              V. 194  531 1987            1UBQA   2
JRNL      REFN ASTM JMOBAK UK ISSN 0022-2836              070       1UBQA   3
 ⋮
ATOM     1 N   MET 1   27.340  24.430   2.614  1.00   9.67          1UBQ   71
ATOM     2 CA  MET 1   26.266  25.413   2.842  1.00  10.38          1UBQ   72
ATOM     3 C   MET 1   26.913  26.639   3.531  1.00   9.62          1UBQ   73
ATOM     4 O   MET 1   27.886  26.463   4.263  1.00   9.62          1UBQ   74
ATOM     5 CB  MET 1   25.112  24.880   3.649  1.00  13.77          1UBQ   75
ATOM     6 CG  MET 1   25.353  24.860   5.134  1.00  16.29          1UBQ   76
ATOM     7 SD  MET 1   23.930  23.959   5.904  1.00  17.17          1UBQ   77
ATOM     8 CE  MET 1   24.447  23.984   7.620  1.00  16.11          1UBQ   78
 ⋮
ATOM   594 N   GLY 75  41.165  35.531  31.898   .25  36.31          1UBQ  664
ATOM   595 CA  GLY 75  41.845  36.550  32.686   .25  36.07          1UBQ  665
ATOM   596 C   GLY 75  41.251  37.941  32.588   .25  36.16          1UBQ  666
ATOM   597 O   GLY 75  41.102  38.523  31.500   .25  36.26          1UBQ  667
ATOM   598 N   GLY 76  40.946  38.472  33.757   .25  36.05          1UBQ  668
ATOM   599 CA  GLY 76  40.373  39.813  33.944   .25  36.19          1UBQ  669
ATOM   600 C   GLY 76  40.031  39.992  35.432   .25  36.20          1UBQ  670
ATOM   601 O   GLY 76  38.933  40.525  35.687   .25  36.13          1UBQ  671
ATOM   602 OXT GLY 76  40.862  39.575  36.251   .25  36.27          1UBQ  672
TER    603     GLY 76                                               1UBQ  673
 ⋮
```

図 2・3　PDB：1UBQ

的に配布されているデータベース（パブリックデータベース）のうち，上述したような割合伝統的な形式（すなわち，エントリを単位とするテキスト形式）で配布されているものに限定して，代表例を表2・1にあげる．このなかで，GenBank，EMBL, DDBJ に関しては，それぞれアメリカ（NCBI），ヨーロッパ（EBI），日本（遺伝研）を中心として集積されている塩基配列データベースの名称であるが，こ

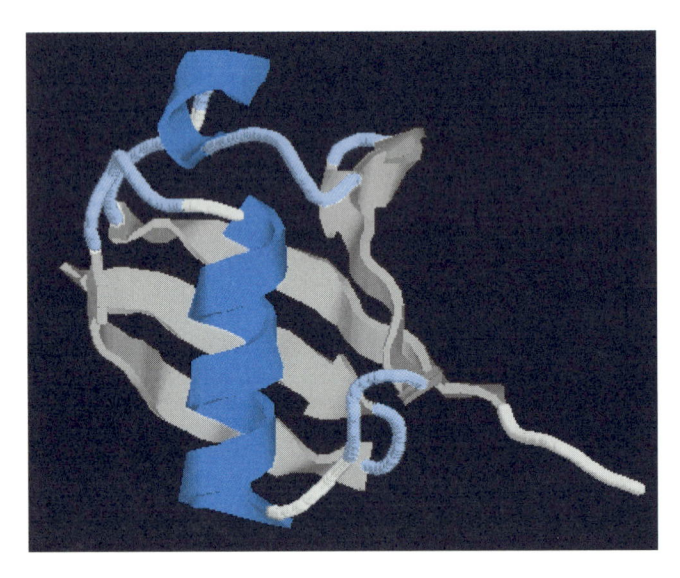

図 2・4　rasmol による PDB：1UBQ のグラフィックス表示．rasmol はタンパク質の立体構造を表示するためのソフトウェアである．

表 2・1　各種の生物情報データベース

GenBank, EMBL, DDBJ	塩基配列データベース
SWISS-PROT, PIR, PRF	アミノ酸配列データベース
PDB	立体構造データベース（主にタンパク質）
EPD	真核生物のプロモータ配列データベース
TRANSFAC	転写因子データベース
PROSITE, PRINTS, BLOCKS, ProDom, Pfam	モチーフデータベース
PMD	変異タンパク質データベース
LITDB	タンパク質関連文献データベース
AAindex	アミノ酸指標データベース
OMIM	遺伝病データベース
KEGG	遺伝子とゲノムの百科事典

れらのサイトは情報を交換しあっているため,更新のタイミングこそ違え,基本的に同じものだと見なして差し支えない.

では,一体これらのデータベースにはどのぐらいの情報が格納されているのであろうか.2001年8月時点での各データベースのデータ量(一部)を見てみよう(表2・2).エントリ数に関しては,塩基配列データベースである GenBank や EMBL が他を引き離して圧倒的な量を誇っている.たとえば,GenBank の最新リ

表 2・2 生物情報データベースのデータ量

データベース名	リリース番号	エントリ数	データベース名	リリース番号	エントリ数
GenBank	124.0	12 243 766	PRINTS	27.0	1360
EMBL	67.0	12 044 420	PRODOM	99.2	157 167
SWISS-PROT	39.0	86 593	PMD	Feb-01	20 777
PIR	69.0	232 624	AAindex	3.0	500
PRF	80	167 028	LITDB	27-14	391 136
PDB	01-08-13	15 769	OMIM	MIM10+/08-15	13 317
PDBSTR	01-08-13	30 028	GENES	19.0+/08-16	234 066
EPD	67	1390	GENOME	19.0+/05-29	53
TRANSFAC	3.0	6141	LIGAND	19.0+/08-16	10 965
PROSITE	16.37	1474	PATHWAY	19.0+/08-16	5679
BLOCKS	12.0	4071	BRITE	0.6	278

リース(Release 124)には1200万を超えるエントリが約200個のテキストファイルに分割して格納されており,その総量は45GBに達する.また,ここには現れないが,PDBにはタンパク質中の全原子の座標が格納されている関係上,1エントリあたりのデータ量が非常に多い.そのため,エントリ数としては16 000弱でありながら,総量としては約8GBとかなり多い.これに次いで多いのがアミノ酸配列データベースや文献データベースで,おおむね数十万単位のエントリが格納されている.本章では,このようなパブリックデータベースを主に取上げるが,データの利用やデータ自体の配布が有償で行われているものもある.それらの多くは近年立ち上がってきたバイオベンチャー企業と関係があり,コストをかけて測定し整理した有益なデータが知的財産として販売されているケースが多い.

2・2 生物情報データベースの開発の歴史

前節で紹介したデータベースのうち最も古いのは Chemical Abstract(1907年～)

やMEDLINE（1966年〜）などの文献データベースであるが，ファクトデータベース（DNAやタンパク質などの物質に関する実験事実を格納したもの）に限れば，最も古くから存在するのがPDBである．X線結晶回折による生体高分子の構造決定については，1954年に重原子置換法が提案され，1960年にミオグロビンの立体構造が決定されて以来，少しずつではあるが実験データが報告されるようになった．こうして決定された立体構造データを集めたものとして1970年にPDBがスタートし，現在に至る．（現在ではX線結晶回折法だけでなく，NMR法により決定されたデータも含んでいる．）一方，塩基配列データベースであるGenBankやEMBL，アミノ酸配列データベースであるPIRやPRFなどは，いずれも1979年から1983年にかけて発足している（SWISS-PROTは少し遅れて1986年に発足している）．これは，1970年台の終わりまでにクローニングと塩基配列決定に関する実験技術が確立され，遺伝子の塩基配列や，その産物であるタンパク質のアミノ酸配列データが続々と発表され始めたことに対応している．ほかには，真核生物のプロモーター配列を集めたEPDもこのころ（1984年）にスタートしている．おおまかな区分けになるが，1980年台およびそれ以前は，このような文献およびファクトデータベースが主体であったと考えていい．

1980年台も終わりに近づくころ，ヒトの全塩基配列を決定するヒトゲノムプロジェクトが開始された．最初に米国でヒトゲノム計画が発足したのが1988年で，その後日本でも1989年から2年間を準備期間とし，1991年に文部省ヒト・ゲノムプロジェクトが正式発足するなど，1990年台に入ってヒトゲノム計画が本格化してきた．これに歩調を合わせるように，1980年台までには見られなかったような新たなデータベースがいくつか登場してきた．たとえば，ヒト遺伝子地図データベースであるGDBが1990年に国際ゲノムデータベースとしてスタートしたり，1980年台にある程度蓄積された配列情報をもとに，類縁のアミノ酸配列集合から共通のパターンを抽出したいわゆるモチーフデータベースが構築された（PROSITEが1988年ころ，PRINTSが1991年，BLOCKSが1993年にそれぞれスタートしている）．転写因子に関するデータベースであるTRANSFACもこのころにスタートしている（印刷物としては1988年からだが，機械可読な形式に移行したのは1990年）．一方，1980年台から1990年台半ばにかけてはインターネットの黎明期でもあり，企業ビジネスに先駆けて学術研究機関を中心に計算機同士の通信が盛んになっていった．これに呼応して，生物情報データベースのサービスや流通方式も，メインフレームや磁気テープといった旧式のスタイルから，電子メー

ルや FTP を用いた方式へと徐々に移行していった．次節以降で取上げる統合データベースサービスであるゲノムネット（GenomeNet）が立ち上がり，サービスを開始したのもこの時期（1992 年）である．

さて，1993 年に現在の Web ブラウザの原型である NCSA MOSAIC が開発され，翌年に Netscape Navigator 1.0 が登場すると，世界は一気に Web へと加速していく．このころ，生物情報の世界にも記念すべき一つの革新があった．1995 年にインフルエンザ菌の完全長ゲノム配列が報告されたのである．これは，ヒトゲノム計画と並行して開始されたモデル生物の配列決定に関する各種プロジェクトのなかで，最初のまとまった成果であった．当時，ヒトゲノムの配列決定についてはまだまだこれからといった状況であったが，この報告を皮切りに，モデル生物を対象としたゲ

表 2・3 生物情報データベースの多様化

生物種にフォーカスしたもの
 BSORF：枯草菌データベース
 GenoBase：大腸菌データベース
 SGD：酵母菌データベース
 CyanoBase：ラン藻データベース
 NEXTDB：線虫データベース
 FlyBase：ショウジョウバエデータベース
 MGD：マウスデータベース
 GDB：ヒトデータベース
 BioCyc：主に微生物を対象とした各種データベース
 TIGR Databases：微生物に加えて、植物やヒトなども対象にしたデータベース
 KEGG：ゲノムが決定された生物種全般の統合データベース

新しい視点や実験技術に基づいたもの
 GEO：マイクロアレイによる遺伝子発現データベース
 SMD：マイクロアレイによる遺伝子発現データベース
 BODYMAP：ヒトやマウスの cDNA 発現データベース
 MBGD：比較ゲノム学のためのデータベース
 COG：比較ゲノム学のためのデータベース
 dbSNP：SNP（一塩基多型）のデータベース
 JSNP：SNP（一塩基多型）のデータベース
 YPD（一部）：酵母タンパク質の相互作用データベース
 Yeast Interacting Protein Database：同上（ツーハイブリッド法を使用）

二次データベースや統合データベース
 ゲノムネット
 ExPASy
 遺伝研や NCBI，EBI のデータベースサービス

ノムプロジェクト（完全長配列決定プロジェクト）の成果報告ラッシュが起こる．これにより「生物種ごとの生物情報データベース」という新しい領域が開かれることになる．また，初期に報告されたモデル生物のゲノムプロジェクトの多くは，複数の国家に散らばる研究機関が分担して配列決定を行う国際的な研究協力プロジェクトであったため，プロジェクトメンバー間の情報流通を促進する必要があった．この目的でも，論文誌上において配列決定が終了したという報告を行う以前の段階から，プロジェクトメンバーのみ利用可能なデータベースが構築されていた．この時期（1994年～1996年ころ），生物情報データベースもインターネットを主要なインフラストラクチャとし，ブラウザを標準的なインタフェースとして，マルチメディアを多用した情報公開を行う方向にシフトしていったわけだが，振り返って考えれば，国際的な研究協力のもとに推進された各種モデル生物のゲノムプロジェクトが進展するちょうどその時期に，Webを含むインターネットの利用が爆発的に発展していったことは，まことに都合が良かったともいえる．

　1990年台の中ごろから現在に至る期間も，生物情報データベースはその量および質の点でいっそうの発展を遂げてきた．この期間の目まぐるしい変化を一口で説明するのは難しいが，大雑把にいって多様化，統合化，マルチメディア化という主要な潮流があったと考えられる．このうち，多様化という意味では，表2・3に示すような新しいデータベースが出現している．

　最後に，GenBankなどの1980年台から存在する代表的なデータベースを中心に，その増加傾向を見ておこう（図2・5）．幾多の技術革新を経て現在に至るまで，どのデータベースも指数関数的にその量を増し続けていることは，驚異的であるといえる．

2・3　ゲノム計画とデータベースの統合化

　前節でも触れたが，1980年台まではゲノムに関する各種のデータ量も少なく，解析手段も限られていた．そのため，生命科学分野におけるデータベース利用は一部の研究者に限られていた．いい換えれば，計算機を駆使し，データベースに立脚して研究を行っている生命科学研究者自体が少数派だったともいえる．そのなかでも，核酸配列，アミノ酸配列，および立体構造に興味をもつ研究者は，それぞれ学問上のバックグラウンドを異にするケースが多く，各種データベースを統合的に利用したいという需要も，現在に比べれば必然的に少なかった．

　しかし，1990年台に入り，ゲノム計画が本格化するにつれて，塩基配列や染色

2・3 ゲノム計画とデータベースの統合化

体地図，遺伝子発現プロファイルなどのゲノム情報が洪水のごとく産出されるようになると，データベースの利用を抜きにして研究を進めていくことはもはや難しく

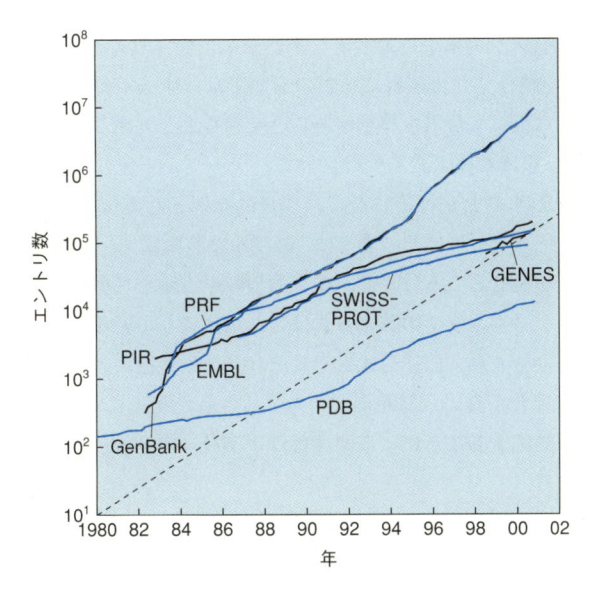

図 2・5 ゲノムデータの増加

なってきた．アイデアを練る構想段階から実験計画段階，論文投稿前の最終チェックなど多くの局面において，簡単なキーワード検索やホモロジー検索，モチーフ検索などが必須の作業となった．主要な学術雑誌の論文に目を通すのと同様に，人々はデータベース更新に伴って新しく報告される情報に目を光らせるようになった．もちろん，このようなスタイルの変化にはWebとインターネットも一役買っている．

一方，生物情報データベースの量的拡大と並行して，データベースの種類も爆発的に増えてきた．「生命」という同じ対象を扱っている以上，個々のデータベースがまったく無関係ということはほとんどあり得ない．このため，種類やサイトの異なるデータベースを関連付けて，統合的に検索し，解析したいという需要が高まってきた．これに対し，日本では1992年に統合データベースサービスであるゲノムネット（GenomeNet）がスタートした．ゲノムネットには核酸配列，アミノ酸配列，立体構造，モチーフ，文献など，実に多様な生物情報データベースを各サイト

の了解のもとに集積し，定期的に更新し続けている．また，独自のデータベースとして KEGG（Kyoto Encyclopedia of Genes and Genomes）を構築し（5章参照），他の生物情報データベースと統合している．

統合データベース（あるいは連合データベース）の作り方には，大きく分けて2種類ある．"強い統合"とよばれる種類の形態では，すべてのデータを綿密に設計されたスキーマに従って分解・格納することを前提としており，それによりたとえば SQL のような複雑な検索式を受け付けて，テーブルを組合わせて集合演算を行い，検索結果を返すことが可能になる．代表的な例としては GDB があげられる．一方，個々のデータベースはそのままに，必要な参照関係（リンク情報）を整備し，ある種のビューを被せることにより，統合的検索や表示を可能にする方式を"弱い統合"という．ゲノムネットの統合方式はこちらに属している．理由としては，外部のサイトから供給され，記述形式もそれぞれ異なる多種類のデータベースを迅速に収容するのに都合が良い（記述形式のちょっとした変更にわずらわされにくい）こと，リンクを整備することによる関連付けが Web の表現方式と相性が良いこと，などがあげられる．

2・4　データベースの構成および構築技術

典型的な生物情報データベースシステムは，図2・6のような構成をしている．ユーザは Web ブラウザだけを使用し，各種データベースや解析・検索プログラムの統合は Web レイヤで行うことが多い．ブラウザと直接コンタクトするのは

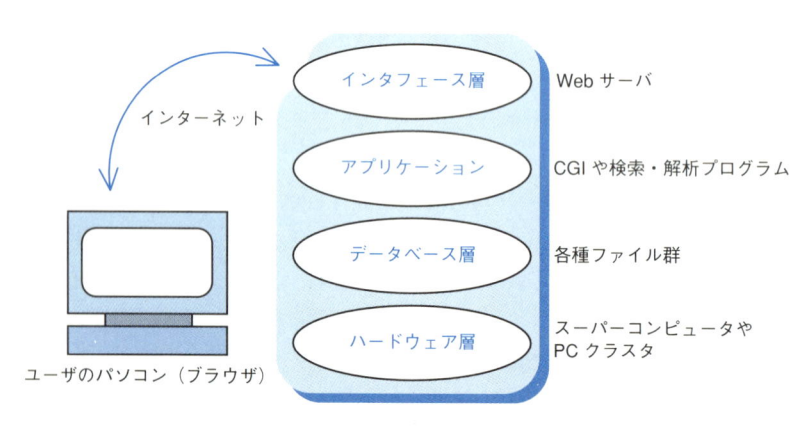

図 2・6　生物情報データベースシステムの構成

Apache などの Web サーバソフトウェアで，これにより静的な Web ページや動的な Web ページがブラウザへと供給される．動的な Web ページと一口にいうが，大別すると以下の二つになる．

　ⅰ）サーバ側に置かれた CGI プログラム[*1]やサーブレット[*2]，あるいは，PHP/FI [*3]などを用いて Web ページに埋め込まれたプログラムをサーバ側で実行した結果，動的に生成される Web ページ．

　ⅱ）JavaScript などを用いて Web ページに埋め込まれたプログラムや，サーバ経由でブラウザ側に送られたアプレット（サーブレットと逆に，アクセスするとブラウザ側に転送されて実行されるもの），あるいはブラウザ側にインストールされたプラグインを，ブラウザ側で実行することにより，ユーザに対してインタラクティブに応答する能力をもった Web ページ．

検索結果の単純な表示などは前者を，もっと複雑なグラフィカルインタフェースを必要とする場合は後者を用いて実現することが多い．前者の実現方法としては CGI やサーブレットが，後者の実現方法としてはアプレットやプラグインが広く普及している．CGI のプログラミング言語としては，パターンマッチングを含む強力な文字列処理機能をもつ Perl を用いる方法が最も一般的であるが，近年ではポスト Perl といわれる Ruby などの新しい言語も普及の兆しを見せている．Web サーバから直接起動される CGI プログラムは，そのなかからさらに他のプログラムを呼び出すことがときどきある．典型的な例として，たとえばホモロジー検索サービスを実現する場合，ユーザからの質問配列や各種の閾値指定，あるいは検索対象データベース指定などのパラメータを CGI が受け取り，不正な場合はエラーメッセージを返すなどの処理を行う．つぎに，この CGI は与えられた情報に従って FASTA や BLAST（4 章参照）などのプログラム（CGI と違って，ブラウザから直接には起動できない）を呼び出し，ホモロジー検索の結果を得る．最後にこの CGI は，検索結果をブラウザに適正に表示するための加工処理を行い，必要ならば検索結果として得られた各エントリを取得するためのハイパーリンクを埋め込む処理などを行う．この辺りまで（CGI，解析プログラム，検索プログラム）が，

[*1] ブラウザからアクセスすることにより Web サーバ上で実行され，実行結果をブラウザに出力するようなプログラムのことを指す．
[*2] プログラミング言語 Java で書かれたプログラムのうち，アクセスすると Web サーバ側で実行され，実行結果だけがブラウザに送られるものをサーブレットという．
[*3] Web サーバを拡張することにより，HTML 文書の中に簡単なプログラムを埋め込めるようにするもの．

アプリケーション層に該当する．

さて，静的な Web ページの格納や，プログラムが使用するデータの格納，あるいはインタフェース層やアプリケーション層のプログラム自身の格納を受けもつのが，データベース層である．データベース層では，主に二つのソフトウェアが使用され，指定された情報単位（ファイルやページ）を高速に取出す仕事を専門に行っている．

　ⅰ）OS が提供するファイルシステムそのもの．
　ⅱ）OS の上で動作するデータベース管理システム（DBMS）．

近年ではファイルシステムとデータベース管理システムの違いを論じるのが徐々に難しくなりつつあるが，比較的少数の（といっても数 10 万個から最大 100 万個程度までの）ファイルを扱う場合は，データベース管理システムの必要性はあまりない．しかし，一般に巨大な Web サイトを構築する際の基盤ソフトウェアが Oracle や PostgreSQL などの関係データベースをはじめとする DBMS であることを見てもわかるように，生物情報データベースの分野でも，ファイルシステムのみに依存してデータベース層を構築するサイトは，今後減少していくことが予想される．これまでにも，ゲノムネットの例でいえば，PDB が提供するエントリファイルが 1 ファイルで 2 GB を超えたことにより，これを扱うプログラムが正しく動作しなくなったり，逆に PDB を 1 エントリ 1 ファイルに分解した場合，非常に多数のファイル名をコマンドに渡すことができなくなったりするなど，生物情報データベースの成長がファイルシステムや OS の制約を突き破ってしまうことが多々あった．また，単純に考えても，1000 万を超える GenBank の各エントリを，1 エントリ 1 ファイルに分解し格納することが，あまりにも非現実的なのは自明である．（仮に格納できたとして，消去に何時間かかるだろうか？）一方，DBMS をデータベース層の主たるソフトウェアとして使う場合，このような制約は少なく，スケーラビリティ*の高い現実的な解となり得るが，OS のファイルシステムに比べると自由度が少なく，SQL などのデータベース質問言語を用いた特殊な操作が必要になるため，小規模なサイトを簡便に構築したい場合は，無理に DBMS を導入しない方が無難であるともいえる．

最後に，一番下の層としてハードウェア層がある．ここは文字通り，計算能力を

　＊　規模の拡大や縮小に合わせて無理なく対応できる能力．この場合は，仮に生物情報データが 10 倍とか 100 倍になっても対応できるかどうか，という意味．

提供するコンピュータシステムのことを指している．ほんの数年前まで，ある程度以上の規模をもつ生物情報データベースサイトでは，この層を受けもつのはメインフレームやスーパーコンピュータなど，非常に高額で単体性能の高い計算機システムと相場が決まっていた．ところが，これら高額なシステムでは，数年単位のリプレース間隔と，進化の遅い CPU 性能があいまって，指数関数的に増大し続ける生物情報データベースを処理しきれなくなってきた．そのため，近年では安価で性能の高いパーソナルコンピュータを多数結合した PC クラスタシステムを部分的に導入し，非常に計算負荷の高い処理はそちらにまかせ，それ以外のサービスを高いスループットで安定的に提供するためにスーパーコンピュータを用いる，といった複合的なハードウェア構成を取るケースが増えている．Google をはじめとして，一般の Web サーチエンジンサイトのほとんどがクラスタ構成のシステムを採用していることから考えても，大規模な生物情報データベースのサイトで PC クラスタの利用が増加するのは間違いないと思われる．

以上が生物情報データベースシステムの典型的な構成に関する説明であるが，これをゲノムネットの例にあてはめてみると，図 2・7 のような模式図になる．本節

図 2・7 ゲノムネットの模式図

のまとめとして，生物情報データベースの構築とサービスに関連するトピックについて，ここまでに書き落としたものも含めた一覧表を表 2・4 に示す．個々のトピックは市販されている情報処理分野の各種解説書を参照されたい．

表 2・4 生物情報データベースの関連トピック一覧

高速検索：インデクシング，パターンマッチング，DBMS，全文検索，並列処理
情報抽出：リンク抽出，キーワード抽出，重要文抽出，要約生成，可視化
Web 技術：アプレット，サーブレット，CGI，XML，サイト管理，セキュリティ
システム構築技術：ボトルネック解析，ネットワーク，OS，ハードウェア全般
高次情報処理：画像認識，統計，推論，機械学習，シミュレーション，自然言語処理
その他：各種解析プログラムに関する理解と，それらを組合わせる技術

2・5 インターネットを用いたデータベースの検索

本節では，生物情報の代表的な統合データベースサイトの例として，NCBI，EBI，およびゲノムネットについて概説していく．

NCBI　NCBI で利用される主要な検索ソフトウェアは，Entrez とよばれる．最も簡単な利用法としては，NCBI のトップページの検索フォームにキーワードを入力し，データベースを選択して検索する．Entrez は，以下の各種データベースに対する検索を統一的なインタフェースで提供する．

　　PubMed：文献
　　Nucleotide：GenBank，RefSeq，PDB などから集められた核酸配列
　　Protein：SwissProt，PIR，PRF，PDB などから集められたアミノ酸配列
　　Structure：PDB から集められたタンパク質立体構造（MMDB）
　　Genome：生物種ごとのゲノム配列
　　PopSet：さまざまな生物種間の遺伝子配列のアラインメント
　　OMIM：遺伝性疾患
　　Taxonomy：生物種分類
　　Books：学術書
　　ProbeSet：遺伝子発現（GEO：gene expression omnibus）
　　3D Domains：タンパク質立体構造ドメイン

検索し表示されたエントリに対しては，エントリ中に埋め込まれたクロスリファレンスの巡行（関連するエントリへのジャンプ）や，エントリの表示方式の変更を簡

単に行うことができる．Entrezの使用法についてはNCBIのサイトに詳しいマニュアルがあるので，参照されたい．また，Entrez自体の機能ではない部分もあるが，検索されたデータの種類によっては，以下の図2・8に示すようなグラフィカルな表示やインタフェースが提供される．

EBI　　EBIで利用される主要な検索ソフトウェアは，SRSとよばれる（図2・9）．SRSは，Lion Bioscience社が販売するソフトウェアで，生物情報データベースの分野では業界標準ともいえるソフトウェアである．約30のサイトでSRSサーバが稼働しており（図2・10），500種類のデータライブラリーに対する各種の検索や解析処理をサポートする（図2・11）．

簡便な使い方としては，NCBIのEntrezと同様に，EBIのトップページにある

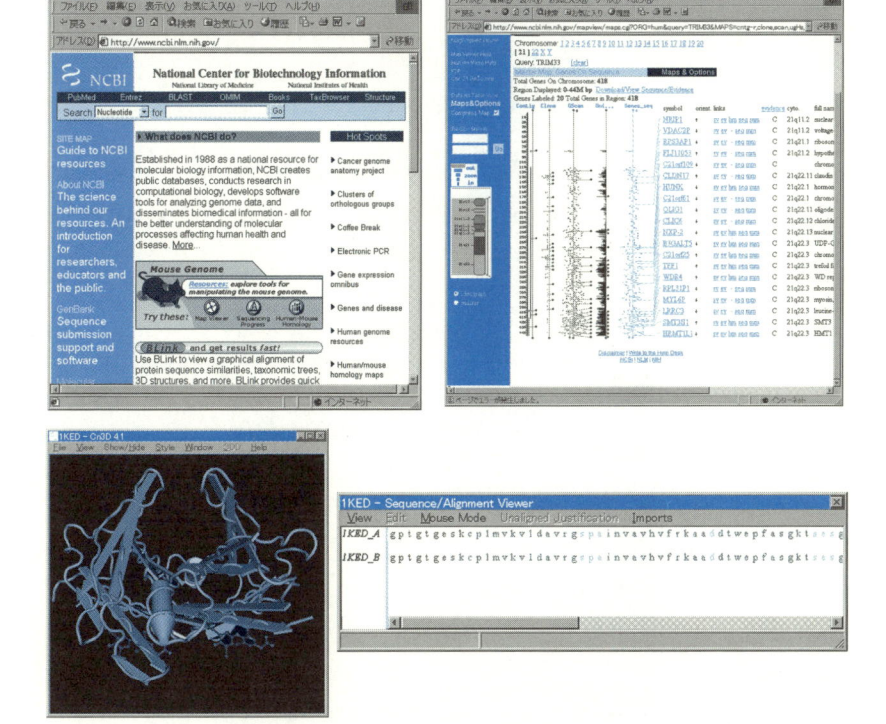

図 2・8　**Entrezのトップページと各種のグラフィックス表示**

2. 生物情報のデータベース

検索フォームにキーワードを入力し，データベースを選択して検索する．検索し表示されたエントリに対して多様な表示方式を提供し，そのエントリに対する各種解析プログラムを実行することもできる．これにより，配列のカットアンドペーストなど面倒な処理をブラウザ側で行うことなく，簡単にホモロジー検索やマルチプル・アラインメントを行うことができる．

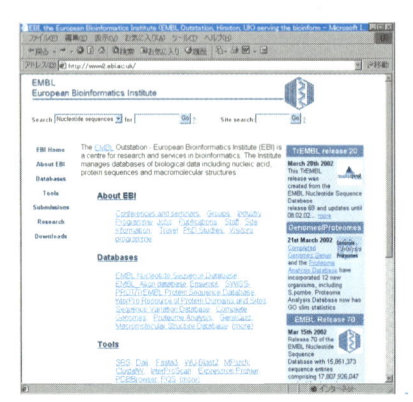

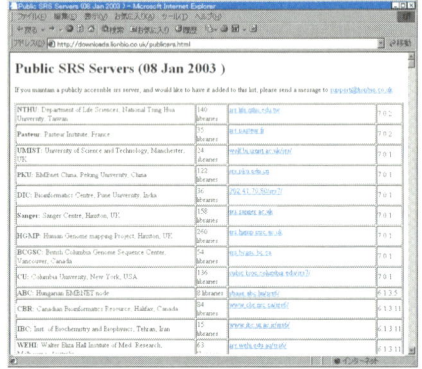

図 2・9　EBI で稼動している SRS

図 2・10　SRS のサイト一覧

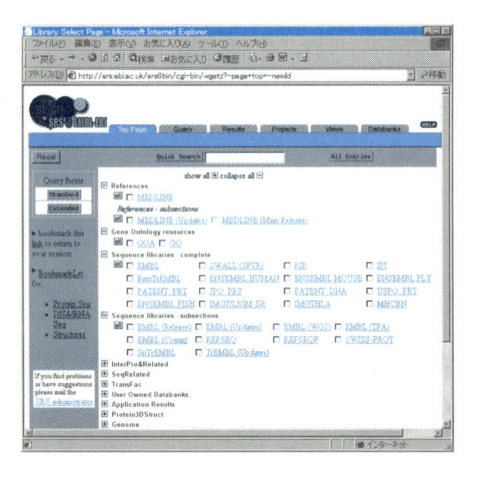

図 2・11　SRS のライブラリー一覧

ゲノムネット　図2・12にゲノムネットのトップページを示す．簡便な使い方はEntrezやSRSと同様である．主な配列解析サービスは以下の通りである．これらの一部は，エントリを表示した際に，そのデータベースの種類に応じて，連動可能なサービスの一覧として表示され，クリック一つで起動することができる．

───────配列解析サービス───────
BLAST: ホモロジー検索
FASTA: ホモロジー検索
MOTIF: モチーフ検索
CLUSTALW: マルチプル・アラインメント
PSORT: 細胞内局在予測
TFSEARCH: 転写因子結合領域検索
SOSUI: 膜貫通領域予測
TSEG: 膜タンパク予測

　これ以外に，基盤となる検索システムとして，DBGET/LinkDBを独自に開発し運用している．DBGETはさらにbfindとbgetに分かれ，それぞれキーワード検索および指定したエントリの取得を行う．一方，LinkDBは，ゲノムネット上のデータベース間のクロスリファレンス情報をもとに，あるエントリから直接または間接的に巡行可能なエントリの情報を整備したデータベースである．これにより，あるエントリに関係がありそうな他のエントリの一覧を，データベースの種類を超えて検索することができる．

　一方，ゲノムネット独自のデータベースとして，KEGGがある（図2・13）．KEGGはさらに，GENESやPATHWAY，LIGAND，BRITEなどのサブデータベースに分かれているが，互いに統合が行われている．

2・6　高次データベースへの進化

　2・2節でも触れたように，生物情報データベースは，遺伝子やタンパク質に関するファクトデータベースから始まり，必要に応じてデータの統合化やインタフェースの高度化が行われてきた．その一方で，研究者からの要求も高度化し，単純なキーワード検索やホモロジー検索を提供するだけではサービスとして十分でなくなってきた．いい換えると，研究者の興味はデータ自身（一次データ）からデータ間の関係に移り，たとえば遺伝子単体ではなく遺伝子同士の関係が織りなす機能

ネットワークや，システムとしての生命の理解に焦点が移ってきた．このような背景のもと，生物情報データベースを提供する各種のサイトでは，単なる検索を超えた高度なサービスを目指した研究開発が行われている．国内のデータベースについて少し例をあげると，前節で触れた KEGG もその一つであるといえる．KEGG では，各種モデル生物に関する一次情報（遺伝子や遺伝子産物，ゲノムの情報）から始まり，相互作用する物質のパスウェイ情報のグラフィカルな表示と検索，種間で保存されているオーソログ遺伝子のテーブル表示と検索，網羅的なホモロジー検索結果を用いた遺伝子のクラスタリングと可視化を行う SSDB との連携，遺伝子発現データの導入など，さまざまな展開を見せている（KEGG については第 5 章

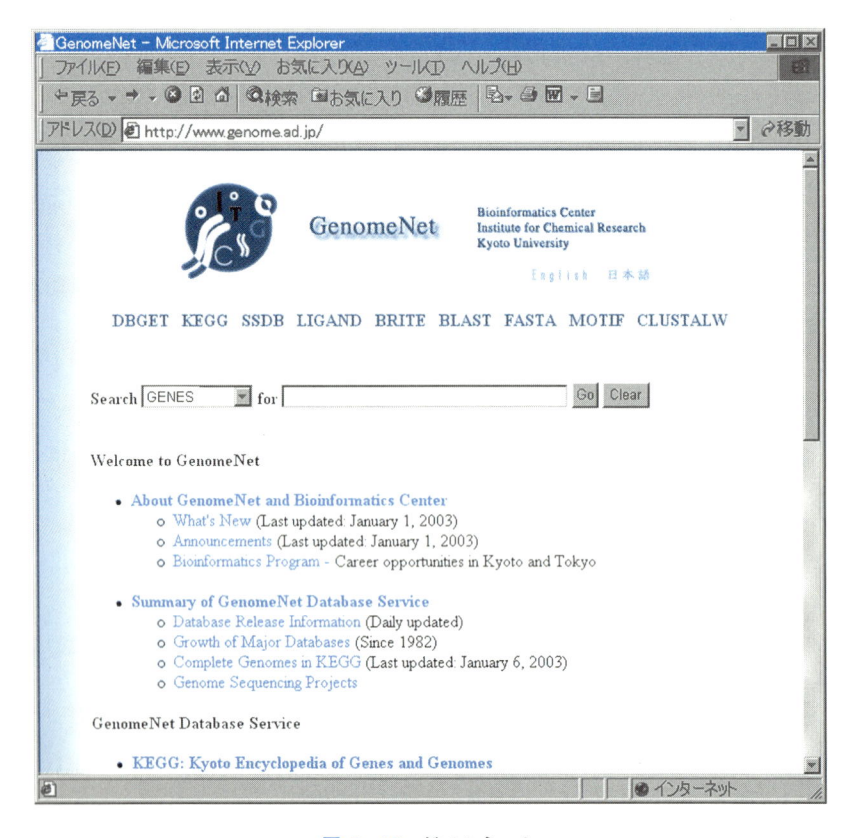

図 2・12　ゲノムネット

参照).また,微生物ゲノムに特化してはいるものの,ゲノム比較のための高次データベースとして MBGD があげられる(図 2・14).MBGD では,オーソログやパラログの検索や比較を容易に行うことができる.

2・7 データベースからの知識発見

　生物情報データベースの主な利用者が生命科学研究者である以上,その重要な目的の一つは生命に関する科学的な知識の発見であることに異論はないであろう.かつては紙媒体の文献と研究者自身の背景知識,鋭い洞察,精密な実験によって行わ

図 2・13　**KEGG**

れていた知識発見という作業にも，膨大なデータベースに対する検索という処理が加わり，さらには「関連の深い情報の提示」，「着目すべき情報の選択的提示」，「汎化と特殊化」，「同じものに対するさまざまな見方の提供」といった処理についても徐々にコンピュータの支援を受けられるようになってきた．情報処理の分野ではこのような処理のことをデータベースからの知識発見というが，ここでは生命科学者の知識発見の支援を目的とした研究開発事例を二つ紹介する．

オブジェクト指向プログラミング言語 C++ のクラスライブラリーとして提供されている Hypothesis Creator は，属性の一般化概念であるビューを通して，研究者

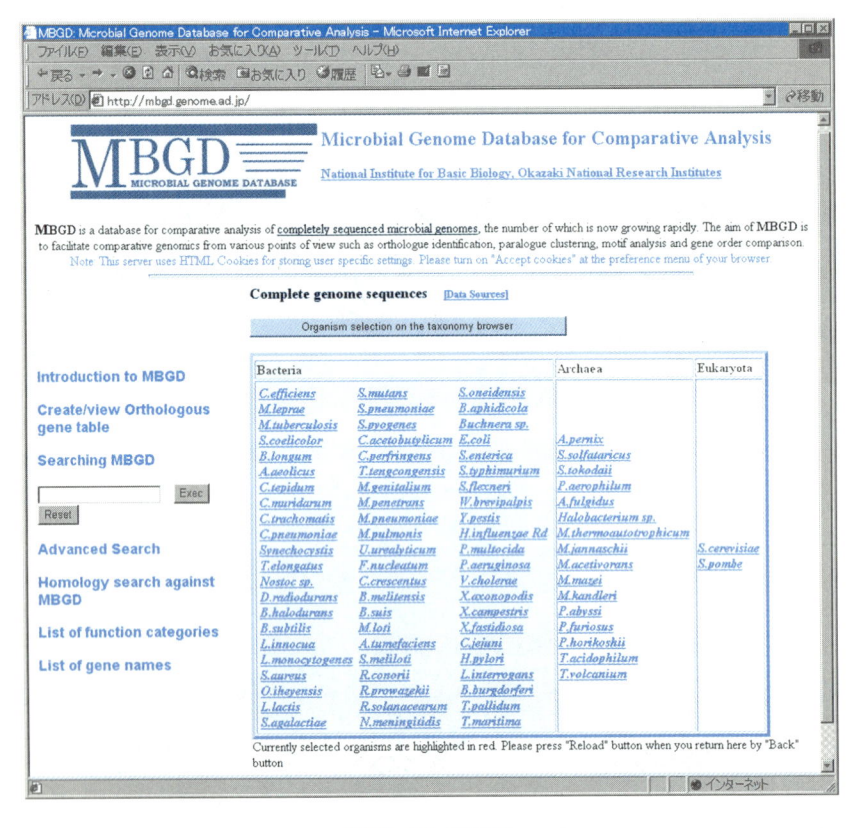

図 2・14　MBGD

がデータに対する"ものの見方"を自由にデザインし，仮説の生成と検証をスムーズに実行できることを目指したものである（図2・15）．ビューはデータ集合に対する一種の関数で，データをどう見るかによって，データ抽出や検索，予測などのソフトウェアをビューとすることができる．このようなものを段階的に結合していくためにビューオペレータが用意されている．つまり，Hypothesis Creator は，知識発見に必要なユーザの介入を一般的な枠組として規定したうえで，科学的知識発見の工程をユーザが自由にデザインできる環境を提供しているといえる．

```
YAL069W  ┌─────────┐    MIVNNTHVLT... ┌─────────┐
YAR002W →│配列名から配列│→  MHRKSLRRAS... →│配列データからモ│→ ...
YLR188W  │データに変換す│    MIVRMIRLCK... │チーフ抽出を行う│   ...
         │るビュー    │                  │ビューオペレータ│   ...
         └─────────┘                  └─────────┘
```

図 2・15 **Hypothesis Creator**

つぎにあげる STAG の例は，これとは逆に，知識発見の分野でよく使われるデータマイニング*技術を，データベース検索と連動した限定的な形で利用している．生物情報データベースでは一般に，各種の検索処理の結果として表示されるエントリ名の一覧は，往々にして巨大な集合になることがあり，その集合が何を意味しているかを把握するためには，一つ一つエントリを表示してユーザが目を通さなければならないことがある．これに対し，STAG では検索結果のエントリ集合に"共通かつ特有な性質"を手軽に調べる機能を用意している．たとえば，図2・16 の検索結果には，各データベースのエントリ集合に対して"Do Mining"というボタンが表示される．これをクリックして，データマイニングに関するパラメータ指定を行うと，図2・17 のような結果が表示される．

詳細については割愛するが，ここでは相関ルール発見とよばれる種類のデータマイニングを行っている．大雑把にいえば，各エントリがもつ特徴の一覧（たとえば，別のエントリへのリンクをもつとか，キーワードフィールドに特定の用語が書いてあるとか）をあらかじめ抽出しておき，ユーザが興味をもっているエントリ集合に

---

* 鉱山のことを英語でマインといい，採掘作業のことをマイニングという．これになぞらえて，玉石混交の大量データの中からコンピュータを用いて有用な知識や法則を発見することを，情報処理の分野でデータマイニングという．主にビジネスデータ処理の分野で発達したものだが，近年では科学的知識発見を含むさまざまな分野で応用されている．

なるべく共通であり，かつ，その補集合にはなるべく現れないような（つまり特有な）情報を優先的に表示することで，エントリ集合の意味把握を助けることが目的

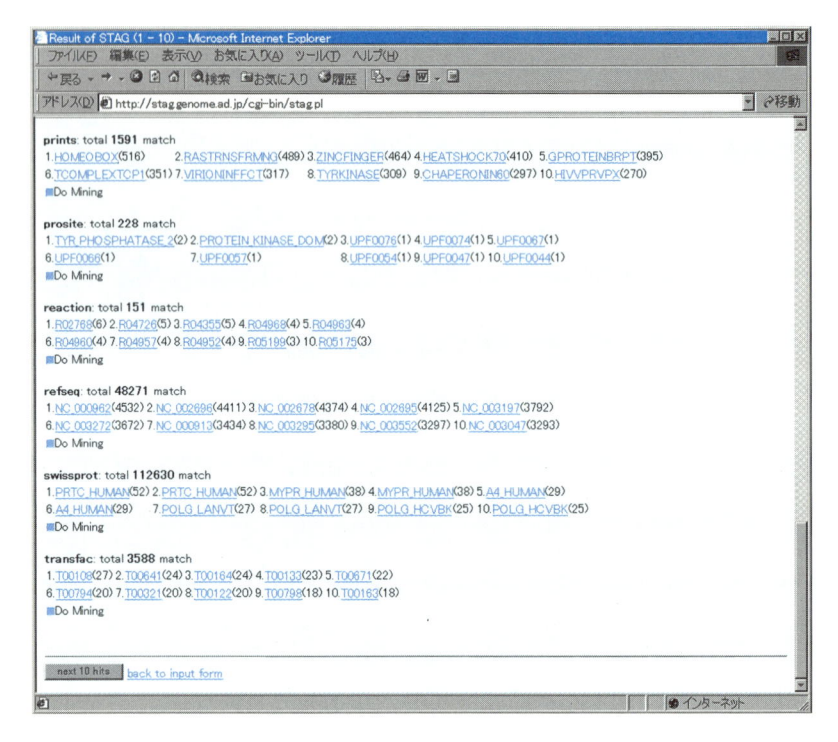

図 2・16　STAG の検索結果

である．たとえば，図2・17ではSWISS-PROTの10個のエントリに対してマイニングを行った結果，キーワードの情報（KW），遺伝子名の情報（GN），LinkDBから得た直接/間接のリンク情報（LINK）などが，このエントリ集合を特徴付けるものとして表示されている．

リスト形式の表示では，左側の丸括弧内に二つの数値が添えられている．整数値の方は「このエントリ集合内でいくつのエントリがその情報をもっているか」を表し，パーセンテージの方は「データベース全体でその情報をもっているエントリ群のうち，何％がこのエントリ集合に含まれているか」を表している．いい換えれば，前者はエントリ集合内における共通性を表し，後者はエントリ集合に特有に現れる

情報かどうかを表している．また，下の方には同じ情報が表形式で表示されているが，これを見ることにより，ユーザが興味をもっているエントリ集合の中に，明確なグループの存在を把握できる場合がある．たとえば，図2・17の例では，10個のエントリのうち9個については上位六つの情報をもつグループであり，その中の8個については上位四つの情報をもつ．さらに，この8個は4個ずつのサブグループに分かれ，遺伝子がMMP7で酵素3.4.24.23へのリンクをもつもの（matrilysin precursor）と，遺伝子名がMMP13でモチーフHEMOPEXINへのリンクをもつもの（collagenase 3 precursor）であることがわかる．

2・8 生物情報データベースの将来像

　ここまで述べてきたように，文献から有用な情報を集めた紙媒体の情報コレク

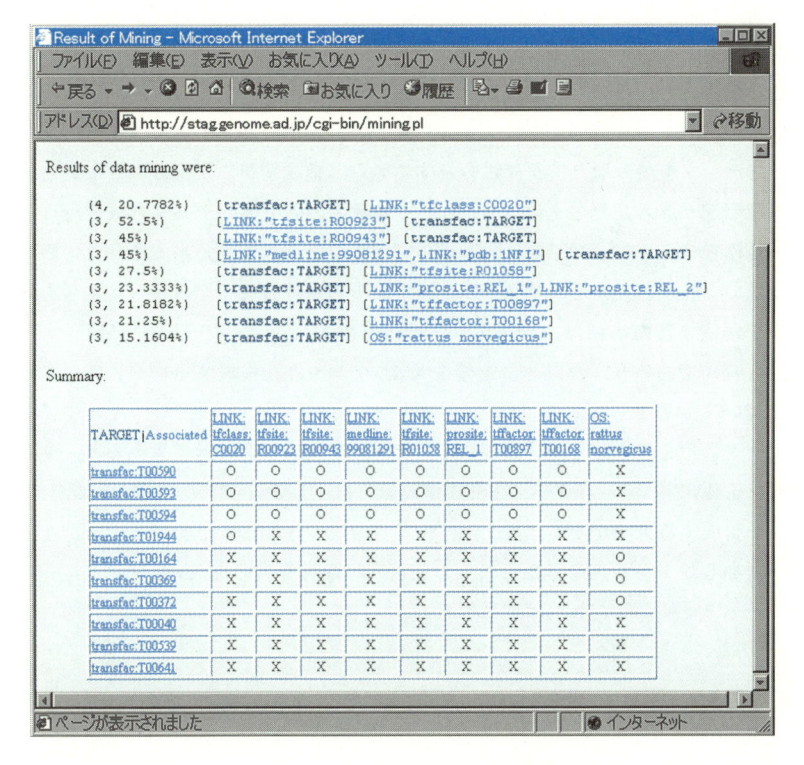

図2・17　STAGのマイニング結果

ションとしてスタートした生物情報データベースは，電子化・巨大化・統合化・ネットワーク化・網羅化・マルチメディア化・高度化などの過程を経て，現在に至っている．別の見方をすれば，生物情報データベース分野は，世界規模である種のデータウェアハウス作りを行っているといえるかもしれない．（ただしそこでの価値観はビジネスではなく，科学的発見にある）．本章の締めくくりとして，今後考えられる生物情報データベースの方向性を，以下に列挙する．

ⅰ）さらなるデータの巨大化に伴い，データの格納と取出しにはDBMSの利用が必要不可欠となる．現在最も普及しているDBMSは，表形式のデータモデルを採用した関係データベース管理システム（RDBMS）であるが，これは多くの生物情報データベースの場合，あまり適切でない．なぜなら，エントリは本質的に読解可能な文書としての性格をもち，その内部には多様なフィールド記述形式を許す必要があるため，単純な表形式のモデルに押し込めるには無理があるからである．この問題に対しては，オブジェクト指向データベース管理システム（OODBMS）が有効な解決法となるかもしれない．

ⅱ）現在のテキスト形式のエントリ表現には，正確なパージング（所定の文法に従ってデータを読み取り，正確に分解する処理．構文解析）が保証されないという大きな問題がある．たとえば，1人もしくは数名の研究者がデータ作成を行うような小規模データベースでは，自身が規定するフィールド記述形式を守れていないものがいくつか存在する（フィールド識別子を書き間違えているケースすらある）．これを解決するためには，交換されるデータの表現をすべてXML*に統一するのが最も有効であろう．ただし，正確なXMLファイルを作成するためには，エディタを用いて手書きしていては駄目で，DBMSなどを用いて厳密なスキーマに従ったデータ管理を行うことが必須である．データの増大と合わせて考えると，データ管理はDBMSで行い，データを交換する際にはDBMS内のデータからXMLファイルを合成する方法が妥当と思える．マイクロアレイ画像など，マルチメディア情報が増加しつつある点を考慮しても，文書内に画像を含めたXMLファイル一式の形でデータ交換が行われれば理想的である．

---

* HTMLがもつ二つの問題点，すなわち「ユーザがタグを自由に記述できない」，「タグは主に表示のために使われるため，データの意味を反映できない」という問題点を解決するために考案された新しいWebページの記述言語．データの正確な交換を可能にすることが期待されるため，近年生物情報データベース分野で導入が進んでいる．

iii）現在市販されているデータウェアハウス構築ソフトウェアやデータマイニングソフトウェアの多くは，ある種の発見やオンライン解析（OLAP）や処理の自動化を支援するための機能を備えている．しかし，そこで実現されている多彩な機能を提供している生物情報データベースサイトはほとんどないといってもいい．大概は単純なキーワード検索やリンク巡行，可視化，生物情報に特化したいくつかの解析サービスなどを提供しているのが現状である．ビジネスデータの分野で大きな成果を上げているソフトウェアを，科学技術データの分野にも導入していく必要性は高い．

iv）科学技術データベースの一種である生物情報データベースでは，情報の本体は実験の結果得られた配列情報や構造情報などであり，先頭に付随する各種の文章は添えもの（もしくはキーワード検索のためだけのもの）として見られがちであった．しかし，研究の中心が網羅的な配列決定と遺伝子発見から，遺伝子やタンパク質の機能ネットワーク解析へとシフトしつつある現在，これまで積極的に利用されることが少なかった自然言語情報の有効利用に注目が集まっている．すでに Gene Ontology（GO）などの生物情報に特化したオントロジー整備プロジェクトが多数スタートしており，今後これらを利用して文献やデータベースから情報抽出や知識発見を行うことに多くの力が注がれると考えられる．

v）これまでに比べると，細胞シミュレーションや結合予測やネットワーク推定などの非常に高度な解析サービスが増えることが予想される．すでに先端的なテーマとしてこれらの研究開発が活発に行われており，大規模な生物情報データベースサイトでも徐々にこのようなサービスを展開していくことが望まれる．反面，これら高度な解析サービスを提供するためには莫大な計算機資源が必要な場合も考えられるため，サーバとなる計算機システムを随時強化していくことは必須である．

vi）今まで以上に，製薬や医療の現場で生物情報データベースが活用されることになる．たとえば，かつては研究者しか利用しなかったような生物情報データベースが，医療の現場や臨床でオンライン利用される日がくるかもしれない．その段階ではプライバシーやセキュリティの保護が絶対条件になるのは明らかであり，これらに関する意識を各サイトとも高めていく必要がある．

参考 URL

本章に掲載した主な Web サイトの URL をアルファベット順に示した。

BioCyc	http://biocyc.org/
BodyMap	http://bodymap.ims.u-tokyo.ac.jp/
BSORF	http://bacillus.genome.ad.jp/
COG	http://www.ncbi.nlm.nih.gov/COG/
CyanoBase	http://www.kazusa.or.jp/cyano/
dbSNP	http://www.ncbi.nlm.nih.gov/SNP/
DDBJ	http://www.ddbj.nig.ac.jp/
EBI	http://www.ebi.ac.uk/
EMBL	http://www.ebi.ac.uk/embl/
ENZYME	http://www.expasy.org/enzyme/
ExPASy	http://www.expasy.org/
FlyBase	http://flybase.bio.indiana.edu/
GDB	http://www.gdb.org/
GenBank	http://www.ncbi.nlm.nih.gov/Genbank/
GenoBase	http://ecoli.aist-nara.ac.jp/
GenomeNet	http://www.genome.ad.jp/
GEO	http://www.ncbi.nih.gov/geo/
Hypothesis Creator	http://www.hypothesiscreator.net/
JSNP	http://snp.ims.u-tokyo.ac.jp/
KEGG	http://kegg.genome.ad.jp/
MBGD	http://mbgd.genome.ad.jp/
MGD	http://www.informatics.jax.org/
NCBI	http://www.ncbi.nlm.nih.gov/
NEXTDB	http://nematode.lab.nig.ac.jp/
OMIM	http://www.ncbi.nlm.nih.gov/entrez/query.fcgi?db=OMIM
Oracle	http://www.oracle.co.jp/
PDB	http://www.rcsb.org/pdb/
PIR	http://pir.georgetown.edu/
PostgreSQL	http://www.postgresql.jp/
PROSITE	http://www.expasy.org/prosite/

参考 URL

PubMed	http://www.ncbi.nlm.nih.gov/entrez/query.fcgi?db=PubMed
SGD	http://genome-www.stanford.edu/Saccharomyces/
SMD	http://genome-www5.stanford.edu/MicroArray/SMD/
STAG	http://stag.genome.ad.jp/
SWISS-PROT	http://www.expasy.org/swissprot/
TIGR Databases	http://www.tigr.org/tdb/
Yeast Interacting Protein Database	http://genome.c.kanazawa-u.ac.jp/Y2H/
YPD	http://www.incyte.com/sequence/proteome/databases/YPD.shtml

3

遺伝子同定，シグナル同定技術

3・1 シグナル同定のストラテジー
3・1・1 シグナル同定の重要性と難しさ

　遺伝情報の内容は，直接的には，どのようなタンパク質（構造情報）が，どのような条件下（制御情報）で合成され，機能を果たすか，ということに尽きるといっても過言ではない．したがって，ゲノム配列情報解読の二本柱は構造情報と制御情報の解読にある．本章後半で述べる遺伝子発見は，構造情報解読の第一歩であり，以下で述べる**シグナル同定**（signal finding）は，制御情報解読の基本にあたる．もっとも，転写や翻訳の開始点・終結点，エキソン・イントロン構造など，遺伝子の構造を決めているのもシグナル情報なので，シグナル同定は遺伝子発見を含むゲノム情報解読すべての基礎であるということもできる．ここでいうシグナルとは，細胞内で他の生体高分子によって認識され，情報伝達に使われる，生体高分子中の局所的な領域を指す．具体的には以下の3種類を考える．

> A．DNA上のシグナル：転写因子結合部位など
> B．RNA上のシグナル：転写後調節シグナル，RNAスプライス部位など
> C．アミノ酸配列上のシグナル：翻訳後修飾シグナル，細胞内局在化シグナルなど

　もしこれらの情報を塩基配列・アミノ酸配列から読み取ることができれば，たとえばある遺伝子がどのような細胞で転写され，どのようなタイプの選択的スプライシングを受けて，それがどんなオルガネラ（核やミトコンドリアなどの細胞内小器官）に局在するかなどを予言できるはずである．しかし，残念なことに，現在のと

ころ，そのような予言はあまり高い信頼性で行うことはできない．そのため，代わりに相同性（ホモロジー）検索などの経験的方法が広く用いられている（第4章参照）．なぜコンピュータによるシグナル同定が難しいのかは一概にはいえないが，現象としては，多数のシグナル類似配列（false positive；擬陽性）が観察されて，本物との区別が難しいことが多い．つまり単に文字列の共通パターンを見るだけではシグナルを正確に同定するのに不十分なことが多いのである．そこで，まず簡単に，実際の生体高分子による分子認識の状況を振り返ってみよう．

3・1・2 分子認識の生物学

　配列解析では，われわれはとかく塩基配列やアミノ酸配列を単純な文字列として解釈しがちであるが，もちろん実際の細胞内ではそれらの文字列が視覚的に読まれているわけではない．分子が別の分子を認識する様子は，よく「鍵と鍵穴」のたとえを用いて説明される．すなわち，ある分子が独特の（特異的な）立体構造をとり，その形にぴったり合わさる形状をした分子が，相互作用によってその形を認識するというものである．この場合の相互作用にはファン デル ワールス力とよばれる弱い力や，疎水性の領域同士が集まる疎水性相互作用が主にかかわっている．

　上の説明は，タンパク質が複合体を作る場合にはよく当てはまる．しかし，タンパク質がそのアミノ酸配列の違いによって，大きく異なる立体構造をとるのに対して，DNAやRNAは塩基配列が変わってもその全体の構造があまり変わらないので，「鍵と鍵穴」のイメージがわきにくい．DNAやRNA上のシグナルはどのように認識されるのであろうか．一本鎖の状態のRNAはともかく，二本鎖DNAの塩基配列をタンパク質が読み取るのはなかなか難しそうである．なぜなら，二本鎖DNAでは塩基の部分は糖とリン酸による骨格の中に包み込まれているからである．X線結晶構造解析などによれば，転写因子のDNA結合領域（ドメイン）は通常二本鎖のすき間のうちの大きい方（主溝）にはまり込むような構造を備えている（図3・1）．結合ドメインがDNAの骨格そのものに結合するためには，リン酸の負電荷との静電相互作用が大きな役割を果たしているように見える．一方，主溝に入り込む構造には，αヘリックスやβストランド，ループ構造などがあるが，そこから伸びたアミノ酸の側鎖などの"指"が塩基の側面をさぐって，塩基配列を読んでいるように見えることが多い[1]．その場合は疎水性相互作用とともに水素結合が重要な役割を果たしているものと考えられる．水分子を介した間接的な水素結合もある．

　しかし，実際の分子認識の様式はもっと複雑である．まず，先にあまり塩基配列

に依存しないと書いたDNAの二重らせん構造も，微妙なところでは塩基配列によって構造を変えており，その変化をタンパク質が認識している可能性がある．あ

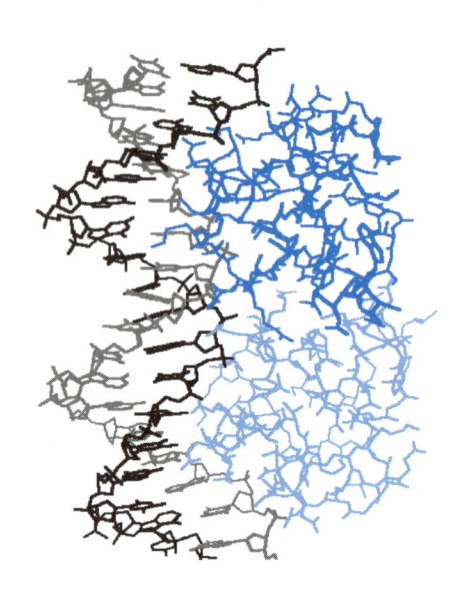

図 3・1　DNA 結合タンパク質による塩基配列認識．バクテリオファージ434のリプレッサータンパク質がDNAに結合している様子（A. K. Aggarwal らのデータ（PDBID: 2OR1）をもとに Richardson らの MAGE プログラムで作成）．

るいは逆に転写因子の結合はときに DNA の構造に大きな変化をもたらす．典型的には結合部位を境に DNA が折れ曲がることが多い．このような構造変化が，関連する転写因子の結合に影響することもあるだろう．さらに，DNA は細胞中ではクロマチン構造とよばれるタンパク質との複合体を形成しているので，短い塩基配列断片とタンパク質との複合体の結晶構造の観察からどこまでそれらの微妙な点を議論できるかという問題も残る．結局のところ，タンパク質による DNA 塩基配列読み取りは，われわれが行うような文字列の読み取りとはかなり異なったメカニズムで行われているが，そのメカニズムを取入れた精密なコンピュータ解析を行うには，データが少なすぎるというのが現状である．

3・1・3　シグナル表現の諸方法

a. コンセンサス配列と正規表現　　シグナルの中には，全ゲノム中に一箇所しか存在しないものもあるだろうが，そのシグナルが既知なら，それを配列解析で扱うのはつまらない．興味深いのは，シグナルをもつ遺伝子やタンパク質が複数存在する場合である．このとき見られる共通の配列パターンを**コンセンサス配列**

(consensus sequence)（または**モチーフ**（motif））という．既知シグナルの全部の例がまったく同じ配列パターンを示すこともあるが，たいがいは微妙に異なった配列パターンを含んでいる．その場合，コンセンサス配列は，

 ⅰ）どの例にも共通に含まれるパターンのみを記す
 ⅱ）各位置で一番多く出現している塩基（以下，いちいち記さないがアミノ酸残基の場合も同様）を記す
 ⅲ）出現頻度に偏りのある位置の塩基はなるべく記す

の三通りが用いられる．いずれにしても，あるコンセンサス配列が配列中に存在するからといって，それがシグナルであるとは断定できないことに注意してほしい．特にⅰ）の場合は，余分なノイズを多く拾う可能性が高く，ⅱ）では，典型的なシグナルしか拾えないのは明らかである．ⅲ）の方法も基本的にはあまり正確でないが，簡単でわかりやすいため，比較的よく用いられている．このⅲ）の記述法に正規表現が用いられる．

正規表現（regular expression）とは形式言語理論でいう一番簡単な言語クラスに対応する記号列の表現方法であり，UNIX オペレーティング・システムの利用者にはお馴染みのものである．表3・1にこの分野でもよく使われる Perl というプロ

表 3・1　**Perl 言語で用いられる正規表現表記の例**

表記	種類	例	説明
[ ]	文字クラス	[AT]GC	AGC, TGC とマッチ
[^]	否定の文字クラス	[^AT]GC	CGC, GGC とマッチ
|	選択肢	(AC|TG)GC	ACGC, TGGC とマッチ
.	すべての1文字	A.A	2文字目は何でもよい
^	文字列の先頭	^AAA	配列が AAA から始まる
$	文字列の末尾	AAA$	配列が AAA で終わる
+	1回以上の繰返し	A+	A, AA, AAA, ..とマッチ
?	0回または1回の繰返し	AT?	A, AT とマッチ
{n}	n 回マッチ	(AT){2}	ATAT とマッチ
{n, m}	n 回以上 m 回以下	(AT){1,2}	AT, ATAT とマッチ

グラミング言語で採用されている正規表現の記法をいくつか紹介しておく[2]．塩基配列シグナルなどの正規表現による記述はあくまで簡便法であって，可能であれば以下に紹介する重み行列法などを利用すべきである．しかし，シグナルの既知事例が少ないときは，正規表現を用いる方がむしろ妥当であろう（後述）．正規表現的な記述法にもう少し定量性をもたせるために，よく保存された部位は大文字で，そ

うでない部位は小文字で表すこともある．さらに，保存の度合いを添え字で記すこともある．たとえば，大腸菌のプロモーター部位（−10領域；後述）のコンセンサス配列は，ある統計によれば以下のように表される[3]．

$$T_{80} A_{95} t_{45} A_{60} a_{50} T_{96}$$

シグナルの共通パターンがあいまいであるのは，タンパク質による配列認識が多少のあいまいさを許すことを意味しているが，このことが積極的な生物学的意味をもっている可能性があることに注意しよう．たとえば，一般にシグナルは理想的なコンセンサス配列に近いほど，強力であることが考えられる．つまりコンセンサス配列からのはずれ具合によって，シグナルの強度を調節している可能性も否定できないのである．

b. **重み行列法（位置依存スコア行列法）**　上述の正規表現によるシグナル表記をもう少し定量化したものが，**重み行列**（weight matrix）法（**位置依存スコア行**

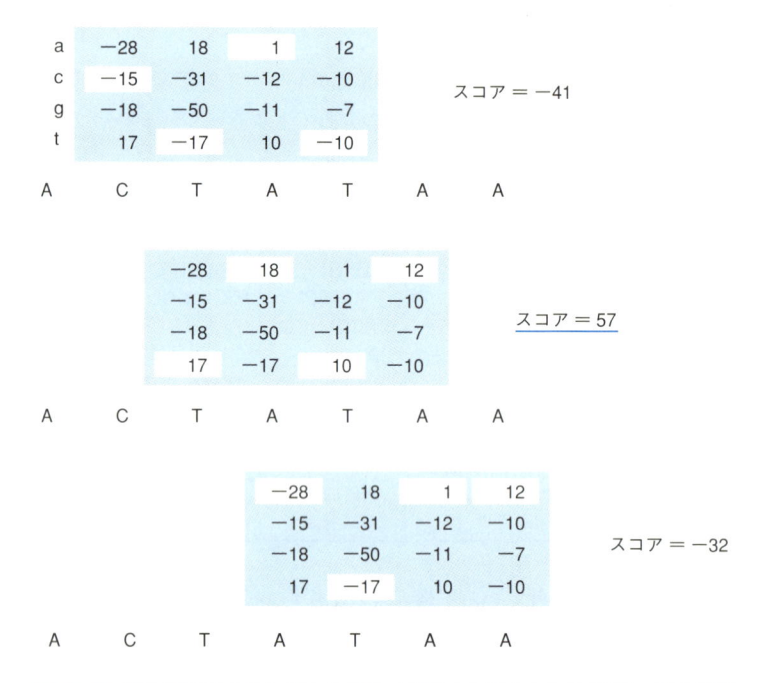

図 3・2　**重み行列によるシグナル検出**（文献4の図をもとに作成）．重み行列（アミかけした長方形）をずらして，それぞれの位置でスコアを計算していく．たとえば一番上の位置では最初の列に C が対応するので−15点，第2の列は T なので−17点，…．結局 −15−17+1−10 = −41 がこの位置のスコアになる．

列（position specific score matrix; PSSM）法ともよばれる）である．これは図3・2に示すように，長さLのシグナルにおいて各位置に出現する塩基の種類によって，シグナルらしさを表すスコアへの寄与を数値化したものである[4]．このスコアを使えば，図のように，行列を配列上でスキャンさせていって，高いスコアを示す部分を検出することができる．多くの検出スコアの中からシグナル候補部位を判別するためには，基準となるスコア値（閾値，カットオフ値）を決める必要があるが，通常は既知のシグナルが示す最低スコア付近にとることが多い．

行列の (i, j) 要素 s_{ij} は通常，

$$s_{ij} = \log\left(\frac{f_{ji}}{p_j}\right) \quad (i = 1, .., L; \ j = 1, .., 4) \tag{3・1}$$

として計算される（さらに手ごろな大きさの数字になるように全体を定数倍することが多い）．ここに f_{ji} はシグナル上の相対位置 i における塩基 j の出現頻度，p_j はシグナルがない領域における塩基 j の出現頻度を表す．対数の底は何でもよいが，これを2にとれば，情報量を bit 単位で考えることに対応する．アミノ酸配列の場合もほぼ同様であるが，塩基配列の場合は j にかかわらず $p_j = 1/4$ としてもさほど問題ないのに対して，アミノ酸残基の出現頻度はその種類によって大きく異なる．なお，上式は**対数オッズ比**（log odds ratio）とよばれる．重み行列のスコアを計算するときには各列からの寄与を足すが，行列要素に対数がかかっているために，その中身（真数）は掛け合わされることになる．したがって，これは各位置における塩基の出現が独立であるときにあるパターンが現れる確率を，位置の影響がまったくないときの同じパターンの出現確率と比べていることになる．

上式の考察からも明らかなように，重み行列法では通常，各位置からのスコアへの寄与は独立に与えられる．つまり，ある位置がAであろうがTであろうが，隣の位置からの寄与には関係がないことを仮定している．実際には，たとえばある位置がAでその隣もAのときだけ認識されるというような非線形の効果が存在する可能性も十分考えられる．しかし，実験データが示すところによれば，各位置が独立の寄与をするというのは，大体において妥当な近似であることがわかっている．重み行列法を拡張して，異なる位置間の影響を取入れた行列を作ることもできる．しかし，その場合には行列を作るのに必要な既知シグナルの数が非常に多くないと，少ないデータで確率分布を推定する弊害がでてしまう．この問題は行の数が20もあるアミノ酸配列の場合に，より真剣に考える必要がある．後述の疑似度数を取入れる方法もあるが，信頼性のない精密モデルを作るぐらいなら，正規表現にとどめ

ておくのも一つの見識であろう．

c. プロファイルと隠れマルコフモデル 塩基置換の場合と違って，アミノ酸の置換の場合は，置換しやすいアミノ酸対とそうでない対の差が大きい．この違いを使って，アラインメントのもっともらしさを定量化するのに用いられるのが，BLOSUM などの"スコア行列"（第4章参照）である．シグナルが存在する領域に，そのような一般的スコア行列が適用できるかどうかは不明であるが，データ数の不足を補うために，スコア行列を用いることが考えられる．また，重み行列法では通常進化上の塩基の欠失に対応するギャップを扱わない．これは，シグナルなどのよく保存されている領域はギャップを含まないブロックとして存在するのが普通だからであるが，原核生物のプロモーター領域のようにギャップの存在が重要なこともある．このような背景から M. Gribskov らは 1987 年に**プロファイル解析**（profile analysis）という，アミノ酸配列における重み行列の拡張方法を提唱し，鋭敏なタンパク質のドメイン検索法として一時期かなり有名になった．しかし，最近ではその他の研究者が提唱した方法も含め，挿入・欠失を許すプロファイルは，**隠れマルコフモデル**（HMM，コラム参照）を用いて自然に表現できることが広く認識されるようになった．そこでここではごく簡単にプロファイル HMM を紹介する（4 章も参照のこと）．

コラムで解説されているように，HMM とはそれぞれが決まった確率で出力記号を出力する状態が，与えられた遷移確率で結び付けられたようなものであるが，**プロファイル HMM** の場合は，各状態がシグナルの各位置にあたり，出力記号が 4 種類の塩基（または 20 種類のアミノ酸）にあたると考えるとわかりやすい．HMM は開始状態からスタートして，重み行列における各列を評価するような形で状態を遷移し，終了状態に至る（図 3・3(a)）．これだけだと重み行列と同じであるが，このモデルを挿入・欠失状態を許すように拡張してやると，図 3・3(b) のような形になる．各位置では通常の意味で 4 種類の塩基にマッチするだけでなく，対応する塩基がない状態（欠失状態）か，余分な塩基が挿入された状態（挿入状態）をとることができる．挿入状態においては，自分から自分へ遷移することができることに注意してほしい．これによって，任意の長さの挿入を扱うことができる．さらに，挿入確率や欠失確率が各位置によって異なることを許していることにも注意しよう．これは特にシグナル領域においては生物学的に妥当な性質である．

プロファイル HMM がシグナルやタンパク質ドメインの記述によく用いられる理由は，それらの性質を自然な形で表現できるというだけではなく，その意味付け

が確率的にすっきりしており，すでにHMM自体の性質が詳しく研究されていることが大きい．たとえば，与えられたマルチプル・アラインメントから最適なプロファイルHMMを推測したり，与えられたプロファイルHMMに適合する配列領域を大量のデータから高速に検索したりするアルゴリズムが，よく研究されている[5]．

3・2 典型的な問題
3・2・1 大腸菌プロモーター

プロモーター（promoter）は遺伝子の転写開始点上流（5′側）付近にあって，転写開始位置やその他の制御情報が書かれている領域である．大腸菌のプロモーターの研究の歴史は古く，すでに1970年代からコンピュータ解析が盛んに試みられてきた．大腸菌プロモーターの基本構造を図3・4に示す．転写開始点から5〜9

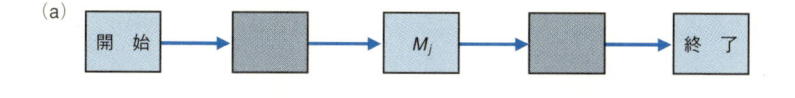

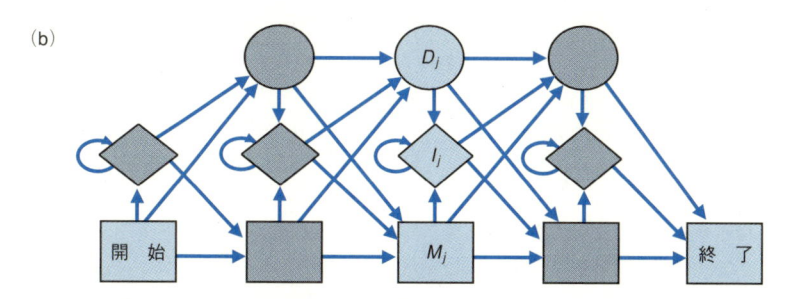

図3・3 **プロファイルHMMの基本構造**（文献5の図をもとに作成）．(a) 重み行列に対応するHMM．開始位置から始まって，確率1で隣のマッチ状態 M_j（重み行列の列に対応）に遷移していき，終了状態で終わる．各マッチ状態はそれぞれ決まった確率で4種類の塩基（または20種類のアミノ酸）を出力する（重み行列の行に対応）．(b) 挿入・欠失を考慮に入れたHMM．モチーフの各位置において，マッチ状態のほかに，一番上の行にある丸印の欠失状態 D_j もしくは2番目の行の挿入状態 I_j を経由する道をたどることができる．欠失状態は何の塩基も出力しないが，挿入状態はマッチ状態同様，決まった確率で塩基を出力する．モチーフ各位置に欠失状態は一つしか対応しないが，複数の塩基が挿入することは可能なため，挿入状態では自分に遷移する可能性が考慮されていることに注意．

隠れマルコフモデル

隠れマルコフモデル（hidden Markov model；HMM）[5),6)]の基本的な概念を解説するために，ひとまず，配列解析の話題から離れることにしよう．

二つのサイコロを使って生業を得ているカジノを考える．一方のサイコロは，すべての目が1/6の確率で出る正しいサイコロ，もう一方のサイコロは，1の目が1/2の確率，その他の目が1/10の確率で出るいかさまサイコロである．カジノは，普段は正しいサイコロを使っているが，ときどき，いかさまサイコロを使って客をカモにしている．正しいサイコロからいかさまサイコロへは0.1の確率で切り替わり，いかさまサイコロから正しいサイコロへは0.2の確率で切り替わる．さて，このカジノで遊ぶ客は，カジノのいかさまやこれらの確率を知るよしもない．客が観察できるのは，幾度となく繰返し振られるサイコロの出目だけである．ある日，身銭が減るばかりの客は，カジノがいかさまをしているのではないかと疑い始めた．客の頭の中には，図1(a)のようなモデルができあがった．このモデルでは，正しいサイコロが使われている状態といかさまサイコロが使われている状態が定義されている．また，おのおのの状態には，そのサイコロがしばらく使い続けられることを表す遷移と，状態間には，サイコロが切り替えられることを表す遷移が定義されている．客は，おのおのの状態に，その状態を特徴付ける出目の確率（記号出力確率）を張り付けたいと考えているが，いかさまサイコロの出目の確率がわからないでいる．また，どれくらいおのおののサイコロが使い続けられるか，あるいは，どれくらい頻繁にサイコロが切り替えられるかを，遷移に張り付けた確率（状態遷移確率）によって表現したいと考えているが，それらの確率もわからないでいる．この客の頭の中でできあがったモデルこそが，隠れマルコフモデル（HMM）である．

HMMは，状態遷移を繰返しながら，遷移のたびに記号のひとつを出力する記号列の生成モデルである．状態の遷移と記号の出力は確率的に行われ，どの状態に遷移するかは，今いる状態の状態遷移確率に従い，どの記号を出力するかは，遷移した状態の記号出力確率に従う．

さて，破産寸前の客は，何とかしてカジノのいかさまを暴き，カジノに一泡ふかせてやろうと躍起になった．繰返しになるが，客が観察できるのは，サイコロの出目の列だけである．その他のすべての出来事が，客からは'隠れ'ているのである．幸いにして，HMMでは，HMMのパラメータ（状態遷移確率と記号出力確率）を出目の列に対して最適化するアルゴリズム（Baum-Welchアルゴリズム）が知られている．こうして客は，図1(b)のHMMを得ることができるのである．しかし，これだけでは，いかさまの証拠をつかんだとはいえない．カジノのいかさまを暴くためには，観察された出目の列が，このHMMから生成されたものであることを示さなければならない．平たくいうと，このHMMが，出目の列に与えるスコア

3・2 典型的な問題

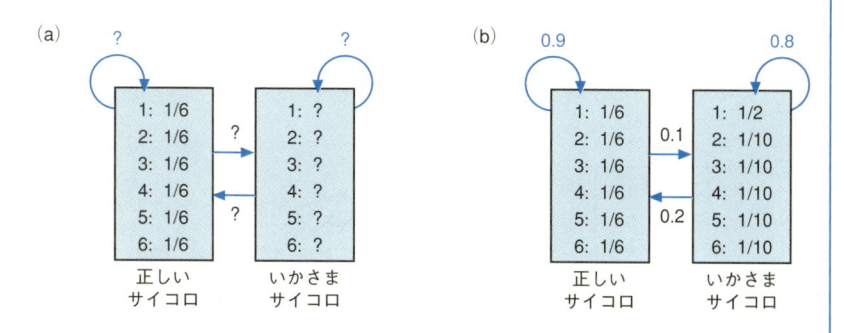

(a)
```
?                    ?
[正しい      ?      いかさま
サイコロ   ←——    サイコロ
1: 1/6      ?      1: ?
2: 1/6             2: ?
3: 1/6             3: ?
4: 1/6             4: ?
5: 1/6             5: ?
6: 1/6]            6: ?]
```

(b)
```
0.9                  0.8
[正しい    0.1    いかさま
サイコロ  ——→   サイコロ
1: 1/6            1: 1/2
2: 1/6            2: 1/10
3: 1/6    0.2     3: 1/10
4: 1/6            4: 1/10
5: 1/6            5: 1/10
6: 1/6]           6: 1/10]
```

図1 いかさまを繰返すカジノのHMM

を計算しなければならない．スコアの計算アルゴリズムとしては，前向きアルゴリズムや Viterbi アルゴリズムが知られている．高いスコアが得られれば，観察された出目の列が，この HMM から生成された可能性が高いことを表している．さらに，Viterbi アルゴリズムでは，出目の列に対する HMM の状態遷移の様子を推定することができる．つまり，出目の列のどこからどこまでで正しいサイコロが使われていたのか，出目の列のどこからどこまででいかさまサイコロが使われていたのかを知ることができる．かくして客は，カジノのいかさまを暴くことに成功したのである．

本文で紹介されている HMM には，いくつかの拡張が施されている．まず，状態遷移が始まる状態として開始状態，状態遷移が終わる状態として終了状態が導入されている．また，ヌル状態とよばれる記号を出力しない状態が導入されている．図3・3(b) の欠失状態は，ヌル状態の一例である．

さて，配列解析に話を戻そう．ここでは，DNA モチーフの探索を取上げる（図2）．ある既知の DNA モチーフについて，生物学的に「正しい」アラインメントが得られていると仮定しよう（図2(a)）．アラインメントにより，モチーフの保存部と可変部が同定されている．解析は，このアラインメントから，モチーフを表現する HMM を導出することから始まる．まず，プロファイル HMM（図3・3 (b)）の枠組みを利用して，保存部と可変部の構造を表現する HMM のトポロジーを設計する（図2(b)）．この HMM の状態遷移確率分布と記号出力確率分布には，適当な値を与えておく．つぎに，Baum-Welch アルゴリズムを適用し，これらのパラメータをモチーフに対して最適化する（図2(c)）．最後に，Viterbi アルゴリズムを適用し，この HMM でゲノム配列を検索する（図2(d)）．Viterbi アルゴリズムにより，HMM が高いスコアを与える配列と一致した領域が，その領域に対応する

（次ページにつづく）

(コラムつづき)

HMM の状態遷移の様子とともに推定される．状態遷移の様子が推定されることにより，その領域における保存部と可変部が同定されていることに注意してほしい．

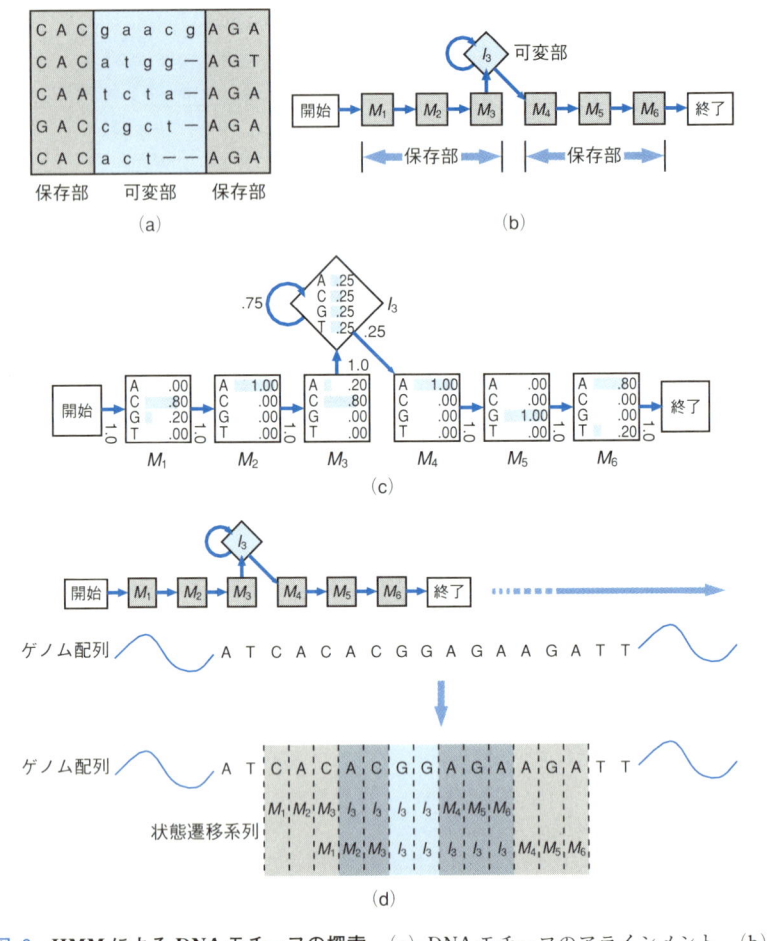

図 2 **HMM による DNA モチーフの探索**．(a) DNA モチーフのアラインメント，(b) アラインメントから導出された DNA モチーフの HMM，(c) パラメータが最適化された DNA モチーフの HMM，(d) DNA モチーフの HMM を利用したゲノム配列の検索．

塩基上流に−10領域とよばれるコンセンサス配列（TATAAT）が存在し，さらにそれより16〜19塩基上流に−35領域とよばれる配列（TTGACA）が存在する．も

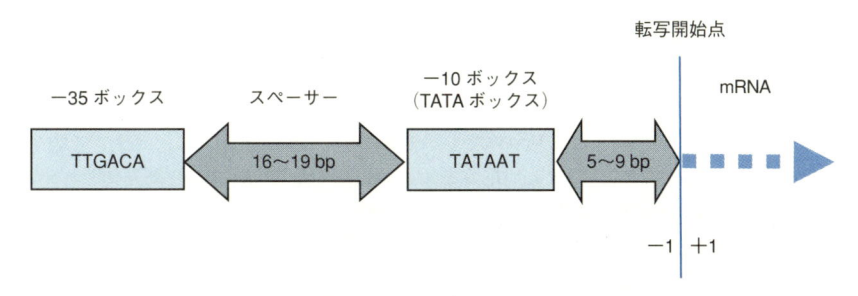

図 3・4　典型的な大腸菌プロモーターの構造（文献3の図をもとに作成）

ちろんこれらの共通配列は実際にはさまざまに変化している．このような構造をコンピュータで認識するためには，二つのコンセンサス領域は重み行列法的なやり方で対処するとしても，その間の領域（スペーサー領域）をどう扱うかが若干問題になる．これには，経験的な方法や，ニューラルネット法（コラム参照），隠れマルコフモデル（HMM）など，あらゆる方法が適用されてきたが，それらのほとんどはプロモーターを含むことがわかっている適当な長さの配列の集まりにこそ適用できても，長大なゲノム配列中に存在するプロモーターを精度良く検出することはできないようである．しかも，その後の研究が進むにつれて，図3・4で示されたプロモーター構造は σ^{70} という一番メジャーな σ 因子（プロモーター認識タンパク質）に認識されるもので，他の σ 因子は別のコンセンサス配列をもつプロモーターを認識することや，さまざまな転写因子の結合配列を認識しないと，実際の転写制御情報を読み取れないことがわかってきたこともあって，近年は大腸菌プロモーターの研究はやや下火になっている．

3・2・2　RNAスプライス部位

　真核生物の遺伝子では，最初に転写されたmRNA前駆体のうちで，イントロンとよばれる領域が切り取られ，残ったエキソンとよばれる領域がつなぎあわされて，成熟mRNAになる，**RNAスプライシング**（RNA splicing）という現象が見られる（3・3・2節参照）．mRNA前駆体のうちでイントロンが占める割合はほ乳類で特に顕著であり，ヒト遺伝子などではほとんどがイントロンである前駆体も珍しくない．

ニューラルネット法

ここでは，脳などの神経回路がパターンを学習したり，判別したりする仕組みを数学的にモデル化して，コンピュータによるパターン認識などを行う方法を指す[7]．神経回路（ニューラルネットワーク）は多数の樹状突起をもつ神経細胞（ニューロン）が，シナプスという結合を通して互いに興奮状態を伝えあうことができる構造になっている．同じような刺激が何度も回路網に与えられたときには，シナプス結合が徐々に調節されて，望ましい応答を示すのに有効なシナプス結合が強化され，そうでない結合は弱められることによって，学習が行われる．この現象をモデル化するのに，図 1(a) のようなニューロンを考える．ニューロン i には 0 から 1 までの値をとる重み w_{ij} で結合された他のニューロンの興奮状態 x_j と，自分自身の興奮のしやすさを示すバイアス値 h_i の和が入力として与えられ，その大きさが非線形関数 $f(x)$ を通した形でニューロン i の興奮状態 x_i が決まるとする．

$$x_i = f(\sum_j w_{ij} x_j + h_i) \quad \text{および} \quad f(x) = \frac{1}{1 + e^{-x}}$$

この値はまた別のニューロンへいろいろな重みを通して伝えられる．このニューロンが図 1(b) で示されるような階層構造で接続されて，入力層に 0 か 1 の値の組が与えられる状況を考える．たとえば，それらの値が $(0, 0)$ と $(1, 1)$ という組のときだけ，出力層のニューロンが興奮するように，繰返しいろいろな値の組と教師

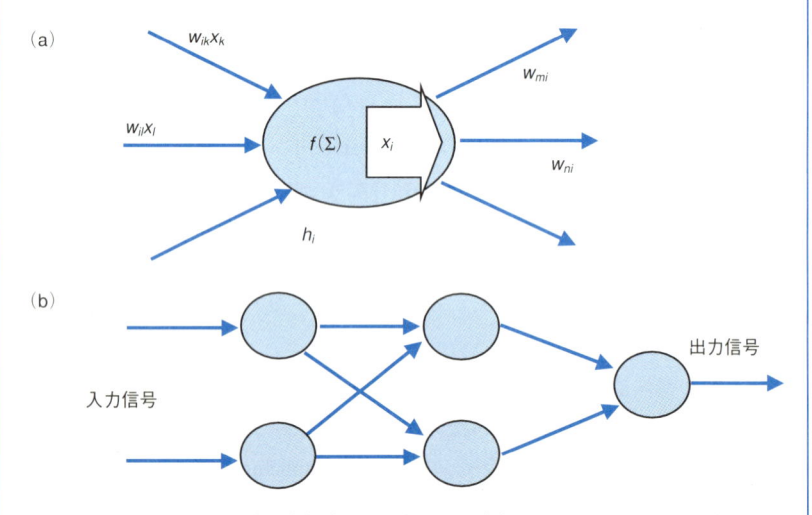

図 1　ニューラルネット法．(a) 素子の動作原理，(b) 階層型ネットワークの構造．

(コラムつづき)

信号（「正解」では 1，それ以外は 0 を与える）を使って，$\{w_{ij}\}$, $\{h_i\}$ を，バックプロパゲーション法（誤差逆伝播法）というアルゴリズムで逐次的に学習させていくことができる．図 1(b) のようなネットワークを拡張し，たとえばシグナルの各位置に現れる 4 種類の塩基に対応する入力ニューロンを用意することで，特定の転写因子認識配列だけに反応を示すニューラルネットを構築することができる．一般に，ニューラルネット法は比較的容易にパターン認識問題を解いてくれることが多いが，結果の解釈（結局，どういう特徴を認識しているのか）が難しいことと，多数の数値パラメータを用いるため，問題の本質的なところばかりでなく，学習問題を丸暗記する過学習に陥りがちなことが欠点である．

配列解析上の最大の興味は，イントロンとエキソンの境界を塩基配列から正確に見分けることにあり，この問題は後述のように遺伝子発見問題とも密接なつながりがある．さて，例外もあるものの，ほとんどすべてのイントロンは GT で始まり，AG で終わることが知られている．それだけでなく，そのまわりにもコンセンサス配列が存在する．生物種によって少し異なるが，ある統計によれば，

（エキソン）$A_{64} G_{73}$ | $G_{100} T_{100} A_{62} A_{68} G_{84} T_{63}$ ... 12Py N $C_{65} A_{100} G_{100}$ | N （エキソン）

というパターンを示す[3]．ここに，Py はピリミジン塩基（C または T），N は任意の塩基を表す．本来は RNA 上で認識されるシグナルなので，T は U（ウラシル）と表記すべきであるが，わかりやすくするために DNA 上の配列を記した．" | " は，最初がエキソン・イントロン境界，後がイントロン・エキソン境界を表す．しかしながら，これらの共通パターンを頼りにスプライス部位を探そうとすると，一般に擬陽性が多くなりすぎてうまくいかない．これはニューラルネット法や HMM など，もっと洗練された方法を使っても同じである．最近の研究によれば，真のスプライス部位が選択されるには，イントロンの境界付近の配列を見ているだけでは不十分であるらしい．しかし，それではどうすればよいのかはよくわかっていない．

RNA スプライシングでもう一つ興味深い問題は，**選択的スプライシング**（alternative splicing）とよばれる，スプライス部位選択が細胞種などによって異なる現象である（図 3・5）．将来はこの現象も塩基配列から予言できるようになるのかもしれないが，現在のところは大きな謎として残されている．

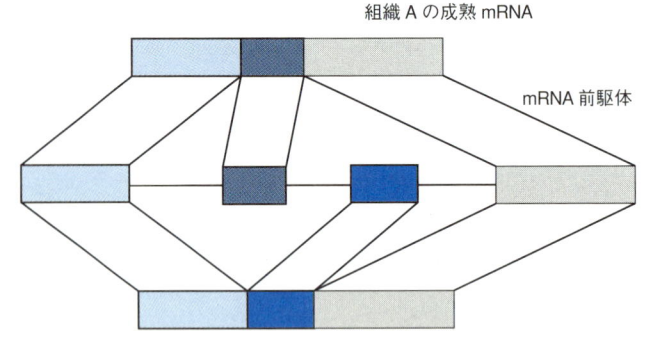

図 3・5 **選択的スプライシング**．ここではカセット型とよばれるタイプの例を示している．中央部の mRNA 前駆体（最初に転写されたRNA）で，長方形はエキソンを，横棒はイントロンを表す．遺伝子が発現する部位（組織；tissue）によって，使われるエキソンが異なることに注意．

3・2・3 真核生物プロモーター

　真核生物，特に多細胞生物のプロモーターは，上述の大腸菌プロモーターなどと比べて，きわめて複雑な遺伝子発現制御情報を含んでいるはずである．たとえば，細胞種（組織・臓器）の違いによって，遺伝子の使い分けが行われているはずで，それらの情報を解読できれば，与えられた遺伝子がどの組織で発現（この場合は転写）されるかを予測できるはずである．数年前まではデータ不足のために，この種の研究はなかなか進まなかったが，近年はゲノム塩基配列の決定が進み，また DNA チップやマイクロアレイとよばれる実験法の開発によって，遺伝子の発現状態を網羅的に解析できるようになったため，真核生物プロモーターのコンピュータ解析が大きな注目を集めるようになった．

　しかしながら，真核生物のプロモーター構造は複雑で，その一般的な構造はほとんど理解されていないといっても過言ではない．現在よく行われているのは，マイクロアレイ実験などで，共通の組織で発現していることがわかっていたり，共通の転写因子によって制御されている可能性の高い遺伝子群がわかっていたりするときに，その上流配列を調べて，転写因子の結合部位の候補としての共通配列パターンを検出する作業である．この作業にもいろいろな方法が試みられているが，**ギブ**

ス・サンプリング（Gibbs sampling）という逐次的な方法がよく用いられている（コラム参照）．一方，既知の転写因子の認識配列を正規表現や重み行列の形でデータベース化しておき，プロモーター領域に対して検索することも行われているが，現象が複雑なことと，信頼に足る実験データの不足のためか，なかなか実用的な成果はでていないようである．

ギブス・サンプリング法

ギブス・サンプリング法は逐次的に，与えられた配列（アミノ酸配列でも塩基配列でもよい）の群中に含まれるモチーフを重み行列の形で発見するアルゴリズムである[8]．その基本形では，モチーフはギャップを含まず，配列群に一つずつ含まれていると仮定し，その長さも既知であるとする．基本アルゴリズム（N本の配列から長さWのモチーフを発見する）はおよそ以下のようになる．

0) 各配列中にランダムなモチーフ位置の初期値を与える．
i) 配列群から配列を一つ（ランダムか順番に）選び，残りの配列群において，モチーフ各位置における塩基の出現頻度（重み行列）と，モチーフ以外の位置でのバックグラウンドの出現頻度を計算する．
ii) 上で選ばれた配列における長さWのすべての配列断片について，上で計算されたパターンの出現頻度に従って，その配列が生成される確率と，バックグラウンドの頻度から生成される確率の比を求め，その値に比例する確率で，配列断片を新しいモチーフ位置として一つ選択する．
iii) i), ii) を適当に収束するまで繰返す．

各配列におけるモチーフ位置の推定が良くなるに従って，重み行列の精度は良くなるので，選ばれた配列におけるモチーフ位置の推定も精度が上がっていくのがミソである．しかも，推定位置は常に最適のものが選ばれるのではなく，確率的に選択されるために，局所的に最適な推定位置にトラップされにくいのも強みである．ただし，真のモチーフの途中を始点としてモデル作りが始まると，そこから抜け出すのは難しくなるため，適当な時期に前後のアラインメントを調べる工夫がとられる．そのほか，並べるべき配列数が少なかったり，アミノ酸配列を扱う場合には，モチーフの各位置において，まったく出現しない残基が現れたり，出現頻度の推定に偏りを生じたりする可能性があるため，疑似度数（pseudocount）という数字を出現回数に加えて補正することが行われる．

3・2・4 細胞内局在化シグナル

アミノ酸配列上のシグナル情報にはさまざまなものが知られているが，ここでは細胞内の局在化シグナルを取上げる．7・5節でも解説されるように，タンパク質には水溶性のものと，膜に内在するものに大きく分類できるが，いちばん単純な細菌でも水溶性タンパク質は細胞内部に存在するものと，細胞外に分泌されるものに分類されるし，酵母や動物，植物などのいわゆる真核細胞においては，生体膜も多数の種類が存在し，あわせて膜に囲まれた空間（オルガネラ）も多数存在する．真核細胞において，これらの空間は，細胞内機能の分業に役立っており，その分業は種類の異なる膜や空間ごとに異なる機能のタンパク質が配置（局在化）されることで実現されている．比較的少数の例外を除くと，すべてのタンパク質の構造情報は核内 DNA に収められており，転写後，核外の細胞質ゾルで翻訳合成される．合成されたタンパク質はその最終目的地にしたがって，選別・輸送されることになるが，その選別（sorting）情報は，基本的にはおのおののタンパク質のアミノ酸配列中にシグナルとして記載されている．これをタンパク質の**細胞内局在化シグナル**（subcellular localization signal, sorting signal）という．機能未知のタンパク質のアミノ酸配列から局在化シグナルを認識できれば，その局在部位を予測できるはずで，いわゆる相同性情報とは独立にタンパク質の機能を推定する手がかりを得ることができる．そのため，局在化シグナルの認識はアミノ酸配列におけるシグナル認識の中でも比較的よく研究されている．

局在化シグナルにはいろいろな種類のものが知られており，その特徴もさまざまであるが，その多くは上述の正規表現や重み行列などでは表現しきれないような，あいまいな配列パターンを示す[9]．なかでも最もよく知られている**シグナルペプチド**（シグナル配列）は，原核生物では分泌などのタンパク質の細胞膜透過を指示し，真核生物ではいわゆる分泌経路への移行の第一歩として，小胞体膜透過を指示する．このシグナルはアミノ酸配列の N 末端から 20 残基程度の長さの領域で指定されており，通常図 3・6 で示される三つの領域に分けることができる．このなかで最も特徴的なのは，中央部に疎水性・非極性アミノ酸残基が集まる H 領域である．また，シグナルペプチドは用済みになった後，特異的に切断されるが，その切断部位の N 末端側 1 残基目と 3 残基目はアラニンなど，比較的小さい残基が出現する（$-3, -1$ ルール）．シグナルペプチド（とその切断部位）の予測法は，重み行列法，ニューラルネット法（コラム参照）などさまざまな方法を使って試みられており，局在化シグナルの中では最も高い精度で予測を行うことができる．その他のシグナ

ルのコンピュータによる認識方法も研究され，与えられたアミノ酸配列の局在部位を総合的に判定する予測システムも作られているが，プロテオーム全体を対象とすると，例外などの存在が無視できなくなることもあって，まだまだ改良の余地が大きいといえる．

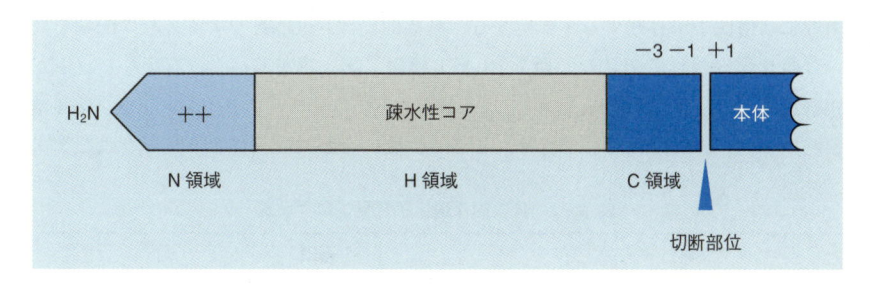

図 3・6 **シグナルペプチドの構造モデル**．一番 N 末端寄りの領域には塩基性アミノ酸が多く，中央の領域には疎水性アミノ酸が多い．切断部位付近には弱いコンセンサス配列が存在する．

3・3 遺伝子発見のアルゴリズム

遺伝子発見問題[10]は，長大なゲノム配列からタンパク質のコード領域を探し出す問題である．広義の遺伝子発見問題には，RNA 遺伝子を探し出す問題も含まれるが，ここでは，タンパク質のコード領域を探し出す問題に焦点を絞る．遺伝子発見の先駆的な研究は，1980 年代に始まり，1990 年代に入ってからは，いくつもの洗練されたコンピュータプログラムが登場するに至った．遺伝子発見のコンピュータアルゴリズムは，背景にある考え方の違いによって，大きく三つに分類することができる．i）転写産物による遺伝子発見，ii）*ab initio* 遺伝子発見，iii）ゲノム比較による遺伝子発見である．最近では，転写産物による遺伝子発見と *ab initio* 遺伝子発見，ゲノム比較による遺伝子発見と *ab initio* 遺伝子発見を組合わせたハイブリッドプログラムも登場している．表3・2には，この分類に基づいて整理された代表的な遺伝子発見プログラムがまとめられている．遺伝子発見プログラムでは，HMM（コラム参照）[5,6]が広く利用されている．以下では，遺伝子発見アルゴリズムを HMM の視点から眺めて解説しよう．

3・3・1 転写産物による遺伝子発見

遺伝子には，多少配列は異なるが，種を越えて共通に存在するものが多い．また，ゲノム配列には，互いに配列がよく似た遺伝子のファミリーが存在する．転写産物による遺伝子発見は，これらの生物学的な知見に基づいた遺伝子の発見手法で，既知の cDNA 配列やアミノ酸配列に類似した領域がゲノム配列に存在すれば，その領域には遺伝子が存在すると推定する．具体的には，cDNA やアミノ酸の配列を問い合わせ配列としてゲノム配列を BLAST 検索（第 4 章参照）し，有意なヒットが観察された問い合わせ配列については，厳密なペアワイズ・アラインメント（第 4 章参照）をゲノム配列に対して行う．ここで，問い合わせ配列にアラインされたゲノ

表 3・2 代表的な遺伝子発見プログラム

プログラム	URL
転写産物による遺伝子発見	
est2genome[a]	http://www.uk.embnet.org/Software/EMBOSS/Apps/est2genome.html
Wise2[b]	http://www.sanger.ac.uk/Software/Wise2/
PROCRUSTES[c]	http://www-hto.usc.edu/software/procrustes/wwwserv.html
sim4[d]	http://globin.cse.psu.edu/globin/html/docs/sim4.html
ab initio 遺伝子発見	
GeneMark.hmm*[e]	http://genemark.biology.gatech.edu/GeneMark/
GLIMMER*[f]	http://www.tigr.org/softlab/glimmer/glimmer.html
FGENESH[g]	http://genomic.sanger.ac.uk/gf/gf.shtml
GENSCAN[h]	http://genes.mit.edu/GENSCAN.html
ゲノム比較による遺伝子発見	
GLASS/Rosetta[i]	http://crossspecies.lcs.mit.edu/
ハイブリッド遺伝子発見	
GenomeScan[j]	http://genes.mit.edu/genomescan/
TWINSCAN[k]	http://genes.cs.wustl.edu/

* 原核生物の遺伝子発見プログラム．その他は真核生物の遺伝子発見プログラム．
a) R. Mott, *Bioinformatics*, **13**, 477 (1997).
b) E. Birney, R. Durbin, *Proc. of the Int. Conf. on Intelligent System for Molecular Biology*, **5**, 56 (1997).
c) M. S. Gelfand, A. A. Mironov, P. A. Pevzner, *Proc. Natl. Sci. U.S.A.*, **93**, 9061 (1996).
d) L. Florea, G. Hartzell, Z. Zhang, G. M. Rubin, W. Miller, *Genome Res.*, **8**, 967 (1998).
e) J. Besemer, M. Borodovsky, *Nucleic Acids Res.*, **27**, 3911 (1999).
f) S. Salzberg, A. L. Delcher, S. Kasif, O. White, *Nucleic Acids Res.*, **26**, 544 (1998).
g) A. A. Salamov, V. V. Solovyev, *Genome Res.*, **10**, 516 (2000).
h) C. B. Burge, S. Karlin, *J. Mol. Biol.*, **268**, 78 (1997).
i) S. Batzoglou, L. Pachter, J. P. Mesirov, B. Berger, E. S. Lander, *Genome Res.*, **10**, 950 (2000).
j) R.-F. Yeh, L. P. Lim, C. B. Burge, *Genome Res.*, **11**, 803 (2001).
k) I. Korf, P. Flicek, D. Duan, M. R. Brent, *Bioinformatics*, **17**, S140 (2001).

3・3 遺伝子発見のアルゴリズム

ム配列の領域がタンパク質のコード領域，すなわち遺伝子の領域となる（図3・7）．真核生物では，このアラインメントによって，問い合わせ配列の数ヵ所に大きなギャップが挿入されることがある．このギャップに相当するゲノム配列の領域が，イントロン領域である．このとき，イントロン領域の上流端にはGT，下流端にはAGの2連塩基が存在するようにアラインメントを行わなければならない．

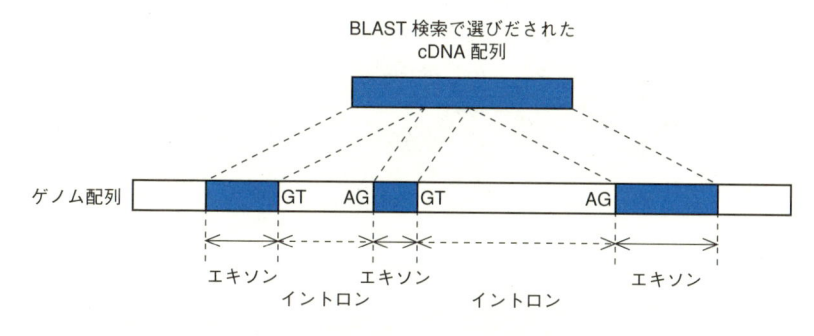

図 3・7 cDNA配列による遺伝子発見

cDNA配列とゲノム配列のアラインメントを例として取上げ，転写産物による遺伝子発見を実現するアルゴリズムを紹介しよう．まず，図3・3(a)と同じトポロジーをもち，問い合わせ配列となるcDNA配列を出力するHMMを考える．このHMMの状態 M_j では，cDNA配列の j 番目の塩基が出力される．このHMMでゲノム配列を検索すると，cDNA配列に一致するゲノム領域を検出することができるが，その領域にイントロンが含まれることはない．そこで，このHMMにイントロンの領域を付け加えてみよう（図3・8）．イントロンは，cDNA配列のどの塩基の間に挿入されるかはわからないので，イントロン領域のモデルをすべてのcDNA配列の塩基の間に付け加える．イントロン領域のモデルは，2連塩基GTを出力し，続いて，任意長の塩基列（図中のNは，AまたはCまたはGまたはTを表す）を出力し，最後に2連塩基AGを出力する．cDNAの各塩基を表す状態からGTを出力する状態に遷移する確率は，cDNAの塩基ごとにイントロンが挿入される期待値を反映したものとなる．塩基Nを出力する状態が自分自身に遷移する確率は，イントロンの平均的な配列長を反映したものとなる．Viterbiアルゴリズムによるゲノム配列の検索の結果，GT状態からAG状態に至る状態遷移が推定されれば，その遷移に該当するゲノム配列の領域がイントロン領域ということになる．

図3・8のHMMを拡張することによって，より洗練された転写産物による遺伝子発見を行うことができる．まず，図3・3(a) のHMMの代わりに，図3・3(b)のHMMを導入することによって，挿入や欠失といったフレームシフトエラーを含んだゲノム配列からの遺伝子発見が可能になる．また，状態 M_j について，cDNAの j 番目の塩基以外の塩基を低い確率で出力するようにすると，ミスマッチを許した遺伝子発見を行うことができる．さらに，より詳細なモデルをイントロン領域のモデルとして採用することにより，GTとAGの2連塩基以外のシグナル情報をも考慮した遺伝子発見を行うことができる．

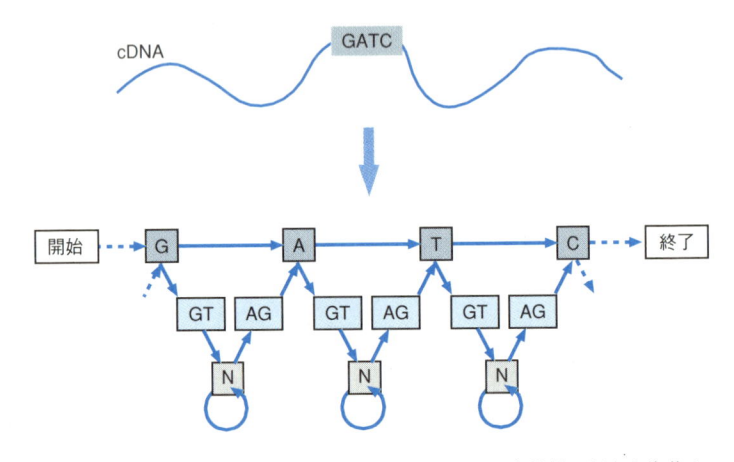

図3・8 **cDNA配列による遺伝子発見を行うHMM**．各状態に記した塩基は，その状態の出力記号．出力確率は，すべて1.0である．

3・3・2 *Ab initio* 遺伝子発見

既知の遺伝子配列を数多く収集し，統計学的な視点から遺伝子配列の各領域を眺めてみよう．すると，領域ごとに特徴的な塩基の出現頻度の偏りを観察することができる．たとえば，タンパク質のコード領域では，各コドンがランダムに現れるわけではなく，タンパク質のアミノ酸組成や細胞内のtRNAの存在量などを反映した頻度で各コドンが観察される．また，スプライス部位では，スプライシングに関与するタンパク質がmRNA前駆体を認識する分子機構を反映したコンセンサス配列（3・2・2節参照）が観察される．***Ab initio* 遺伝子発見**は，遺伝子配列に観察される統計的な特徴に着目した遺伝子の発見手法で，着目した統計的な特徴に類似した

3・3 遺伝子発見のアルゴリズム

領域がゲノム配列に存在すれば，その領域には遺伝子が存在すると推定する．このとき，検出された類似領域の配列は，遺伝子配列としての構造的な制約を満足するものでなくてはならない．構造的な制約とは，遺伝子配列がコドンから構成されていることに由来するもので，たとえば，原核生物の場合，検出された類似領域の配列長は3の倍数でなければならない．

原核生物の遺伝子発見，具体的には大腸菌の遺伝子発見を例として取上げ，*ab initio* 遺伝子発見を実現するアルゴリズムを紹介しよう．表3・3と表3・4には，大腸菌遺伝子に観察されるコドンの出現頻度をまとめている．これらの表から，コドンの使用頻度の大きな偏りを見てとることができる．このような遺伝子配列の統計的な特徴に加え，*ab initio* 遺伝子発見では，遺伝子配列の構造的な制約を考慮しなければならない．原核生物の場合，遺伝子はゲノムの連続した領域を占め，その領域は，開始コドンで始まり，終止コドンを除く61種類のコドンが続き，終止コ

表 3・3　**大腸菌の遺伝子に観察される開始コドンの出現頻度（％）**

AAT 0.02	ATG 82.60	ATT 0.02	CTG 0.02	GTG 14.30	TTG 3.03

表 3・4　**大腸菌の遺伝子に観察されるコドンの出現頻度（％）**．ただし，開始コドンの出現頻度は含まれていない．

AAA	3.37	ACA	0.71	AGA	0.21	ATA	0.44
AAC	2.17	ACC	2.35	AGC	1.61	ATC	2.52
AAG	1.03	ACG	1.45	AGG	0.12	ATG	2.54
AAT	1.78	ACT	0.90	AGT	0.88	ATT	3.05
CAA	1.54	CCA	0.85	CGA	0.36	CTA	0.39
CAC	0.98	CCC	0.55	CGC	2.21	CTC	1.11
CAG	2.89	CCG	2.32	CGG	0.55	CTG	5.28
CAT	1.30	CCT	0.70	CGT	2.09	CTT	1.11
GAA	3.96	GCA	2.02	GGA	0.80	GTA	1.09
GAC	1.91	GCC	2.56	GGC	2.97	GTC	1.53
GAG	1.79	GCG	3.37	GGG	1.11	GTG	2.60
GAT	3.22	GCT	1.53	GGT	2.48	GTT	1.83
TAA*	0.20	TCA	0.72	TGA*	0.09	TTA	1.40
TAC	1.22	TCC	0.87	TGC	0.65	TTC	1.66
TAG*	0.02	TCG	0.90	TGG	1.53	TTG	1.36
TAT	1.62	TCT	0.85	TGT	0.52	TTT	2.24

*　終止コドン

ドンで終わる．遺伝子の構成要素はコドンであるため，その配列長は3の倍数となる．ここで，遺伝子配列の統計的な特徴と構造的な制約をHMMで記述してみよう．図3・9のHMMは，開始状態から終了状態に至る状態遷移の間，まず開始コドンのひとつを出力し，続いて終止コドンを除く61種類のコドンをいくつか出力

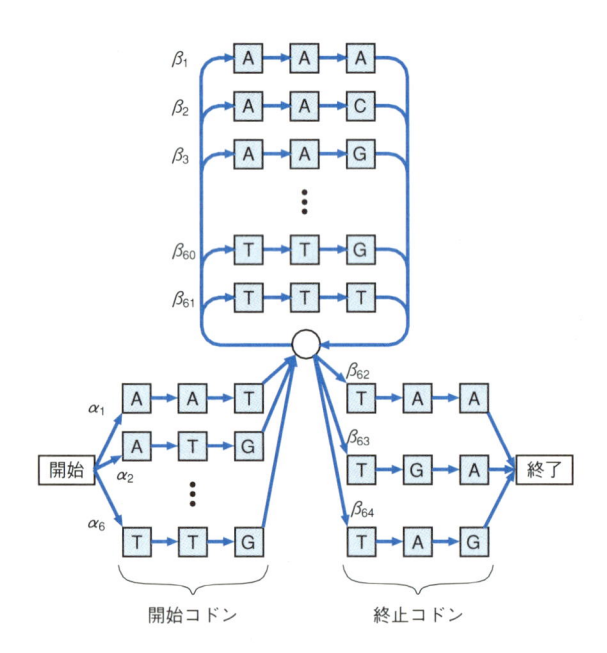

図 3・9　**HMMによる大腸菌遺伝子のモデル化**．各状態に記した塩基は，その状態の出力記号．出力確率は，すべて1.0である．円で示した中央の状態は，HMMのトポロジーを見やすくするために導入したヌル状態．

し，最後に終止コドンのひとつを出力するように設計されている．つまり，このHMMでゲノム配列を検索すると，遺伝子配列としての構造的な制約を満足した領域が検出されることになる．一方，遺伝子配列の統計的な特徴は，HMMの状態遷移確率として図3・9に記述されている．表3・3の開始コドンの使用頻度が状態遷移確率 $\alpha_1, \cdots, \alpha_6$ に，表3・4のコドンの使用頻度が状態遷移確率 $\beta_1, \cdots, \beta_{64}$ に対応している．これにより，図3・9のHMMは，表3・3と表3・4に示したコドンの使用頻度に類似したゲノム領域に対して，高いスコアを与えることができるようになる．

3・3 遺伝子発見のアルゴリズム

つぎに，より複雑な遺伝子構造をもつ真核生物の遺伝子発見を考える．真核生物の遺伝子には，原核生物の遺伝子と同じように，ゲノムの連続した領域を占めるものと，それがいくつかのイントロンによって分断されているものとがある．イントロンをもつ遺伝子の場合，隣合うエキソン間ではコドンの読み枠が保存されていなければならない（図3・10）．つまり，上流側のエキソンがコドンの1文字目で終わっている場合，下流側のエキソンはコドンの2文字目から始まらなければならな

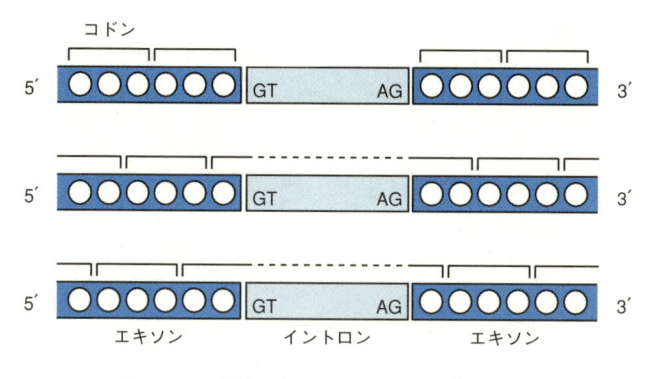

図 3・10 隣接エキソンにおける読み枠の一貫性

い．同様に，上流側のエキソンがコドンの2文字目で終わっている場合，下流側のエキソンはコドンの3文字目から，上流側のエキソンがコドンの3文字目で終わっている場合，下流側のエキソンはコドンの1文字目から始まらなければならない．また，真核生物の遺伝子配列には，コドンの出現頻度の偏りに加え，さらにいくつかの統計的な特徴が存在する．たとえば，ドナー部位（イントロンの5′側の部位）の周辺配列を数多く集め，それらをエキソンとイントロンの境界で揃えると，配列の位置ごとに特徴的な塩基の出現頻度の偏りを観察することができる．アクセプター部位（イントロンの3′側の部位）の周辺配列についても，同様の操作によって，特徴的な塩基の出現頻度の偏りを観察することができる．これらの統計的な特徴は，重み行列によって記述することが多いが，ここでは，HMM による記述を行う．図3・11 は，ヒト遺伝子のドナー部位とアクセプター部位の周辺配列を記述したHMM である．ドナー部位 HMM では，開始状態から4番目の状態と5番目の状態がコンセンサス配列 GT に対応している．アクセプター部位 HMM では，13番目の状態と14番目の状態がコンセンサス配列 AG に対応している．これら遺伝子

ドナー部位 HMM

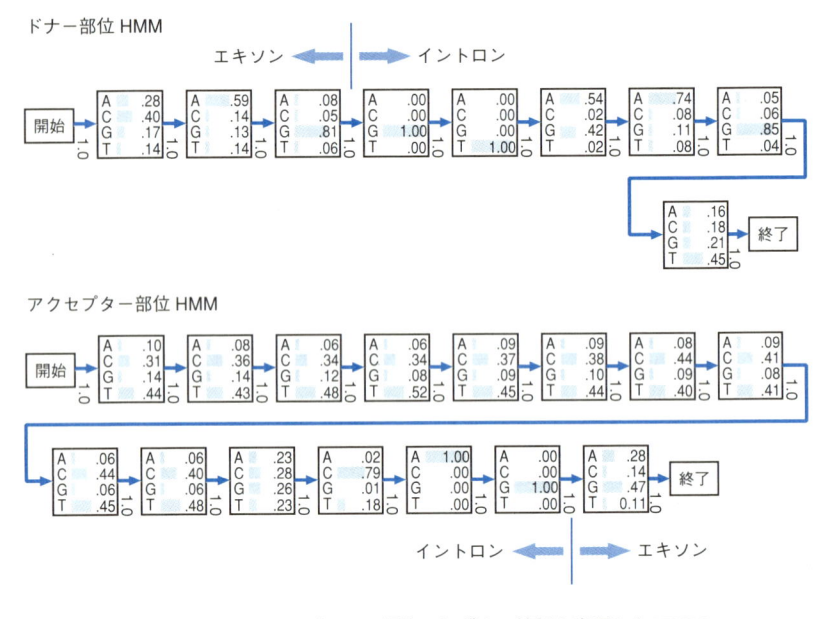

図 3・11 ヒトのスプライス部位のシグナル情報を表現した HMM

配列の統計的な特徴と構造的な制約をまとめると，図3・12のHMMを得ることができる．開始コドンの組みが異なることを除けば，このHMMのトポロジーは，大腸菌遺伝子をモデル化したHMM（図3・9）のトポロジーを完全に含んでいる．このことは，原核生物の遺伝子と同じ構造をもつ遺伝子が図3・12のHMMによって検出できることを意味している．さらに，このHMMのトポロジーは，イントロンをもつ遺伝子も検出できるように設計されている．イントロンがコドンの間に挿入されていると考えると，その場合の数は3通りである（図3・10）．そのおのおのに対応したHMMのトポロジーが，図3・12の下半分に相当する．おのおのは，Eで記された状態，ドナー部位HMM，Nで記された状態，アクセプター部位HMM，Eで記された状態がひと続きに連結されたものとなっている．Nでラベルされた状態は，イントロンに対応し，イントロンの平均塩基組成に従って塩基を出力する．この状態の自分自身への遷移確率は，イントロンの平均配列長を反映したものとなる．Eでラベルされた状態は，エキソンに対応し，エキソンの平均塩基組成に従って塩基を出力する．ドナー部位HMMは，上流側に3塩基分のエキソ

ン（図中の e）を，アクセプター部位 HMM は下流側に 1 塩基分のエキソン（図中の e）を含んでいるので，隣合うエキソン間でコドンの読み枠を保存するために，ドナー部位 HMM の上流側とアクセプター部位 HMM の下流側に，いくつかの状態 E を連結させている．たとえば，ドナー部位 HMM の三つの e がコドンに対応する場合，その下流に連結されたアクセプター部位 HMM の e はコドンの 1 文字目となり，コドンの 2 文字目と 3 文字目に対応する二つの E をアクセプター部位 HMM の下流に連結させている．状態遷移確率 β_i には，図 3・9 と同じように，ヒ

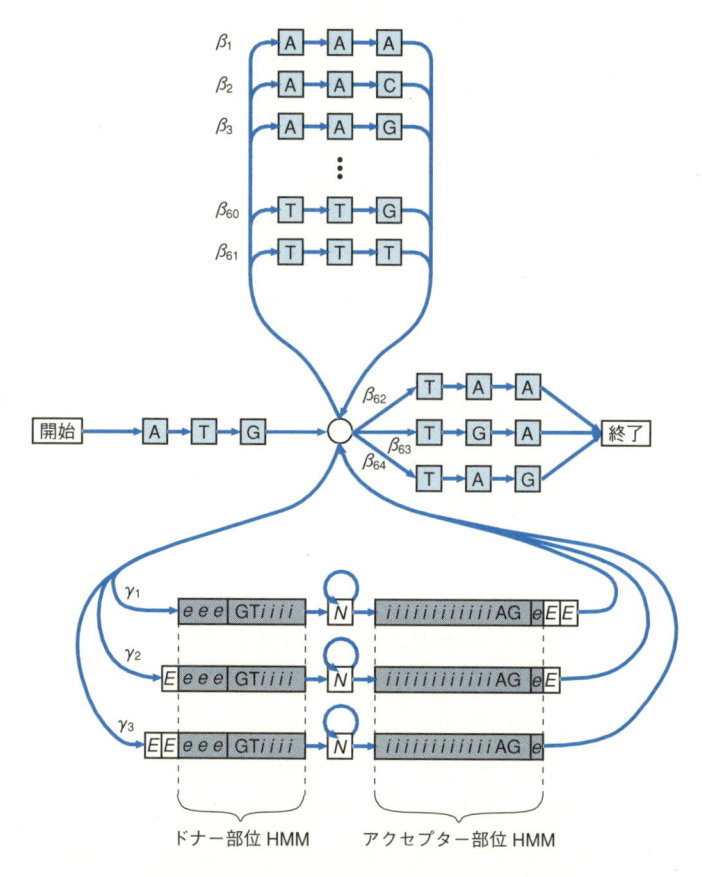

図 3・12　**HMM によるヒト遺伝子のモデル化**．円で示した中央の状態は，HMM のトポロジーを見やすくするために導入したヌル状態．

トの遺伝子配列から集計されたコドンの使用頻度が，γ_j には，読み枠 j でコドンの間にイントロンが挿入される確率が割り当てられる（ただし，$\sum \beta_i + \sum \gamma_j = 1$）．

3・3・3 ゲノム比較による遺伝子発見

二つの生物種の遺伝子地図を比較すると，遺伝子の並びが互いによく似た領域（シンテニー領域）を見つけることができる．この領域のゲノム配列を互いに比較すると，いくつかの保存領域が浮かびあがってくる．このような領域は，両者にとって何か機能的に重要な情報を含んでいる領域であると類推することができ，その候補としては，プロモーター領域やタンパク質のコード領域などが考えられる．ゲノム比較による遺伝子発見手法では，ゲノム比較によって浮かびあがった保存領域から，タンパク質のコード領域を上手に取出してやる必要がある．

二つの生物種のシンテニー領域のゲノム配列をペアワイズ・アラインメントすると，シンテニー領域に存在するオーソログ遺伝子やそのプロモーター領域の配列がアラインされる．オーソログ遺伝子の配列は，アミノ酸のレベルではよく保存されているが，コドンの3文字目には，アミノ酸を変化させない突然変異（同義突然変異）が蓄積されやすい．このため，オーソログ遺伝子のコード領域がアラインされていると，マッチ（コドンの1文字目），マッチ（コドンの2文字目），ミスマッチ（コドンの3文字目）の繰返しパターンが観察されやすくなる（図3・13）．一方，

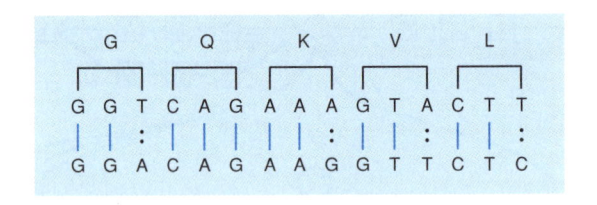

図 3・13 コード領域のゲノム比較で観察されるアラインメント．'|'はマッチ，':'はミスマッチを表している．ここでは，アミノ酸の翻訳配列（GQKVL）も併せて記している．

非コード領域のアラインメントでは，このようなパターンは観察されない（図3・14）．プロモーター領域のアラインメントでは，シグナル配列がアラインされるため，高い頻度でマッチが観察される．しかし，そのパターンは，3塩基周期でミスマッチが観察されるものではない．その他の領域のアラインメントでは，突然変異がランダムに蓄積されているので，マッチ，ミスマッチ，アンアラインのランダム

3・3 遺伝子発見のアルゴリズム

な並びが観察される．つまり，ゲノム配列のペアワイズ・アラインメントから，図3・13のようなマッチとミスマッチのパターンに類似した領域を選び出すことができれば，その領域には遺伝子が存在すると推定することができる．そこで，コード領域のアラインメントのパターンを表現したHMMを考えてみよう（図3・15）．

```
G T T A A C T G - G T A A C G
| : : | : | | | . | | : | . |
G C A A G C T G A G T T A - G
```

図 3・14　非コード領域のゲノム比較で観察されるアラインメント．'|'はマッチ，':'はミスマッチ，'.'はアンアラインを表している．

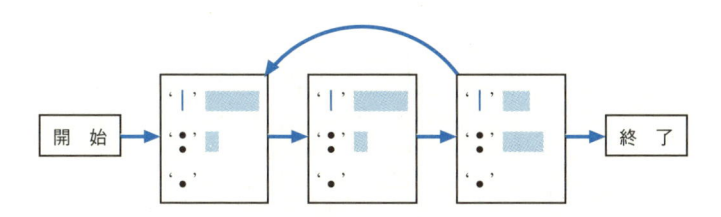

図 3・15　コード領域のアラインメントのパターンを表現したHMM

このHMMでは，中央の三つの状態が，左から，コドンの1文字目，コドンの2文字目，コドンの3文字目に対応している．各状態では，マッチを表す記号'|'，ミスマッチを表す記号':'，アンアライン（ギャップの挿入）を表す記号'.'を出力し（以下では，これらをアラインメント記号とよぶ），コドンの1文字目と2文字目では'|'の出力確率が，コドンの3文字目では':'の出力確率が高くなっている．出力確率には，ゲノム比較を行う2種類の生物種について，既知のオーソログ遺伝子の近傍配列をペアワイズ・アラインメントし，遺伝子発見を行う種の配列側から見たコドンの各位置に観察されるマッチ，ミスマッチ，アンアラインの頻度を割り当てればよい．そして，ゲノム配列のペアワイズ・アラインメントから，アラインメント記号の列を取出し，その記号列をこのHMMで検索すれば，コード領域のアラインメントパターンに類似した領域を検出することができる．しかし，検出された領域の配列は，遺伝子配列としての構造的な制約を満足しているとは限らない．そこで，ゲノム比較による遺伝子発見手法では，*ab initio* 遺伝子発見で導

入した HMM を図 3・15 の HMM に融合させた HMM を用意することによって，この問題を解決している．

　イントロンを含まない遺伝子の発見を例として取上げ，ゲノム比較による遺伝子発見を実現するアルゴリズムを紹介しよう．まず，二つの生物種のシンテニー領域のゲノム配列をペアワイズ・アラインメントし，そこから遺伝子を発見する側のゲノム配列とアラインメントの記号列の組みを取出す．図 3・16 の HMM でこの組みを検索することによって，コード領域のアラインメントパターンに類似した領域を，遺伝子配列としての構造的な制約を考慮しながら検出することができる．それでは，図 3・16 の HMM を詳しく見てみることにしよう．この HMM のトポロジーは，開始コドンの組みが異なることを除けば，大腸菌遺伝子をモデル化した HMM（図 3・9）のトポロジーとまったく同じである．根本的な違いは，各状態に

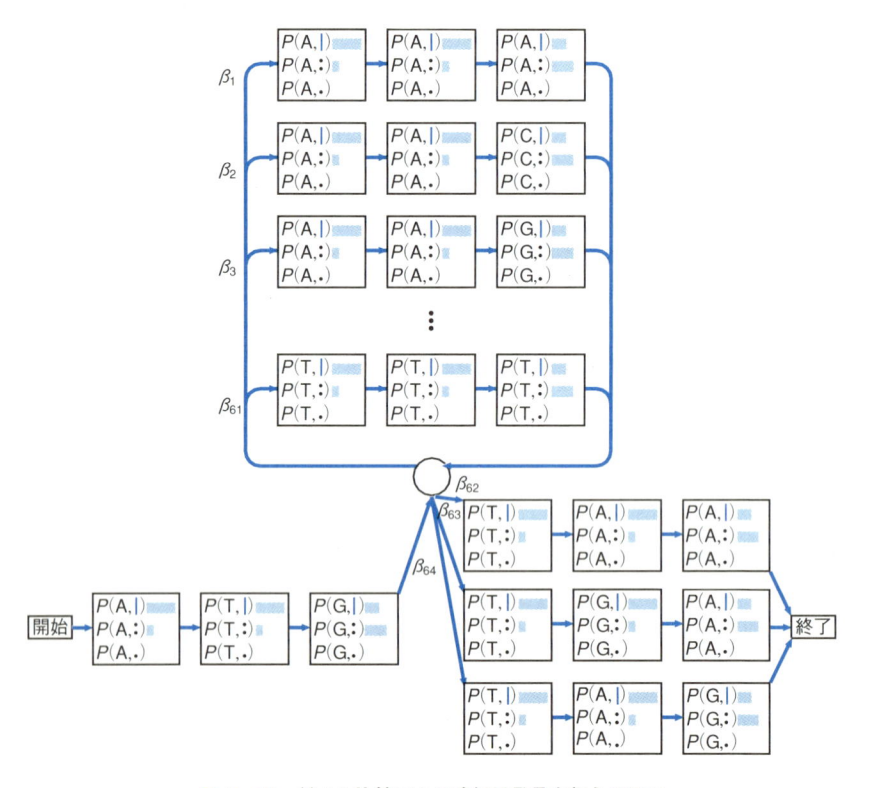

図 3・16　ゲノム比較による遺伝子発見を行う HMM

おける出力記号である．各状態で塩基を出力する図3・9のHMMに対し，図3・16のHMMは，塩基とアラインメント記号の組みを出力する．その出力確率は，塩基とアラインメント記号の同時出力確率となっている．この仕組みにより，図3・16のHMMは，ゲノム配列とアラインメント記号列の組みを検索することができる．また，アラインメント記号の出力を無視すると，図3・16のHMMは，開始状態から終了状態に至る状態遷移の間，まず開始コドンを出力し，続いて終止コドンを除く61種類のコドンをいくつか出力し，最後に終止コドンのひとつを出力する．つまり，このHMMでゲノム配列とアラインメント記号列の組みを検索すると，遺伝子配列としての構造的な制約を満足した領域が検出されることになる．一方，塩基の出力を無視して図3・16のHMMの出力確率をコドンの位置ごとに眺めると，それらは，コドンの各位置ごとにアラインメントのマッチ，ミスマッチ，アンアラインの頻度を整理した図3・15のHMMの出力確率と同じである．つまり，図3・16のHMMでゲノム配列とアラインメント記号列の組みを検索すると，コード領域のアラインメントパターンに類似した領域を検出することができる．さらに，状態遷移確率 β_i に遺伝子発見を行う生物種のコドンの使用頻度を割り当てると，アラインメントのパターンにコドンの使用頻度を併せて考慮したハイブリッド遺伝子発見を行うことができる．

3・4 遺伝子発見プログラムの信頼性

遺伝子発見プログラムの信頼性[11]～[14]を解説するまえに，プログラムの信頼性を評価する二つの統計量を紹介する．ひとつは，**感度**（sensitivity）とよばれ，プログラムが正しく予測したエキソン（あるいは遺伝子）の数を実際のエキソン（あるいは遺伝子）の数で割ったものである．もうひとつは，**特異性**（specificity）とよばれ，プログラムが正しく予測したエキソン（あるいは遺伝子）の数をプログラムが予測したエキソン（あるいは遺伝子）の数で割ったものである．つまり，実際のエキソン（あるいは遺伝子）のうち，何パーセントのものを正しく予測することができたかを表す指標が感度，予測したエキソン（あるいは遺伝子）のうち，何パーセントのものが正しい予測であったかを表す指標が特異性である．信頼性の高い遺伝子発見プログラムとは，感度と特異性の両方が高いプログラムである．

図3・17に遺伝子発見プログラムの信頼性を示す．転写産物による遺伝子発見プログラムは，既知の遺伝子配列との比較に基づいた遺伝子発見であるため，このプログラムが検出したゲノム領域には，高い確率で遺伝子が存在する．つまり，非常

に高い特異性を示す．しかし，これまでに知られている遺伝子は，全体のほんの一部であるため，どうしても，検出できる遺伝子の割合が低くなってしまう．つまり，感度が低い．1990年代の中頃から活発化したEST（expression sequence tag）や

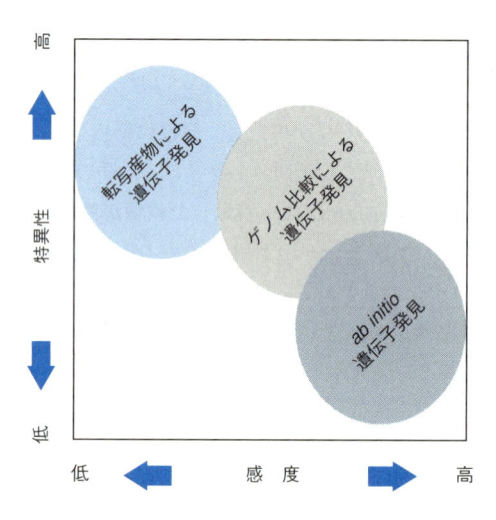

図3・17　遺伝子発見プログラムの信頼性

cDNAの網羅的な収集プロジェクトによって，1990年代のはじめは30％ほどであった新規配列の既知遺伝子に対する検索ヒット率は，最近，大きく改善された（一説には，60％以上）．しかし，単離できるESTやcDNAには，遺伝子の発現量や発現時期などの制約がつきまとうため，このプロジェクトが，転写産物による遺伝子発見プログラムの感度を実用のレベルまで引き上げることはできなかった．一方，*ab initio* 遺伝子発見プログラムは，既知の遺伝子配列そのものには頼らず，遺伝子配列に観察される統計的な特徴に着目して遺伝子を発見するため，ほとんどの遺伝子を検出することができる．つまり，非常に高い感度を示す．しかし，これまでに知られている遺伝子配列の統計的な特徴だけでは，ゲノム配列に数多く存在する偽のコード領域を本物のコード領域と完全に区別することができない．そのため，ゲノム配列に *ab initio* 遺伝子発見プログラムを適用すると，どうしても，数多くの擬陽性コード領域を検出してしまう．つまり，特異性が低い．新しい統計的な特徴を遺伝子配列に発見しようとする試みは，現在も盛んに行われているが，*ab initio* 遺伝子発見プログラムの特異性を本質的に改善するためには，細胞内における遺伝

子の転写と翻訳の仕組みが詳しく理解され，その仕組みが遺伝子発見プログラムに実装されなければならないため，*ab initio* 遺伝子発見プログラムの特異性が短期間で飛躍的に改善されることは望めそうもない．一方，ゲノム比較による遺伝子発見プログラムは，重要な機能をもつゲノム領域は種を越えて共通に保存されているという，生物学的に堅牢な知見に支えられているため，高い特異性を示す．さらに，たとえばヒトとマウスのゲノム比較による遺伝子発見プログラムは，ヒトとマウスが共通にもつ遺伝子の大部分を検出することができるため，高い感度を示す．ただし，特異性についていえば，ゲノム比較による遺伝子発見は，類似性の低いゲノム配列を比較しなければならないため，同種の配列を比較する場合が多い転写産物による遺伝子発見プログラムと比較すると，どうしても特異性が低くなる．また，感度についていえば，たとえばヒトとマウスのゲノム比較による遺伝子発見プログラムは，ヒトとマウスのおのおのに特徴的な遺伝子を検出することができないため，*ab initio* 遺伝子発見プログラムと比較すると，どうしても感度が低くなる．しかし，現在のようにつぎつぎと新しい生物種のゲノム配列が決定されていると，ほどなく，3種類以上のゲノム比較による遺伝子発見が現実のものとなる．たとえば，ヒトとマウスとフグのゲノム比較による遺伝子発見では，それらの少なくとも二つの生物種が共通にもつ遺伝子の数は，ヒトとマウスが共通にもつ遺伝子の数より大きくなるため，感度の改善が期待される．また，3種のゲノム配列が偶然に一致する確率は，2種のゲノム配列が偶然に一致する確率と比べて小さいため，より信頼性の高い遺伝子として，3種のゲノム配列の一致によって発見された遺伝子を選び出すことができる．つまり，ゲノム比較による遺伝子発見プログラムは，大規模シークエンシングの時代に支えられ，比較的容易に，その信頼性を改善することができる．

3・5 ゲノムプロジェクトにおける遺伝子発見

これまでに，さまざまな遺伝子発見アルゴリズムとそれらを実装したプログラムの信頼性について解説してきた．最後に，実際のゲノムプロジェクトにおいて，これらのプログラムがどのように利用され，信頼性の高い**遺伝子アノテーション**（ゲノム配列への遺伝子の注釈付け）が実現されているかを紹介しよう．

3・5・1 原核生物

原核生物のゲノムプロジェクト[15]では，転写産物による遺伝子発見と *ab initio* 遺伝子発見を併用することにより，実用レベルの信頼性をもつ遺伝子アノテーショ

ンが実現されている．もちろん，これは，洗練された原核生物の遺伝子発見プログラムが開発されたことに起因する．しかし，真核生物ゲノムにおける遺伝子発見と比較すると，原核生物ゲノムにおける遺伝子発見は，容易であることを忘れてはならない．原核生物では，遺伝子の構造が単純で，それらはゲノム上に密に分布している．遺伝子の構造が単純だと，遺伝子の候補となる領域の数が少なくなり，遺伝子発見プログラムの探索スペースが狭くなる．また，遺伝子が密に分布していると，特に ab initio 遺伝子発見において，擬陽性遺伝子が検出されにくくなる．

　原核生物のゲノムプロジェクトにおける遺伝子発見では，まず，ある程度の長さ以上の ORF（open reading frame）をゲノム配列から抽出する．ORF の抽出には，ORF Finder（http://www.ncbi.nlm.nih.gov/gorf/gorf.html）を利用すると便利である．つぎに，転写産物による遺伝子発見プログラムを適用するわけだが，原核生物の遺伝子構造は単純なので，ふつうは，BLAST（http://www.ncbi.nlm.nih.gov/BLAST/ または http://blast.wustl.edu/）を利用すれば十分な結果が得られる．つまり，おのおのの ORF 配列をアミノ酸配列に翻訳し，それらを問い合わせ配列とした BLAST 検索をアミノ酸配列データベースに対して行う．有意なヒットが得られた ORF については，遺伝子としてアノテートする．最後に，ab initio 遺伝子発見プログラムを適用して，BLAST 検索では検出することができなかった遺伝子を検出する．ab initio 遺伝子発見プログラムが統計的な特徴として利用するコドンの使用頻度分布は，生物種ごとに特徴的な分布を示し，近縁な生物種ほど，よく似た分布を示す．そのため，ab initio 遺伝子発見プログラムの適用では，遺伝子発見を行う生物種のコドンの使用頻度が取込まれたプログラムを利用しなければならない．該当するプログラムが見当たらない場合は，近縁種のコドンの使用頻度が取込まれたプログラムを利用すればよい．そのようなプログラムも見当たらない場合は，BLAST 検索で検出された遺伝子の配列からコドンの使用頻度を計算し，その頻度を取込んだプログラムを用意しなければならない．

3・5・2 真核生物

　真核生物のゲノムプロジェクト[16)~20)] では，残念ながら，実用レベルの信頼性をもつ遺伝子アノテーションはまだ実現されていない．これは，真核生物の遺伝子構造が複雑であること，ゲノム上の遺伝子密度がきわめて低いことに起因している．さらに，真核生物では，遺伝子の転写と翻訳に関連するゲノム上のシグナル配列が十分に理解されていないため，ab initio 遺伝子発見がとりわけ難しいことを忘れて

はならない．たとえば，*ab initio* 遺伝子発見プログラムは，遺伝子を一つ含む短いゲノム配列を与えると，比較的上手に遺伝子を検出するが，遺伝子をいくつか含む長いゲノム配列を与えると，複数の遺伝子を一つの遺伝子として検出したり，一つの遺伝子を複数の遺伝子として検出したりすることが知られている．また，遺伝子間領域に，数多くの擬陽性エキソンを検出してしまうことも知られている．これは，遺伝子の転写の始まりと終わりを決めているシグナル配列が十分に理解されていないことなどに起因する．これらの問題をいくらかでも解決するために，真核生物のゲノムプロジェクトにおける遺伝子発見では，実にさまざまな工夫が行われている．

例として，ヒトゲノムプロジェクトにおける遺伝子発見を取上げよう．信頼性の高いヒトゲノムの遺伝子発見を実現する鍵は，遺伝子が存在する大雑把な領域（遺伝子ビン）をうまく見つけることである．遺伝子ビンをうまく見つけることができれば，遺伝子発見プログラムは，比較的上手に遺伝子を検出することができる．しかし，プロモーター領域（遺伝子ビンの 5′ 側）や転写終結領域（遺伝子ビンの 3′ 側）の発見問題は遺伝子発見問題以上に難しく，今のところ，遺伝子ビンをうまく見つける方法は確立されていない．一方，ヒトゲノムは，全体の半分近くを反復配列に覆われているが，それらは，タンパク質のコード領域とほとんど重複しないことが知られている．そこで，ヒトゲノムにおける遺伝子発見では，まず，反復配列を検出し，該当する領域をマスクし（塩基を N で置き換え），遺伝子発見プログラムが誤ってこの領域に遺伝子を検出しないようにしてしまう．反復配列の検出には，RepeatMasker（http://www.genome.washington.edu/UWGC/analysistools/repeatmask.htm）や MaskerAid（http://sapiens.wustl.edu/maskeraid/）を利用すると便利である．続いて，遺伝子発見プログラムをつぎつぎに適用するわけだが，このとき，擬陽性遺伝子の検出を抑えるために，遺伝子がアノテートされていない領域について，特異性の高いプログラムから適用していく．つまり，マスクされたゲノム配列について，転写産物による遺伝子発見プログラムを適用し，遺伝子がアノテートされなかった領域について，ゲノム比較による遺伝子発見プログラムを適用し，それでも遺伝子がアノテートされなかった領域について，*ab initio* 遺伝子発見プログラムを適用する．*ab initio* 遺伝子発見プログラムの適用では，擬陽性エキソンの検出を抑えるために，複数の遺伝子発見プログラムを利用する．つまり，複数の遺伝子発見プログラムがエキソンとして検出したゲノム領域だけをエキソンとしてアノテートする．また，一つの遺伝子発見プログラムしかエキソンとして検出

していないゲノム領域でも，その配列が既知の EST 配列と高い類似性を示していれば，エキソンとしてアノテートする．このようにしてアノテートされたエキソンは，隣接エキソン間でコドンの読み枠が保存されいるわけではないので，不完全な遺伝子としてアノテートされる．

参 考 文 献

1) C. Branden, J. Tooze, "タンパク質の構造入門 (第2版)", 勝部幸輝, 竹中章郎, 福山恵一, 松原央 監訳, ニュートンプレス (2000).
2) L. Wall, T. Christiansen, R. L. Schwartz, "プログラミング Perl 改訂版", 近藤嘉雪 訳, オライリー・ジャパン (1997).
3) B. Lewin, "遺伝子 第7版", 菊池韶彦, 榊佳之, 水野猛, 伊庭英夫 訳, 東京化学同人 (2002).
4) G. D. Stormo, "Methods in Enzymology", ed. by R. F. Doolittle, Vol. 183, p.211, Academic Press (1990).
5) R. Durbin, S. R. Eddy, A. Krogh, G. Mitchison, "バイオインフォマティクス：確率モデルによる遺伝子配列解析", 阿久津達也, 浅井潔, 矢田哲士 訳, 医学出版 (2001).
6) A. Krogh, "New Comprehensive Biochemistry", ed. by S. L. Salzberg, D. B. Searls, S. Kasif, Vol. 32, p.45, Elsevier (1998).
7) 平野広美, "C でつくるニューラルネットワーク", パーソナルメディア (1991).
8) C. E. Lawrence, S. F. Altschul, M. S. Boguski, J. S. Liu, A. F. Neuwald, J. C. Wooton, *Science*, **262**, 208 (1993).
9) K. Nakai, "Advances in Protein Chemistry", ed. by P. Bork, Vol. 54, p. 277, Academic Press (2000).
10) D. W. Mount, "Bioinformatics: Sequence and Genome Analysis", CSHL Press (2001); 邦訳："バイオインフォマティクス：ゲノム配列から機能解析へ", 岡崎康司, 坊農秀雅 監訳, メディカル・サイエンス・インターナショナル (2002).
11) M. Burset, R. Guigo, *Genomics*, **34**, 353 (1997).
12) R. Guigo, M. Burset, P. Agarwal, J. F. Abril, R. F. Smith, J. W. Fickett, "Genomics and Proteomics: Functional and Computational Aspects", ed. by S. Suhai, p.95, Kluwer Academic/Plenum Publishers (2000).
13) R. Guigo, P. Agarwal, J. F. Abril, M. Burset, J. W. Fickett, *Genome Res.*, **10**, 1631 (2000).
14) S. Rogic, A. K. Mackworth, F. B. Ouellette, *Genome Res.*, **11**, 817 (2001).
15) 小笠原直毅, 高見英人, 久原哲, 服部正平, "ホールゲノムショットガン法によるゲノム解析とアノテーション", 学会出版センター (2001).
16) M.G. Reese, G. Hartzell, N.L. Harris, U. Ohler, J. F. Abril, S. E. Lewis, *Genome Res.*, **10**, 483 (2000).
17) The chromosome 21 mapping and sequencing consortium, *Nature*, **405**, 311 (2000).
18) International human genome sequencing consortium, *Nature*, **409**, 860 (2001).
19) J. C. Venter, M. D. Adams, E. W. Myers *et al.*, *Science*, **291**, 1304 (2001).
20) http: //www.ensembl.org/

4

相同性検索技術の基礎

4・1 相同アミノ酸配列の比較解析

相同性（homology，ホモロジー）とは，共通祖先に由来する子孫間の類似性を指す．相同タンパク質とは，共通の祖先遺伝子から種分化や遺伝子重複によって分岐してきた子孫遺伝子産物の一群を指す．相同タンパク質は，その共通祖先からの分岐後，アミノ酸置換や挿入/欠失などの突然変異を受け，次第にそのアミノ酸配列が変化してゆく．しかし，アミノ酸置換や挿入/欠失によって配列が大きく変化しても，同じファミリーに属している相同タンパク質は類似した立体構造や機能を有していることが多い．近年の配列決定技術の進歩に伴い，タンパク質のアミノ酸配列データベースのエントリ数は急激に増加してきている．それらの配列データには，その構造あるいは機能が同定されているものも数多く含まれている．いま，機能あるいは構造未知のタンパク質のアミノ酸配列が与えられたとしよう．このアミノ酸配列を**問い合わせ配列**（query sequence）としてデータベース検索を行い，構造あるいは機能既知のタンパク質との相同性を見いだすことができれば，問い合わせ配列の機能あるいは構造が類似していると推測される．このような配列類似性に基づくデータベース検索を**相同性**（**ホモロジー**）**検索**（homology searching）とよぶ．本章では，相同性検索の代表的な方法を紹介する．

4・2 動的計画法によるアラインメント

1970年，NeedlemanとWunsch[1]は，**動的計画法**（dynamic programming algorithm，以下DP法）により二つの配列データを自動的に**並置**（alignment，以

下アラインメントと記す) する方法を報告した．現在にいたるまで，DP法は配列比較の主要な方法として利用されている．データベース検索にも DP 法を利用した手法が多い．

4・2・1 アラインメント

いま，2本のアミノ酸配列を並置する方法を考える．長さの違うアミノ酸配列の場合，進化の過程で生じたと考えられる**挿入/欠失**（insertion and/or deletion, INDEL と略されることもある) を考慮して，それに相当すると思われる領域は，空記号を他方の残基と対応付ける．INDEL を考えて2本の配列を並べようとすると，図4・1(a) に示すようにさまざまな方法が考えられる．図中 '−' は INDEL のための空記号にあたり，**ギャップ**（gap）とよぶ．これら無数の並べ方の中から，どれを生物学的に意味のあるアラインメントとして採用すればよいのだろうか？

相同タンパク質の進化の性質として，タンパク質中にアミノ酸の置換が生じるにしても，物理化学的な性質の類似した残基に置換しやすいということを述べた．ここで，この性質を反映するように，すべてのアミノ酸のペアに対して**得点**（score, 以下**スコア**と記す）を割り当てることを考えよう．このスコアは，置換が生じやすいアミノ酸の間では高く，置換されにくいアミノ酸の間では低くなるように設計されているとする．すべてのアミノ酸のペアに対するスコアは三角行列で表現され，これは**スコア・テーブル**（score table）とよばれている．図4・2に代表的なものとして Dayhoff のスコア・テーブル[2] を示す．図4・1に示す種々の並べ方の各サイトに対して，図4・2のスコア・テーブルを利用して，点数を割り当てることができる．たとえば，図4・1の並べ方1の第一サイトでは，AとSが対応付けられているから，その得点として1が割り当てられている．連続したギャップの領域には，そのギャップの長さに応じたペナルティを与えるものとする．(4・1)式は，**アフィン・ペナルティ**（affine penalty）とよばれる形式のペナルティで，配列アラインメントでよく利用される．

$$g(L) = \alpha + \beta \times (L-1) \quad (4\cdot1)$$

ここで，L はギャップの長さ，α はオープニング・ペナルティ（opening penalty），β はエクステンション・ペナルティ（extension penalty）とよばれるものである．一般に $\alpha \geq \beta$ の関係にある．α は使用しているスコア・テーブルの最大得点と同程度，β はその1/10 程度の大きさに設定されることが多い．

スコア・テーブルとギャップ・ペナルティが与えられると，その総和として各並

(a)

配列A　A L I G N S E Q
配列B　S Q L L N K

アラインメント1

配列A　A L I G N S E Q
配列B　S Q L L N - - K

$1-2+2-4+2-g(2)+1=-2.1$
$g(2)=2+(0.1\times1)=2.1$

アラインメント2

配列A　A - L I G N S E Q
配列B　S Q L L - N K - -

$1-\alpha+6+2-\alpha+2+0-g(2)=4.9$
$g(2)=2+(0.1\times1)=2.1$

アラインメント3

配列A　- A L I G N S E Q
配列B　S Q L L - - - N K

$-\alpha+0+6+2-(3)+1+1=5.8$
$g(3)=2+(0.1\times2)=2.2$
⋮

アラインメント$N-1$

配列A　A L I G N S E Q - - -
配列B　- - - - - - S Q L L N K

$-g(5)+2+2-g(3)=-2.6$
$g(5)=2+(0.1\times4)=2.4$
$g(3)=2+(0.1\times2)=2.2$

アラインメントN

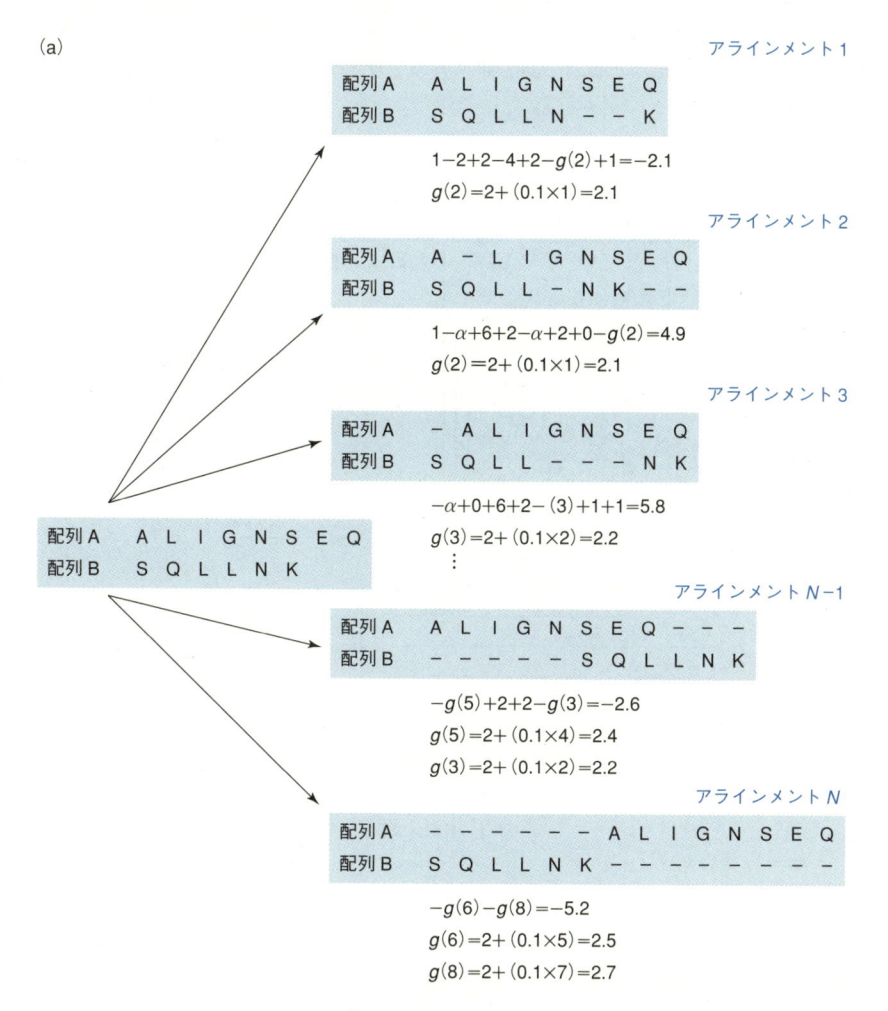

配列A　- - - - - - A L I G N S E Q
配列B　S Q L L N K - - - - - - - -

$-g(6)-g(8)=-5.2$
$g(6)=2+(0.1\times5)=2.5$
$g(8)=2+(0.1\times7)=2.7$

図4・1　2本の配列の並置. (a) 長さ8と6の2本のアミノ酸配列をINDELを考慮して並べる方法を考えると，さまざまな組合わせが考えられる．各アラインメントごとにそのアラインメント・スコアが，図4・2のスコア・テーブルに基づき計算されている．ギャップ・ペナルティは，オープニング・ペナルティ（α）を2，エクステンション・ペナルティ（β）を0.1として計算している．ちなみに，$g(1)=\alpha$である．Nは可能なアラインメントの個数を表す．(b) DP法の漸化式におけるmax操作の説明．●で示された行列Dの要素は，すでに求まっており，図に示す値を有するものとする．このとき，○で示した$D(3,4)$を求めるための操作を分解して示してある．ギャップ・ペナルティは (a) と同じもので，$s(a_3,b_4)=1.0$の場合を考える．このとき，$D(3,4)$の値は，最終的に3.0となる．

べ方の得点を計算することができる（図4・1(a)）．これを**アラインメント・スコア**（alignment score）とよぶ．ある並べ方のアラインメント・スコアが高いという

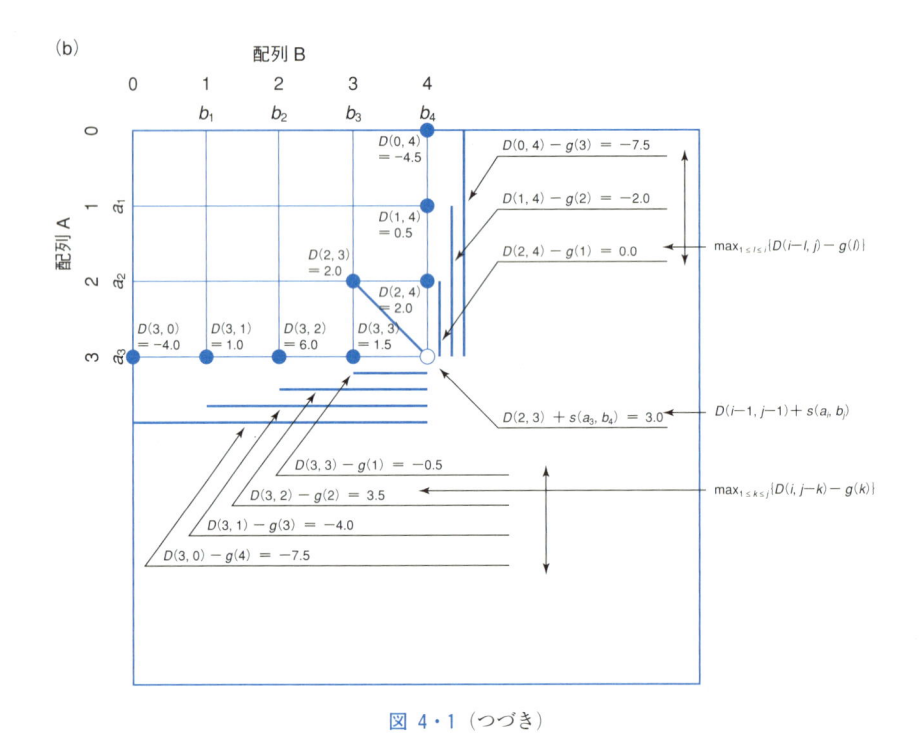

(b) 配列B

$D(0, 4) = -4.5$
$D(1, 4) = 0.5$
$D(2, 3) = 2.0$
$D(2, 4) = 2.0$
$D(3, 0) = -4.0$ $D(3, 1) = 1.0$ $D(3, 2) = 6.0$ $D(3, 3) = 1.5$

$D(0, 4) - g(3) = -7.5$
$D(1, 4) - g(2) = -2.0$
$D(2, 4) - g(1) = 0.0$

$\max_{1 \leq l \leq i} \{D(i-l, j) - g(l)\}$

$D(2, 3) + s(a_3, b_4) = 3.0$ ← $D(i-1, j-1) + s(a_i, b_j)$

$D(3, 3) - g(1) = -0.5$
$D(3, 2) - g(2) = 3.5$
$D(3, 1) - g(3) = -4.0$
$D(3, 0) - g(4) = -7.5$

$\max_{1 \leq k \leq j} \{D(i, j-k) - g(k)\}$

図 4・1 （つづき）

ことは，より保存的な置換が含まれるような並べ方になっているということである．そこで，最も高いアラインメント・スコアを示す並べ方を，その2本の配列のアラインメントとして採用するというのが，最適アラインメントという考え方である．しかし，図4・1に示すように2本の配列の可能な並べ方は無数にあるため，これらをすべて発生させて，その中から最適アラインメントを選択するのは困難である．NeedlemanとWunschは，DP法を利用することにより最適アラインメントを構築する方法を開発した．

4・2・2 グローバル・アラインメント

DP法自体は組合わせ最適化に利用される一般的な方法であるが，ここでは配列

4・2 動的計画法によるアラインメント

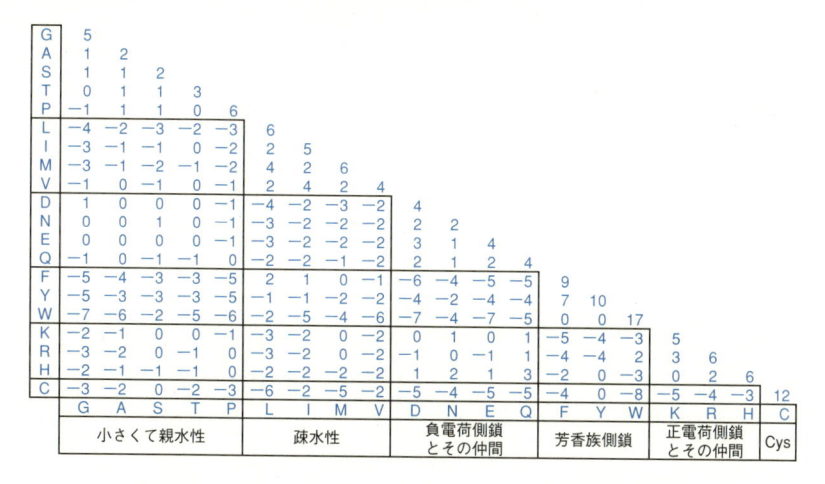

	G	A	S	T	P	L	I	M	V	D	N	E	Q	F	Y	W	K	R	H	C
G	5																			
A	1	2																		
S	1	1	2																	
T	0	1	1	3																
P	−1	1	1	0	6															
L	−4	−2	−3	−2	−3	6														
I	−3	−1	−1	0	−2	2	5													
M	−3	−1	−2	−1	−2	4	2	6												
V	−1	0	−1	0	−1	2	4	2	4											
D	1	0	0	0	−1	−4	−2	−3	−2	4										
N	0	0	1	0	−1	−3	−2	−2	−2	2	2									
E	0	0	0	0	−1	−3	−2	−2	−2	3	1	4								
Q	−1	0	−1	−1	0	−2	−2	−1	−2	2	1	2	4							
F	−5	−4	−3	−3	−5	2	1	0	−1	−6	−4	−5	−5	9						
Y	−5	−3	−3	−3	−5	−1	−1	−2	−2	−4	−2	−4	−4	7	10					
W	−7	−6	−2	−5	−6	−2	−5	−4	−6	−7	−4	−7	−5	0	0	17				
K	−2	−1	0	0	−1	−3	−2	0	−2	0	1	0	1	−5	−4	−3	5			
R	−3	−2	0	−1	0	−3	−2	0	−2	−1	0	−1	1	−4	−4	2	3	6		
H	−2	−1	−1	−1	0	−2	−2	−2	−2	1	2	1	3	−2	0	−3	0	2	6	
C	0	−2	0	−2	−3	−6	−2	−5	−2	−5	−4	−5	−5	−4	0	−8	−5	−4	−3	12
	G	A	S	T	P	L	I	M	V	D	N	E	Q	F	Y	W	K	R	H	C
	小さくて親水性					疎水性				負電荷側鎖とその仲間				芳香族側鎖			正電荷側鎖とその仲間			Cys

図 4・2 スコアテーブル. Dayhoff のスコア・テーブルを三角行列の形式で表示してある.アミノ酸の物理化学的性質の類似性が高いものほどアミノ酸置換は生じやすい.Dayhoff によるとアミノ酸は,(1) 疎水性アミノ酸のグループ L, I, M, V,(2) 親水性で小さなアミノ酸のグループ S, P, T, A, G,(3) 正電荷を有するアミノ酸のグループ K, R, H,(4) 負電荷を有するアミノ酸とそれに類似したアミノ酸のグループ D, E, N, Q,(5) 芳香族の側鎖を有するアミノ酸のグループ Y, F, W,(6) Cys 1 個よりなるグループ C.

アラインメントに焦点を絞って説明する.いま,二つのアミノ酸配列 A, B があり,それぞれの長さ(構成残基数)が L, M とする.

$$\text{配列 A} = a_1 a_2 \ldots a_L \qquad \text{配列 B} = b_1 b_2 \ldots b_M \qquad (4 \cdot 2)$$

配列 A の部分配列 $A(i)$ と配列 B の部分配列 $B(i)$ を以下のようにとる.

$$A(i) = a_1 a_2 \ldots a_i \qquad (4 \cdot 3)$$

$$B(j) = b_1 b_2 \ldots b_j \qquad (4 \cdot 4)$$

DP 法で最適アラインメントを求めるため,$(L+1) \times (M+1)$ の二次元配列 D を用意する.$D(i, j)$ が部分配列 $A(i)$ と $B(i)$ の最適アラインメントのアラインメント・スコアを表すとする.次ページの,アルゴリズムによって,順次 $D(i, j)$ を求めることにより,最終的に最適アラインメントを得ることができる.

ここで,$s(a_i, b_j)$ は,スコア・テーブルによるアミノ酸 a_i と b_j のスコアである.i, j を制御変数とした二重ループ内の計算は,部分配列 $A(i)$ と $B(j)$ の最適アラインメントの計算を意味している.ループ内の max 操作の意味を説明しよう(図 4・1(b)).部分配列 $A(i)$ と $B(j)$ のアラインメントは以下の三つのケースのいず

```
input:    A, B, s(a,b)
output:   D(i,j),  0 ≤ i ≤ L,  0 ≤ j ≤ M
          D(0,0) ← 0, D(0,j) ← −g(j)      0 < j < M
          D(i,0) ← −g(i)       0 < i < L
          for  i = 1 to L
              for  j = 1 to M
                  D(i,j) ← max {D(i−1, j−1) + s(a_i, b_j),
                                max_{1≤k≤j} {D(i, j−k) − g(k)},
                                max_{1≤l≤i} {D(i−l, j) − g(l)}}
```

れかとなる.

```
...a_i        ...−         ...a_i
...b_j        ...b_j       ...−
```

最初のケース, $A(i)$ と $B(j)$ のアラインメントが, a_i と b_j の対応で終了するには, 部分配列 $A(i-1)$ と $B(j-1)$ の最適アラインメントに接続される形となる. そのため, そのアラインメント・スコアは, $D(i-1, j-1)$ に $s(a_i, b_j)$ を加えたものとなる.

つぎのケースでは, 部分配列 $A(i)$ と $B(j-k)$ の最適アラインメントに対して, 残る $b_{j-k+1} b_{j-k+2} \ldots b_j$ を長さ k のギャップで対応させた場合を考える. このときのアラインメント・スコアは, $D(i, j-k) - g(k)$ で与えられる. k を 1 から j まで変化させて, 最も大きなアラインメント・スコアを与えるものを, b_j がギャップと対応する場合の最適アラインメントとする.

最後のケースは, i と j が入れ替わっただけで基本的には 2 番目のケースと同じである. 部分配列 $A(i-k)$ と $B(j)$ の最適アラインメントを考え, 残る $a_{i-l+1} a_{i-l+2} \ldots a_i$ を長さ l のギャップと対応させた場合がこれに相当する. このときのアラインメント・スコアは, $D(i-l, j) - g(l)$ で与えられる. l を 1 から i まで変化させて, 最も大きなアラインメント・スコアを与えるものを, a_i がギャップと対応する場合の最適アラインメントとする.

外の max の操作は, この三つのケースの中で最も高いスコアを示すものを, 部

分配列 A(i) と B(j) の最適アラインメントとして採用することを意味している．この関係を漸化式として，$D(i, j)$ を順次求めているのが，i, j を制御変数とした二重ループの処理である．このとき，$D(i, j)$ に記憶されるのは，部分配列 A(i) と B(j) の最適アラインメントのアラインメント・スコアのみであるので，同時に上の各ケースのどれが max の操作の中で選択されたかを記憶しておくと，その後に実際にアラインメントを作成する際に役に立つ．上の二重のループが終了した段階では，$D(L, M)$ に格納されているアラインメント・スコアが，配列 A, B の最適アラインメントのスコアとなっている．ここで $D(L, M)$ を求めるのに漸化式の max 操作の際，何が選ばれたかが記憶されていれば，その操作に従って，前のステップをたどることができる．この操作を繰返すことによってアラインメントを構築することができる．

上のループ構造とその内部での max 操作から，DP 法によるアラインメントの**時間計算量**（time complexity）は $\sum_{i,j}(i+j) = O(L^2M + LM^2)$ となる．後藤は，二つの二次元配列を導入し，時間計算量が $O(LM)$ となるアルゴリズムを開発した[3]．いま，E, F を，D と同じサイズの二次元配列であるとする．

```
input:     A, B, s(a, b)
output:    D(i, j), 0 ≤ i ≤ L, 0 ≤ j ≤ M
           E(0, 0) ← 0, F(0, 0) ← 0, D(0, 0) ← 0
           E(i, 0) ← −g(i), D(i, 0) ← −g(i), F(0, j) ← −g(j),
                D(0, j) ← −g(j)
           for i = 1 to L
               for j = 1 to M
                   E(i, j) ← max {D(i, j−1) − α, E(i, j−1) − β}
                   F(i, j) ← max {D(i−1, j) − α, F(i−1, j) − β}
                   D(i, j) ← max {D(i−1, j−1) + s(a_i, b_j),
                                  E(i, j), F(i, j)}
```

以上の方法によってアラインメントを構築できる．またアラインメント・スコアが配列間の類似度を表すものになる．配列全長にわたっての最適アラインメントを**グローバル・アラインメント**（global alignment）とよぶ．しかし，グローバル・

アラインメントは，全長にわたる比較を行うという点において，データベース検索に適さない．たとえば，エクソン・シャフリング*などによって部分的に類似した配列を有するものは，この方法での検出は困難である．また，本来は全長にわたって相同なタンパク質であっても，進化の過程における変化により，機能的に重要な部位近辺でしか配列レベルの類似性が確認できなくなっているものも多く存在する．このため，グローバル・アラインメントを修飾したローカル・アラインメントのアルゴリズムが開発された．

4・2・3 ローカル・アラインメント

ここでは，Smith & Waterman のアルゴリズム[4), 5)] として知られる方法を説明する．4・2・2節で扱った二つのアミノ酸配列 A, B について**ローカル・アラインメント**（local alignment）を行う場合を考える．スコア・テーブルとして，性質の類似したアミノ酸ペアには正のスコア，類似性の低いアミノ酸ペアには負のスコアが与えられているとする．このとき，上で説明したグローバル・アラインメントのアルゴリズムを以下のように変更する．グローバル・アラインメントの場合同様，$(L+1)\times(M+1)$ の二次元配列 D を用意する．

---

input:　　A, B, $s(a, b)$
output:　　$D(i, j)$, $0 \leq i \leq L$, $0 \leq j \leq M$

　　　　　$D(i, 0) \leftarrow 0$, $D(0, j) \leftarrow 0$ for $1 \leq i \leq L$　and　$1 \leq j \leq M$
　　　　　for　$i = 1$ to L
　　　　　　for　$j = 1$ to M
　　　　　　　$D(i, j) \leftarrow \max \{0,\ D(i-1,\ j-1) + s(a_i, b_j),$
　　　　　　　　　　　　　　　$\max_{1 \leq k \leq j} \{D(i,\ j-k) - g(k)\},$
　　　　　　　　　　　　　　　$\max_{1 \leq l \leq i} \{D(i-l,\ j) - g(l)\}\}$

ここで，$s(a, b)$ は，アミノ酸残基 a, b のスコアを表す．$D(i, j)$ は以下の漸化式を満たす．グローバル・アラインメントの場合に対し，二箇所変更点がある．

＊ 遺伝子は，エクソンとイントロンとよばれる構造よりなっている．エクソンとはタンパク質などの情報をコードしている領域である．イントロン部分は，転写後，除去されてエクソン部分が連結される．この処理をスプライシングとよぶ．異なる二つの遺伝子の間で，遺伝子を構成している領域（1個のエクソンあるいはイントロンで連結された複数のエクソン）が交換あるいは移動される現象をエクソン・シャフリングとよぶ

4・2 動的計画法によるアラインメント

変更点の一つは，$D(i, 0) = D(0, j) = 0$ となっている点である．先述のグローバル・アラインメントでは，$D(0, 0)$ のみを 0 として計算が行われた．これは，2 本の配列の N 末側を出発点として DP 法の処理が行われていることを意味する．これに対し，$D(i, 0) = 0$ とすることにより，配列 A の任意の残基と配列 B の N 末側を出発点として，DP 法の処理が行われる．同様に，$D(0, j) = 0$ することによって，配列 A の N 末側と配列 B の任意の残基を出発点として DP 法が行われる．この処理は，一方の配列の途中に，他方の N 末側から始まる配列に類似した領域が含まれる場合，その検出に有効な方法である．しかし，この処置だけでは，両方の配列の途中から始まる類似領域の検出には対応できない．このため，任意の位置を出発点とすることができるように，漸化式の max 操作の内部に 0 が導入されている．これが第二の変更点である．これは，(i, j) で終わる局所アラインメントのアラインメント・スコアが負であれば，つまり類似度の低い対応しか構成できない場合は，それ以上の経路をつくらないことを意味する．さらに，それ以降に新たな類似領域があった場合には，先の 0 を出発点とした DP 法の処理で，そのアラインメントを構築できる．つまり，両方の配列の途中から始まる類似領域の検出がこれにより可能になる．

ローカル・アラインメントでもグローバル・アラインメントの場合同様，二次元配列 E, F を導入して高速化できる．

```
input:    A, B, s(a,b)
output:   D(i,j),  0≤i≤L,  0≤j≤M
          D(i,0) ← 0,  E(i,0) ← 0,  F(i,0) ← 0   for 1≤i≤L
          D(0,j) ← 0,  E(0,j) ← 0,  F(0,j) ← 0,  for 1≤j≤M
          for  i = 1 to L
              for  j = 1 to M
                  E(i,j) ← max {D(i, j−1) − α,  E(i, j−1) − β}
                  F(i,j) ← max {D(i−1, j) − α,  F(i−1, j) − β}
                  D(i,j) ← max {0,  D(i−1, j−1) + s(aᵢ,bⱼ),
                                    E(i,j),  F(i,j)}
```

D の要素の最大値を選び,そこから D の要素の値が0になるところまでトレースバックすることにより,一つの局所アラインメントを得ることができる.

4・3 FASTA

前節まではDP法に基づく種々の配列比較法について触れた.これらはみな,計算量の多大さ(比較される配列の長さの積に比例する)ゆえに,比較法開発当時の計算機資源の状況では,データベース検索は一般に長時間を要した.このために,より効率的に配列比較を行うことができる手法の確立が求められていたのである.高速検索技術が開発されてきた歴史的背景にはこのような事情がある.高速検索のために,探索初期における保存領域の同定に,**語**(word)を基礎とする方法を用いる方法としてFASTAが開発されてきた.これは,相同な配列では,きわめて短い領域ではあるものの非常に類似度の高い領域が保存されている場合が多いことが根拠となっている.FASTAでは語単位のヒットに基づき類似配列が探査されるので,局所的な比較が行われる.

4・3・1 FASTAのアルゴリズム

データベース検索は,問い合わせ配列に類似した配列をデータベース中より見いだす作業である.FASTA[6]は,配列データベースから,そういった候補を効率的に絞り込むことにより高速化を実現した.そのアルゴリズムはつぎの4段階からなる.すなわち,a) データベースにある配列の中に,問い合わせ配列に含まれる領域と非常に類似度の高い領域を高速に見つける段階,b) 見つけた領域の類似度を,スコア・テーブルを用いて再度計算する段階,c) それらの領域を結合する段階,d) 上位にランクされた配列と問い合わせ配列の最適アラインメントを計算する段階の,四つである.各段階で,後述する3種類(init1, initn, opt)のスコアが順次計算され,これに基づき比較される配列間の類似度がその都度定義される.

 a. 比較されるタンパク質配列間で,非常に類似度の高い領域を同定 FASTAの最初の段階では,比較される配列に含まれる同一残基の比較しか行われず,これがデータベース検索の非常な高速化につながっている.同一残基の比較にはテーブル照合とよばれる手法が利用される.ここでいう**テーブル照合**(lookup)とは,比較される配列間の同一残基位置を迅速に見つけるための方法である.これは,非常に単純化していえば,タンパク質配列中でのアミノ酸20種ごとの出現位置をテーブルとして記憶することにより達成される.このテーブルを"lookup table"とよ

4・3 FASTA

ぶ（図4・3(b)参照）．具体的には，たとえば，いま SATAF という5残基長の配列が与えられた場合，A に対して2,4, S に対して1, T に対して3, そして F に対して5という出現位置の値を計算機上に記憶させておく．そして，比較される配列（たとえば，いま PTAFS とする）もこのような形（A に対して3, S に対して5, T に対して2, F に対して4, そして P に対して1）でデータを蓄えておけば，2配列間の同一残基の位置は，20種類のアミノ酸ごとのデータを参照するだけ（たとえば T に着目すれば（3,2））で済む．

この方法が，比較される配列の全残基の比較を行う場合に比べ，どの程度劇的な変化を起こすのかを実際の数で示すとこうなる[7]．ヘモグロビンの β 鎖（146残基）とトリプシン（229残基）を4・2・2節で述べたグローバル・アラインメントで比較する場合，全部で33434の残基同士の比較が行われるわけであるが，先に述べたように同一残基同士のみ比較を行う場合，その数は1921になる．これは全残基を比較する場合のわずか6％弱の数字である．

ところで FASTA では，より高速に候補配列を絞るために，同一残基の一致（たとえば A と A）だけでなく，同一残基ペアの一致（たとえば AR と AR）を用いることもある．この選択のためのパラメータが，ktup（k-tuple の略）とよばれるものである．ktup=1 のとき同一残基の一致であり，ktup=2 のとき同一残基ペアの一致である．DNA 配列の比較には，このパラメータとして1-6が準備されており，通常は4-6の値が用いられる．

以上の操作だけでなく，この段階ではさらなる効率化のための操作が行われている．それは比較される二つの配列上に保存されている非常に類似度の高い領域，換言すれば両配列間で文字の並びが非常に似た箇所，を抽出することである．このために，テーブル照合と合わせて**対角線**（diagonal）法[8]が用いられる．理解を助けるために，ドットマトリックスを思い浮かべてほしい．これは比較される配列を縦横それぞれの辺に置き，同一残基の箇所にドットを入れて印を付けたものである（図4・3(a)）．もし両配列間に文字の並びが似た箇所があれば，それらは，このマトリックスでは，密集したドットの一群として同一対角線上に現れてくる．それがこの方法の名前の由来であり，このような領域を同定するための方法が対角線法である．

対角線法の実際の操作は，先に述べたテーブル照合のためのデータ形式と密接に関連している．いま，問い合わせ配列（配列 Q とする）を SETIKEM, これと比較を行う配列（配列 D とする）を ITYKET とする．そして問い合わせ配列のデー

タは，テーブル照合用の形式で，すでに計算機上に記憶されているものとする．ここで配列Dの先頭から順に一残基ずつテーブル照合を行い，さらに，配列D中での位置とQ中での位置の差の値を計算する．すると，先に述べたような同一対角線上に密集したドットの一群に相当する残基の一致（今の場合，TとKとEの3残基）は，同じ差の値を示すものであることがわかる（図4・3(b)）．これが，対角線法の実際の操作であり，比較される配列を先頭から見ていくだけで，両配列間

(a)

アミノ酸	S	E	T	I	K	E	M
I				●			
T		●					
Y							
K					●		
E	●					●	
I			●				

(b)

アミノ酸	配列D（位置）	配列Q（位置）	差（D−Q）
A	—	—	—
R	—	—	—
N	—	—	—
D	—	—	—
C	—	—	—
Q	—	—	—
E	5	2, 6	3, −1
G	—	—	—
H	—	—	—
I	1, 6	4	−3, 2
L	—	—	—
K	4	5	−1
M	—	7	—
F	—	—	—
P	—	—	—
S	—	1	—
T	2	3	−1
W	—	—	—
Y	3	—	—
V	—	—	—

図4・3 **FASTAにおける照合法と対角線法の説明**．(a) SETIKEMとITYKEIを比較した場合のドットマトリックス（ktup=1）．(b) 問い合わせ配列（Q）をSETIKEM，これと比較を行う配列（D）をITYKEI，ktup=1とした場合のテーブル照合と対角線法の結果．'−'は該当残基がないことを示す．

で文字の並びが似た箇所（TIKEとTYKE）を同定できることがわかる．また，対角線法で同定される領域はギャップを含んでいないことに留意してほしい．

　同一対角線上のどこからどこまでを一つの領域として取扱うかが問題となろう．たとえば今の例の場合，Tの一致とKとEの一致の間には，IとYの非同一残基が存在するが，一つの領域として取扱う．しかし，もしより多くの非同一残基がTの一致とKとEの一致の間に存在すれば，おのおの別の領域として取扱うのが自然であろう．こうした領域確定の操作のために，同一残基の一致に対してはある一定のスコアが，非同一残基に対してはある一定のギャップ・ペナルティが与えられる．そして，ある程度以上非同一残基によって隔てられた同一残基の一致は別領域としてとらえるように閾値が設定されている．

b. 同定された領域の類似度を再計算　　先程の例では同定された領域は一つだけであったが，実際には，複数の非常に類似度の高い領域が同定されることが多い．こうした領域のうちスコアの良いものから順に10領域を選び，それらのスコアが前述のスコア・テーブルを用いて再計算される．Aの段階では，非同一残基ペアは任意のギャップスコアが与えられていたが，この段階では，領域内の非同一残基ペアに対するスコアも，スコア・テーブルで与えられている値が用いられる．また，指定されたktupよりも短いもの，たとえばktup=2のときでもアミノ酸一残基ペアのスコアの寄与も考慮される．この段階での最高スコアがinit1として記憶される．

c. 類似度が再計算された領域を結合　　スコアが再計算された複数の領域を，可能であれば結合する．結合可能か否かの判断は，閾値を超えるスコアを有する領域が複数あるかどうかによる．もし複数の領域がプログラムで定められた閾値を超えるスコアを有していれば，ギャップを入れてそれらをつなぐことができるか確かめる．このときのギャップ・ペナルティには，領域間の残基長に関係なく定数が用いられ，最高のスコアが得られる領域のつなぎ方がDP法を利用して選択される．このスコアが，initnとして記憶され，つぎの段階で利用される．

d. DP法を用いて最適アラインメントを計算　　この段階ではまず問い合わせ配列に類似した配列候補として，initnのスコアに基づく順序付けにより上位にランクされた配列がデータベースから選択される．そして，選択された配列についてのみ，前節で述べたグローバル・アラインメントのためのDP法のアルゴリズムを用いて問い合わせ配列との最適アラインメントが計算される．こうして求められた値が，最終的にユーザに報告されるoptスコアである．ただし，この際に行われる

アラインメントは，B の段階で同定された最高スコアをもつ領域を中心として 32 残基幅の部分のみについて行われる．

4・3・2 FASTA における配列類似性の統計的評価

FASTA により求められる opt スコアは，もちろんそれ自体が配列間の類似性を示す値ではある．しかし，スコアは，配列長の自然対数をとったものに比例することが経験的に知られている．

$$s = a + b \ln n \quad (4・5)$$

つまり，データベース検索を行ったときに，n はデータベース中の配列の長さ，s はスコア，また a および b は，問い合わせ配列や，データベース，スコア・テーブルなどに依存して異なる値をとる回帰係数である．このスコアの長さ依存性を補正するために，FASTA ではつぎに示す **Z スコア**，および **E(xpectation)-value**（**期待値**）が計算される．これにはまず，データベース中の最初の 1~2 万配列の比較結果を用いて，先に述べた回帰直線の係数が計算される．もちろんこの際，非常に高いスコアをもつ配列，すなわち問い合わせ配列と関係のあると思われるものは除かれている．回帰直線からのスコアのずれの分散 V も計算される．問い合わせ配列に対するデータベース中の各配列のスコア s は，次式により Z スコアに変換される．

$$Z スコア = \frac{s - (a + b \ln n)}{V} \quad (4・6)$$

この Z スコアの分布の形状は，**極値分布**（extreme value distribution）とよばれる分布により近似され得ることが経験的に知られている．この分布に基づき，そのデータベースを検索したときに，Z スコアがある値 x 以上をとる配列がまったく偶然に平均して何本現れるかを示す値 E-value が求められる．

4・4 BLAST

本節では，FASTA と並んで現在まで非常によく利用されている高速検索技術である BLAST（Basic Local Alignment Search Tool の略）[9] のアルゴリズムについて解説する．BLAST もまた FASTA 同様，相同な配列間ではきわめて短い領域ではあるものの非常に類似度の高い領域が保存されている場合が多いという仮定がその基礎におかれている．このために，探索初期における保存領域の同定に，語（word）を基礎とする方法を用いている．

4・4・1 ギャップなしアラインメントのモデル

　BLAST の最大の特徴は，ギャップなしローカル・アラインメントの統計学的考察に基づく配列類似性についての評価の組込みにあるといえる．この評価方法の基礎には，ランダム配列のモデルがある．これは，アミノ酸20種の組成 $P_1, P_2, ..., P_{20}$ が与えられたとき，配列中の各サイトにおけるアミノ酸の出現確率は，この組成のみに依存し，お互いには独立であるようなモデルである．Karlin と Altschul は，このような配列同士の比較が行われるとき，比較される両配列間のギャップを含まない類似度の高い領域（これを HSP（High-scoring Segment Pair の略）という）のローカル・アラインメントスコアがどのような分布になるのかを解析した[10]．それによると，ランダム配列モデルでは，アミノ酸組成 $P_i (i=1, 2, ... ,20)$ とスコア・テーブルが与えられるとこの分布が決まる．ただし，このときに用いられるべきスコア・テーブルには，つぎのような制限が仮定されている．

ⅰ）少なくとも一要素は正の値をもつこと．もし負の値ばかりであれば，最も類似度の高い領域のスコアは一残基対応が最高であろう．

ⅱ）スコア・テーブルの期待値 $\sum_{i,j} P_i P_j s_{ij}$ は負であること．ここで s_{ij} はスコア・テーブルの各要素の値である．もし期待値が正であれば，長い領域ほど高スコアをもつであろう．

　また，ここで，モデルのアミノ酸組成とスコア・テーブルの要素の間には，

$$\sum_{i,j} P_i P_j \exp \{\lambda s_{ij}\} = 1 \quad (4・7)$$

なる関係がある．λ は上式の正の値をもつ一意な解である．0 は自明解であるが含めない．また，このモデルで，スコア S 以上をもつ HSP が現れる本数に対する期待値 E-value は，次式で求められる．

$$\text{E-value} = KN \exp \{-\lambda S\} \quad (4・8)$$

ここで，N は比較される配列長の積を表す．また，λ と K は，HSP のスコア分布を記述するパラメータである．おおざっぱにいうと，λ は分布の広がりを定める値であり，K は分布の山の位置を定めるのに関係する値である[11]．

4・4・2 BLAST のアルゴリズム

　BLAST の実際の操作は大きくつぎの3段階に分けられる．すなわち，a) データベースにある配列の中に，問い合わせ配列に含まれる領域と非常に類似度の高い領域を見つける段階，b) 見つけた領域を拡張する段階，c) それら領域を結合あるいは処理する段階，の三つである．

a. 類似「語（word）」の抽出　　この段階は，二つのステップからなる．一つは，問い合わせ配列を word に分割し，さらに各 word に類似した word のリストを生成するステップであり，もう一つは，データベースにある配列中に，生成されたリストにある word に一致する部分を検出するステップである．ここで word とは，配列中の固定長（通常3残基）の連続したアミノ酸残基である．タンパク質配列の場合，アミノ酸は20種類あるので，3残基長の word の種類は全部で8000種類あることになる．

最初のステップの具体的な操作は，問い合わせ配列を N 末側から C 末側まで固定長のウィンドウで眺めていくことから始まる．問い合わせ配列から切り出された連続した3残基のアミノ酸配列（word）に類似した word がすべてリストに蓄えられる．ここで，類似の定義はスコア・テーブルおよび設定された閾値 T により定められる．T を超えるスコアをもつ word 同士はすべて類似 word と見なされる．

つぎのステップでは，データベースにある配列の中で，リストに蓄えられた word と一致する箇所（hit とよばれる，以下ヒットと記す）が検索される．これには，**決定性有限オートマトン**（deterministic finite automaton）あるいは**有限状態マシン**（finite state machine）が用いられる．

有限オートマトンは，初期状態，限られた文字種からなる入力，状態間の遷移ルールを決めた関数，パターン検出を報告する出力，以上の四つからなる．図4・4に非常に単純化した有限オートマトンのダイヤグラムを示す．この例では，0と1の二つの値だけからなる配列から，ある特定のパターン（今の場合は，101）が認識される．初期状態は，S_0 にあるものとする．いま100101100という配列が与えられたとき，このオートマトンの状態は $S_0 \to S_1 \to S_2 \to S_0 \to S_1 \to S_2 \to S_1 \to S_1 \to S_2 \to S_0$ の順に遷移し，その出力は，000001000である．オートマトンが与えられた配列を一文字ずつ読み込み，'101' というパターンを検出し，値1を返していることがわかる．

上の例では入力配列は，0と1の二つの値のみからなるものであった．実際に，word を検出するための有限オートマトンを構築する際には，タンパク質配列の場合，文字種はアミノ酸20種類となる．これを0と1のみ（2進数）で表現することを考えてみると，アミノ酸一残基，20種を表現するには，たかだか5ビット（$2^5=32>20$）で十分であることに気付く．今の計算機では，64ビット（あるいは32）をデータの単位として扱うことがほとんどであるから，アミノ酸をビット表現に置き換え，そのうえ複数の残基を同時に取扱うことは容易であろう．このことを

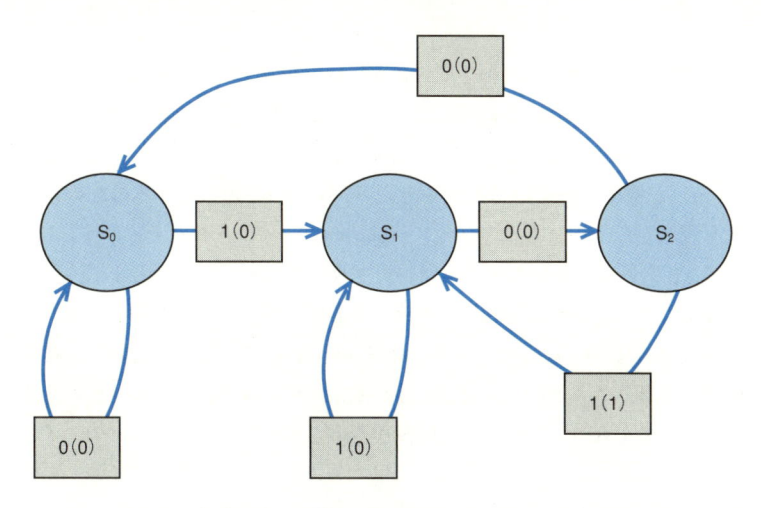

図 4・4 '101' という語を検出するための有限オートマトン．円は状態（ステート），矢印は遷移，矢印に付けられた矩形内の数字は遷移のルール，および出力を示す．矩形内の最初の数字は入力を，後ろの括弧内の数字は出力を表す．出力が 1 のとき，'101' のパターンが検出されたことを示す．

考慮すれば，オートマトン構築の際にアミノ酸一残基を一文字としてとらえるよりも，より効率化が図れるであろうことは容易に察しがつくだろう．

b. ヒットからの拡張 検出されたヒットを起点として，その N 末側，C 末側に向けて問い合わせ配列とデータベース中の配列との残基間対応を拡張し，ギャップを入れないアラインメントを構築する．検出されたヒットは，HSP に含まれていると考えているわけであるから，この操作は自然である．BLAST では時間を節約するため，アラインメントスコアが増大する限りは拡張を続け，減少する場合はある一定残基長までの拡張を行い，スコアのさらなる増大がない場合はそこで拡張を打ち切り，それ以前の最大スコアを与える領域を HSP として報告する．ただし，その最大スコアがある閾値以下であれば，これ以下の操作では使用されない．

c. HSP の処理 BLAST では，2 本の配列の比較で複数の HSP が報告された場合，FASTA の第 3 段階のように，相互にオーバーラップがなくかつ最大の統計的評価が得られる組合わせが選択されユーザに報告される．

4・5 マトリックス検索

ここまでは，1本のアミノ酸配列が問い合わせ配列として与えられたときのデータベース検索の方法について説明してきた．ここでは，すでに相同タンパク質のアミノ酸配列が数本得られており，それらの**マルチプル・アラインメント**（multiple alignment）が構築されている状況を考える．4・2・1節では2本の配列を並置する方法を説明した．これをペアワイズ（pairwise）・アラインメントとよぶ．これに対して，3本以上の配列の並置をマルチプル・アラインメントとよぶ．マルチプル・アラインメントが与えられると各サイトの特徴が明らかとなる．たとえば，あるサイトは活性中心に対応していて，常にAsp残基で占められている．膜貫通部位を構成するあるサイトは，変異は起きやすいが常に疎水性のアミノ酸に変化しやすいという特徴をもつ．このような特徴が明らかになってくると，どのサイトの比較においても同じスコア・テーブルを適用することに疑問が生じてくる．どのサイトのアミノ酸にも同じスコア・テーブルに由来するスコアを利用する代わりに，マルチプル・アラインメントから得られる各サイトの特徴を抽出して，各サイトに特異的なスコアリング・システムを構築できれば，より感度の高いデータベース検索が実現されるものと期待される．そのようなスコアリング・システムは，20×（アラインメントの長さ）のサイズの二次元行列として表現されるため，このスコアリング・システムを利用したデータベース検索は，**マトリックス検索**（matrix searching）とよばれる．

4・5・1 モチーフ

複数本の相同なアミノ酸配列についてマルチプル・アラインメントを構築すると，配列中に強く保存されている部分配列を同定することができる．このような保存的な部分配列は，通常数残基から十数残基程度のサイズであり，**モチーフ**（motif）とよばれる．モチーフは，アラインメントされている相同タンパク質に共通に作用している機能的あるいは構造的制約のため保存されている．これらの機能的あるいは構造的制約は，その相同タンパク質のファミリーに特有のものである．逆に，それらモチーフを有している配列は，その相同タンパク質のファミリーのメンバーと見なすことができる．すなわち，モチーフは一群の相同タンパク質ファミリーの指紋のようなものとして取扱うことができる．モチーフは一つの配列中に複数個存在していることがある．

モチーフの簡単な表現方法として，**コンセンサス配列**（consensus sequence）が

東京化学同人
新刊とおすすめの書籍
Vol. 13

科学の今をわかりやすく生き生きと伝える

現代化学
CHEMISTRY TODAY

毎月18日発売　定価 880 円

◆ 最前線の研究動向をいち早く紹介
◆ 第一線の研究者自身による解説やインタビュー
◆ 理解を促し考え方を学ぶ基礎講座
◆ 科学の素養が身につく教養満載

定期購読しませんか？

現代化学 1 2023 新年号
特集 現代化学の最前線 2023

現代化学 8 2023
特集 科学の新たなパラダイム？
AIで変わる科学の方法
ChatGPTなど新たなAIの出現は研究に何をもたらす？

1冊ずつ電子版の販売もはじめました！

お申込みはこちら↓

「現代化学」（冊子版・電子版）直接予約購読			表示の価格は税込
価　格	冊子版（送料無料）	電 子 版	冊子＋電子版
6ヵ月	4600 円	4600 円	4600 円 ＋ 2000 円
1ヵ年	8700 円	8700 円	8700 円 ＋ 4000 円
2ヵ年	15800 円	15800 円	15800 円 ＋ 7500 円

〒112-0011　東京都文京区千石 3-36-7　TEL:03-3946-5311 FAX:03-3946-5317

●一般化学

書名	定価
教養の化学：暮らしのサイエンス	定価 2640 円
教養の化学：生命・環境・エネルギー	定価 2970 円
ブラックマン基礎化学	定価 3080 円
理工系のための一般化学	定価 2750 円
スミス基礎化学	定価 2420 円
基礎化学（新スタンダード栄養・食物シリーズ 19）	定価 2750 円

●物理化学

書名	定価
きちんと単位を書きましょう：国際単位系(SI)に基づいて	定価 1980 円
物理化学入門：基本の考え方を学ぶ	定価 2530 円
アトキンス物理化学要論（第 7 版）	定価 6490 円
アトキンス物理化学 上・下（第 10 版）	上巻定価 6270 円 / 下巻定価 6380 円

●無機化学

書名	定価
シュライバー・アトキンス無機化学（第 6 版）上・下	定価各 7150 円
無機化学の基礎	定価 3080 円

●有機化学

書名	定価
マクマリー有機化学概説（第 7 版）	定価 5720 円
クライン有機化学 上・下	定価各 6710 円
クライン有機化学問題の解き方（日本語版）	定価 6710 円
ラウドン有機化学 上・下	定価各 7040 円
ブラウン有機化学 上・下	定価各 6930 円
有機合成のための新触媒反応 101	定価 4620 円
構造有機化学：基礎から物性へのアプローチまで	定価 5280 円
スミス基礎有機化学	定価 2640 円

●生化学・細胞生物学

書名	定価
スミス基礎生化学	定価 2640 円
相分離生物学	定価 3520 円
ヴォート基礎生化学（第 5 版）	定価 8360 円
ミースフェルド生化学	定価 8690 円
分子細胞生物学（第 9 版）	定価 9570 円

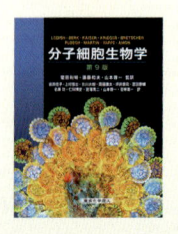

●生物学

モリス生物学：生命のしくみ	定価 9900 円
スター生物学（第6版）	定価 3410 円
初歩から学ぶ ヒトの生物学	定価 2970 円

●創薬化学

バイオ医薬：基礎から開発まで	定価 4840 円
次世代医薬とバイオ医療	定価 5390 円

●基礎講義シリーズ（講義動画付）
アクティブラーニングにも対応

基礎講義 遺伝子工学 I・II	定価各 2750 円
基礎講義 分子生物学	定価 2860 円
基礎講義 生化学	定価 3080 円
基礎講義 生物学	定価 2420 円
基礎講義 物理学	定価 2420 円
基礎講義 天然物医薬品化学	定価 3740 円

●数　学

スチュウァート微分積分学 I〜III（原著第8版）

I. 微積分の基礎	定価 4290 円
II. 微積分の応用	定価 4290 円
III. 多変数関数の微分積分	定価 4290 円
基礎数学 III　線形代数	定価 3080 円
基礎数学 IV　最適化理論	定価 3850 円

●コンピューター・情報科学

ダイテル Python プログラミング 　基礎からデータ分析・機械学習まで	定価 5280 円
Python 科学技術計算　物理・化学を中心に（第2版）	定価 5720 円
Python, TensorFlow で実践する 深層学習入門 　しくみの理解と応用	定価 3960 円
R で基礎から学ぶ 統計学	定価 4180 円

定価は 10 % 税込

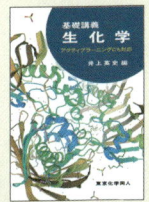

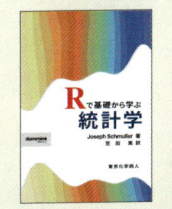

おすすめの書籍

女性が科学の扉を開くとき
偏見と差別に対峙した六〇年
NSF（米国国立科学財団）長官を務めた科学者が語る

リタ・コルウェル 著
シャロン・バーチュ・マグレイン
大隅典子 監訳／古川奈々子 訳／定価 3520 円

科学界の差別と向き合った体験をとおして，男女問わず科学のために何ができるかを呼びかける．科学への情熱が眩しい一冊．

月刊誌【現代化学】の対談連載より書籍化 第1弾
桝 太一が聞く 科学の伝え方

桝 太一 著／定価 1320 円

サイエンスコミュニケーションとは何か？ どんな解決すべき課題があるのか？ 桝先生と一緒に答えを探してみませんか？

科学を正確に，いかにうまく伝えるか
サイエンスライティング超入門

石浦章一 著／定価 1980 円

長年，大学で「サイエンスライティング」の講義を担当してきた著者が，学生や研究者に必要なライティングのコツを紹介．

科学探偵 シャーロック・ホームズ

J. オブライエン 著・日暮雅通 訳／定価 3080 円

世界で初めて犯人を科学捜査で追い詰めた男の物語．シャーロッキアンな科学の専門家が科学をキーワードにホームズの物語を読み解く．

新版 鳥はなぜ集まる？ 群れの行動生態学
科学のとびら 65

上田恵介 著／定価 1980 円

臨機応変に維持される鳥の群れの仕組みを，社会生物学の知見から鳥類学者が柔らかい語り口でひもとくよみもの．

ある．いま，アラインメントからモチーフが一つ同定されたとする（図4・5参照）．モチーフ部分の各サイトの保存の程度に従い，コンセンサス配列を図のように作成する．アミノ酸残基がまったく変化していないような強く保存されたサイトについ

```
                    モチーフ部分
    配列A        …TDTAALTDTGLSTNER…
    配列B        …SGLLALIDTGSATR-K…
    配列C        …QQ-LAIMDTGPTTELG…
    配列D        …RTRIALFDTGTATPFN…
    配列E        …FE--AMWDTGDSTPGT…
    配列F        …LCERAIQDTGSSTDQR…
    コンセンサス配列1    A-X(2)-D-T-G-X(2)-T
    コンセンサス配列2    A-h-X-D-T-G-X-s-T
    コンセンサス配列3    A-[LMI]-X-D-T-G-X-[SAT]-T
```

図 4・5 コンセンサス配列の表現． コンセンサス配列2では，疎水性残基のグループを 'h'，小さくて親水性の残基のグループを 's' で表してある．X は任意のアミノ酸残基の出現を許すことを意味する．また X(2) は，そのようなサイトが二つ連続することを示している．グループ化の基準は，図4・2に示す Dayhoff の分類による．

ては，その残基で表現してやればよい．アミノ酸に変異が生じているサイトの表現の仕方が，データベース検索を行った際の検出感度に大きく影響する．たとえば，モチーフの2番目のサイトを考えてみよう．ここでは，アミノ酸の置換が生じているので，任意のアミノ酸を許す 'X' で表現するのが一つの手段である．しかし，アミノ酸の置換は観察されるものの，疎水性のアミノ酸に分類される残基のみが現れていることを考慮すると，そこに現れていない疎水性残基出現の可能性も含めて，疎水性アミノ酸残基を表す記号として 'h' で表現しておくことも考えられる．また，実際に出現しているアミノ酸による変異だけを許すことにして，'[LMI]' という表現をとることも考えられる．検索結果中のフォールス・ポジティブを減少させると同時に，アラインメントには出現してこない変異の検出を実現するためには，サイトごとにその変異の程度に応じた表現を考える必要がある．また，コンセンサス配列の記述にどのようなグループ化を採用したかも検出感度に影響を与える．

4・5・2 重み行列

モチーフは，ファミリーの指紋のようなものと述べたが，必ずしも不変なものではなく，進化の過程で変化してしまうこともある．それでも他の部分に比べて保存的である場合には，遠い進化的な関係にある相同タンパク質を検出するのに利用することができる．しかし，コンセンサス配列ではモチーフ配列の変化に対応できず，高い検出感度が得られないことがある．そこで，コンセンサス配列の代わりに，**サイト特異的スコア・マトリックス**（site-specific score matrix）が利用される[12),13)]．モチーフ部分の各サイトに，20個のアミノ酸に対応するカラムを用意する（図4・6(a) 参照）．サイト i においてアミノ酸 j の出現した個数を $n(i,j)$ と表す．またアラインメントに含まれる配列の本数を N とする．サイト i におけるアミノ酸 j の出現頻度は，$Frq(i,j) = n(i,j)/N$ で求められる．このとき，サイト i におけるアミノ酸 j のスコア，すなわちサイト特異的なマトリックスを構成するスコア $sssm(i,j)$ は，このとき以下の式で与えられる．

$$sssm(i,j) \;=\; \ln \frac{Frq(i,j)}{P(j)} \qquad (4\cdot 9)$$

ここで，$P(j)$ はここでアラインメントを構築している配列全体のアミノ酸組成，あるいはデータベース解析から得られるタンパク質全体のアミノ酸組成が利用される．$sssm(i,j)$ は，アミノ酸組成から期待される出現頻度と比べ，サイト i でのアミノ酸 j の出現しやすさ，あるいは出現しにくさを数値化したスコアを表している．このようにサイト特異的なスコアにより構成される行列を，**重み行列**（weight matrix）という．重み行列にはこのほかの作成の仕方もあるが，各残基の出現頻度に基づき構築されるという点は共通している．重み行列の構築には，出現頻度0のアミノ酸の処理（あるいは観測数が少ないときに事前情報を導入する方法）や，アラインメントに含まれる配列データの近縁度の偏りを除くための各配列へのウェイトの導入の問題などがあるが詳細は割愛する．コンセンサス配列と同様に，重み行列もスキャン操作によりデータベース検索に利用される．

> **ステップ1**: モチーフの重み行列 W と閾値 T を読み込む．モチーフの長さを L とする．
> **ステップ2**: 配列データベースから，配列を順次1本読み込み，ステップ3の処理を行う．データベース中のすべての配列を読み終えたら処理を終了する．
> **ステップ3**: 読み込んだ配列の長さを M とする．データベースから読み込んだ

> 配列のi番目のサイトから始まる長さLの部分配列をS_iとする．iを1から$M-L+1$まで，1残基ずつずらしながら，S_iのモチーフに対する類似性をWで得点化する（得点化については図4・6参照）．もし得点がT以上であれば，S_i，iおよび配列名を出力する．処理を終えたらステップ2に戻る．

図4・6(b) に示すように，スキャン操作で一残基ずつシフトさせながら，各配列断片とモチーフとの類似度を重み行列で得点化する．これをデータベースに登録されているすべての配列について行い，重み行列に対して適当な閾値以上の得点を示すものを検出する．この方法により，モチーフ部分の変化に対して，コンセンサス配列よりも柔軟な対応が可能となり，検出感度を向上できる．このような重み行列の考え方を，モチーフ部分のみに制限せず，アラインメントされている全領域へと拡張した方法が，以下に述べるホモロジー・プロファイル法である．

4・5・3 ホモロジー・プロファイル法

上記の重み行列の場合と異なり，全アラインメント・サイトにおいて各アミノ酸に対するスコアを求めたものが，**ホモロジー・プロファイル**（homology profile）である[14),15)]．スコアは，各アラインメント・サイトにおけるアミノ酸の出現頻度に応じてスコア・テーブルの値から再構築される．また，ホモロジー・プロファイル法では，DP法によってデータベース中の各配列との比較のため，アラインメントに従いギャップ・ペナルティも再構築される．いま，N本のアミノ酸配列のアラインメントがあり，そのアラインメントの長さをLとする．

重み行列の場合同様，各サイトには20種類のアミノ酸に対応するカラムが用意されている．また再構築されたギャップ・ペナルティのために2個のカラムがサイトごとに用意されている．したがって，ホモロジー・プロファイルは$22 \times L$のサイズの二次元行列$Prof(i,j)$として表現される．ここで20種類の各アミノ酸は，1から20までの数字のいずれかに対応させられているものとする．

$$Prof(i,j) = \sum_{k=1}^{20} W(k,i) \times s(\text{residue } k, \text{ residue } j) \qquad (4 \cdot 10)$$

ここで，iはアラインメント・サイトiを表し，jはその数字を割り当てられたアミノ酸を意味する．$s(a,b)$は，アミノ酸aとアミノ酸bのスコアを意味しており，グローバル・アラインメントで説明したスコア・テーブルから得られる．ここではローカル・アラインメントの場合同様，正負の符号を有するスコアで構成された

(a)

```
                    モチーフ部分
                    1 2 3 4 5 6 7
配列 1      …D F I H E G A H L S G…      配列 8       …D T V H E S V H I E T…
配列 2      …E Q L H E T S H L T P…      配列 9       …E F I H E T V H I T R…
配列 3      …R R I H E G Q H C Q D…      配列 10      …H D L H E S T H L I G…
配列 4      …L F I H E G A H V T S…      配列 11      …S V I H E G A H I E I…
配列 5      …Q F I H E G A H I W A…      配列 12      …L W I H E G G H F S E…
配列 6      …F F I H E S N H V V A…      配列 13      …D K I H E A G H L D S…
配列 7      …T K V H E G T H V T N…
```

サイト 残基	1	2	3	4	5	6	7
G	−0.88	−0.88	−0.88	1.20	0.22	−0.88	−0.88
A	−0.93	−0.93	−0.93	−0.23	0.68	−0.93	−0.93
S	−0.85	−0.85	−0.85	0.53	−0.16	−0.85	−0.85
T	−0.67	−0.67	−0.67	0.43	0.43	−0.67	−0.67
P	−0.54	−0.54	−0.54	−0.54	−0.54	−0.54	−0.54
L	−0.00	−1.10	−1.10	−1.10	−1.10	−1.10	0.51
I	1.77	−0.54	−0.54	−0.54	−0.54	−0.54	1.07
M	0.29	0.29	0.29	0.29	0.29	0.29	0.29
V	0.34	−0.76	−0.76	−0.76	0.34	−0.76	0.63
D	−0.53	−0.53	−0.53	−0.53	−0.53	−0.53	−0.53
N	−0.35	−0.35	−0.35	−0.35	0.34	−0.35	−0.35
E	−0.69	−0.69	1.95	−0.69	−0.69	−0.69	−0.69
Q	−0.28	−0.28	−0.28	−0.28	0.41	−0.28	−0.28
F	−0.27	−0.27	−0.27	−0.27	−0.27	−0.27	0.42
Y	−0.08	−0.08	−0.08	−0.08	−0.08	−0.08	−0.08
W	0.76	0.76	0.76	0.76	0.76	0.76	0.76
K	−0.68	−0.68	−0.68	−0.68	−0.68	−0.68	−0.68
R	−0.53	−0.53	−0.53	−0.53	−0.53	−0.53	−0.53
H	0.25	2.89	0.25	0.25	0.25	2.89	0.25
C	0.38	0.38	0.38	0.38	0.38	0.38	1.08

図 4・6 **重み行列による配列検索．** (a) アラインメントからの重み行列の計算の仕方．ここでは簡単にするため，配列へのウェイトの問題は考えず，単純に出現頻度に基づく計算を示している．また，出現頻度 0 の場合への対応として，pseudocount を導入している．すなわち，各サイトの 20 個のカラムに各残基の出現度数に 1 を加えてやり，$Frq(i,j) = \{n(i,j)+1\}/(N+20)$ としている．このような pseudocount の導入は Laplace の方法とよばれる．$\log(Frq(i,j)/P(j))$ の計算の $P(j)$ として以下の値を用いた．$P(G)=0.07322, P(A)=0.07657, P(S)=0.07121, P(T)=0.05933, P(P)=0.05218, P(L)=0.09125, P(I)=0.05181, P(M)=0.02272, P(V)=0.06460, P(D)=0.05150, P(N)=0.04298, P(E)=0.06016, P(Q)=0.04024, P(F)=0.03980, P(Y)=0.03271, P(W)=0.01413, P(K)=0.05995, P(R)=0.05146, P(H)=0.02361, P(C)=0.02064$ として計算した．たとえば，サイト 1 における Val に対するスコアは，$Frq(V)=(2+1)/(13+20)=0.091$, $\log(Frq(V)/P(V))=\log(0.091/0.0640)$ として計算されている．

(b)

G	−0.88	−0.88	−0.88	1.20	0.22	−0.88	−0.88
A	−0.93	−0.93	−0.93	−0.23	0.68	−0.93	−0.93
S	−0.85	−0.85	−0.85	0.53	−0.16	−0.85	−0.85
T	−0.67	−0.67	−0.67	0.43	0.43	−0.67	−0.67
P	−0.54	−0.54	−0.54	−0.54	−0.54	−0.54	−0.54
L	−0.00	−1.10	−1.10	−1.10	−1.10	−1.10	0.51
I	1.77	−0.54	−0.54	−0.54	−0.54	−0.54	1.07
M	0.29	0.29	0.29	0.29	0.29	0.29	0.29
V	0.34	−0.76	−0.76	−0.76	0.34	−0.76	0.63
D	−0.53	−0.53	−0.53	−0.53	−0.53	−0.53	−0.53
N	−0.35	−0.35	−0.35	−0.35	0.34	−0.35	−0.35
E	−0.69	−0.69	1.95	−0.69	−0.69	−0.69	−0.69
Q	−0.28	−0.28	−0.28	−0.28	0.41	−0.28	−0.28
F	−0.27	−0.27	−0.27	−0.27	−0.27	−0.27	0.42
Y	−0.08	−0.08	−0.08	−0.08	−0.08	−0.08	−0.08
W	0.76	0.76	0.76	0.76	0.76	0.76	0.76
K	−0.68	−0.68	−0.68	−0.68	−0.68	−0.68	−0.68
R	−0.53	−0.53	−0.53	−0.53	−0.53	−0.53	−0.53
H	0.25	2.89	0.25	0.25	0.25	2.89	0.25
C	0.38	0.38	0.38	0.38	0.38	0.38	1.08

DFIHEGAHLSG…

部分配列 S_1(="DFIHEGA")の得点 = −3.59

部分配列 S_3(="IHEGAHLS")の得点 = 11.89

G	−0.88	−0.88	−0.88	1.20	0.22	−0.88	−0.88
A	−0.93	−0.93	−0.93	−0.23	0.68	−0.93	−0.93
S	−0.85	−0.85	−0.85	0.53	−0.16	−0.85	−0.85
T	−0.67	−0.67	−0.67	0.43	0.43	−0.67	−0.67
P	−0.54	−0.54	−0.54	−0.54	−0.54	−0.54	−0.54
L	−0.00	−1.10	−1.10	−1.10	−1.10	−1.10	0.51
I	1.77	−0.54	−0.54	−0.54	−0.54	−0.54	1.07
M	0.29	0.29	0.29	0.29	0.29	0.29	0.29
V	0.34	−0.76	−0.76	−0.76	0.34	−0.76	0.63
D	−0.53	−0.53	−0.53	−0.53	−0.53	−0.53	−0.53
N	−0.35	−0.35	−0.35	−0.35	0.34	−0.35	−0.35
E	−0.69	−0.69	1.95	−0.69	−0.69	−0.69	−0.69
Q	−0.28	−0.28	−0.28	−0.28	0.41	−0.28	−0.28
F	−0.27	−0.27	−0.27	−0.27	−0.27	−0.27	0.42
Y	−0.08	−0.08	−0.08	−0.08	−0.08	−0.08	−0.08
W	0.76	0.76	0.76	0.76	0.76	0.76	0.76
K	−0.68	−0.68	−0.68	−0.68	−0.68	−0.68	−0.68
R	−0.53	−0.53	−0.53	−0.53	−0.53	−0.53	−0.53
H	0.25	2.89	0.25	0.25	0.25	2.89	0.25
C	0.38	0.38	0.38	0.38	0.38	0.38	1.08

図 4・6 (b) 重み行列を用いた部分配列のモチーフに対する類似度の計算方法．本文で述べたように，N末側から順次，モチーフと同じ長さの部分配列を切り出し，重み行列と図のように対応付ける．各サイトにおける部分配列上のアミノ酸残基に対するスコアを合計したものを，その部分配列とモチーフの類似度とする．

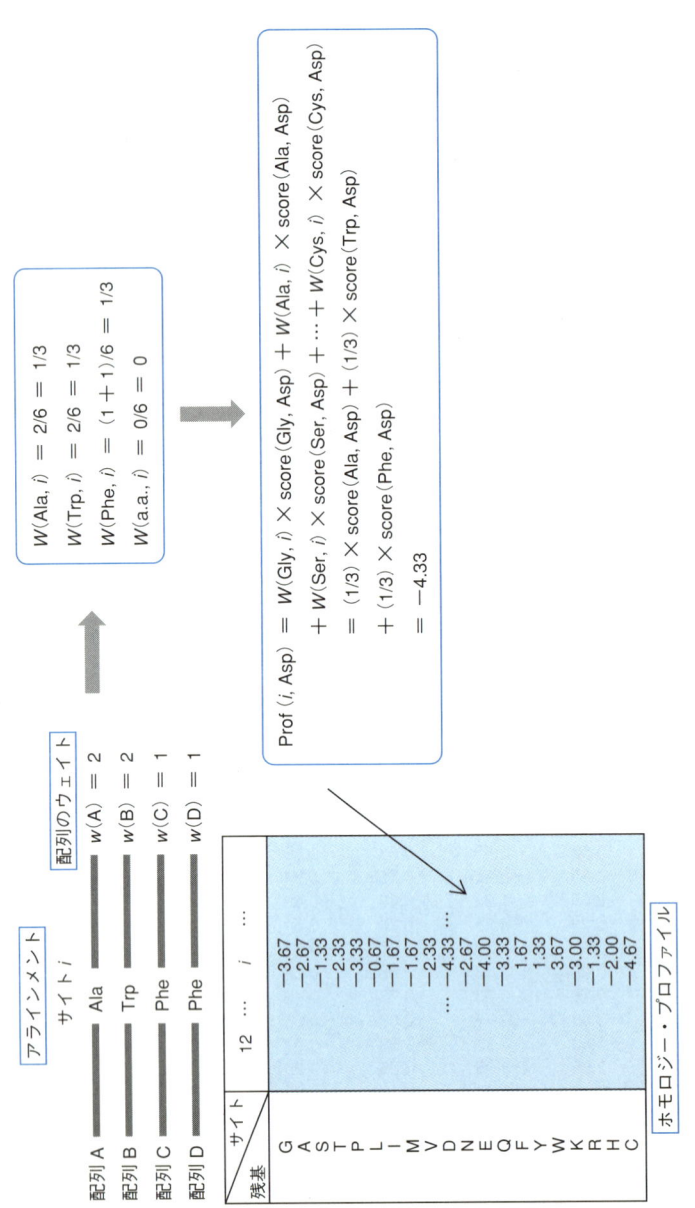

108

アラインメント

サイト i

配列 A　Ala
配列 B　Trp
配列 C　Phe
配列 D　Phe

配列のウェイト

$w(A) = 2$
$w(B) = 2$
$w(C) = 1$
$w(D) = 1$

$w(\text{Ala}, i) = 2/6 = 1/3$
$w(\text{Trp}, i) = 2/6 = 1/3$
$w(\text{Phe}, i) = (1+1)/6 = 1/3$
$w(\text{a.a.}, i) = 0/6 = 0$

$$\begin{aligned}
\text{Prof}(i, \text{Asp}) &= w(\text{Gly}, i) \times \text{score}(\text{Gly}, \text{Asp}) + w(\text{Ala}, i) \times \text{score}(\text{Ala}, \text{Asp}) \\
&\quad + w(\text{Ser}, i) \times \text{score}(\text{Ser}, \text{Asp}) + \cdots + w(\text{Cys}, i) \times \text{score}(\text{Cys}, \text{Asp}) \\
&= (1/3) \times \text{score}(\text{Ala}, \text{Asp}) + (1/3) \times \text{score}(\text{Trp}, \text{Asp}) \\
&\quad + (1/3) \times \text{score}(\text{Phe}, \text{Asp}) \\
&= -4.33
\end{aligned}$$

ホモロジー・プロファイル

残基＼サイト	12	⋯	i	⋯
G			−3.67	
A			−2.67	
S			−1.33	
T			−2.33	
P			−3.33	
L			−0.67	
I			−1.67	
M			−1.67	
V			−2.33	
D			−4.33	
N			−2.67	
E			−4.00	
Q			−3.33	
F			1.67	
Y			1.33	
W			3.67	
K			3.00	
R			−1.33	
H			−2.00	
C			−4.67	

図 4・7　ホモロジー・プロファイルの計算. ホモロジー・プロファイルも, 重み行列同様に表の形で与えられる. ここでは, 4 本の配列 A〜D のアラインメントのプロファイルについての作成の手順を示す. 各配列には, 図に示すようなウェイトが与えられているとする. サイト i での各アミノ酸の出現頻度は, 配列に対応するウェイトを用いた重み付き平均として求められる. その出現頻度に従ってサイト i の各アミノ酸のスコアが計算されている. ここでは, 図 4・2 に示すスコアテーブルを利用してプロファイルが計算されている. 重み行列法ではサイト i に出現しないアミノ酸がある場合, pseudocount (図 4・6 参照) などの処理をも考えねばならなかった. ホモロジー・プロファイル法では出現しないアミノ酸に対してもスコアが計算される. サイト i には, Asp は出現しないが, 図に示すように Asp に対するスコアも計算される.

テーブルを考える．$W(k, i)$ は，アラインメント・サイト i におけるアミノ酸残基 k に対するウェイトである．これは，各配列に割り当てられたウェイト $w(i)$ から以下のように計算される．配列のウェイトとは，重み行列の項でも述べた相同配列の間の進化的類縁関係によるバイアスを除去するために導入されるものである．

$$W(k, i) = \frac{\sum_{j=1}^{N} w(j) \times \delta(\text{residue } k,\ \text{residue}(i, j))}{\sum_{j=1}^{N} w(j)} \quad (4 \cdot 11)$$

ここで，

$$\delta(\text{residue } k, \text{residue}(i, j)) = 1 \quad \text{アラインメント・サイト } i \text{ における配列 } j$$
$$\text{のアミノ酸がアミノ酸 } k \text{ と一致する場合}$$
$$= 0 \quad \text{それ以外の場合} \quad (4 \cdot 12)$$

すなわち，$W(k, i)$ は，配列にウェイトが導入された場合の，それによる重み付け平均としての各サイトにおけるアミノ酸の出現頻度である．また，(4・10)式の右辺は各サイトにおけるアミノ酸の出現頻度に応じてスコア・テーブルを，サイト特異的に再構築する操作を表している．$\text{Prof}(i, j)$ では，アミノ酸の出現頻度 $W(k, i)$ が乗じられることにより，出現頻度の高いアミノ酸やそれに性質の類似したアミノ酸に対するスコアは高くなり，逆に出現頻度の高いアミノ酸に類似していないアミノ酸の得点は低くなる（図4・7）．

ホモロジー・プロファイルのマトリックスは，ギャップ・ペナルティを再構築するため，20種類のアミノ酸に対応するカラムに加え，各サイトの再構築されたギャップ・ペナルティのオープニング・ペナルティとエクステンション・ペナルティに対応する2個のカラムが用意されているが，ギャップ・ペナルティの再構築法については省略する．

このホモロジー・プロファイルとデータベース中の各配列は，1本の配列を問い合わせ配列とする場合と同様に，DP法で比較され，そのアラインメント・スコアに従い類似配列の検出が行われる．プロファイルと配列を比較するためのDP法の漸化式は次ページの形になる．ここで，アミノ酸配列の長さは L，マルチプル・アラインメントの長さ（= プロファイルの長さ）は M とする．また，$\text{Prof}(j, a_i)$ はホモロジー・プロファイルのサイト j におけるアミノ酸 a_i に対するスコアに対応する．

本来ならこの後で，隠れマルコフモデルを説明するところであるが，隠れマルコ

フモデルについては3章に説明があるのでそちらを参照していただきたい．

for $i = 1$ to L
    for $j = 1$ to M
        $D(i,j) \leftarrow \max \{D(i-1, j-1) + Prof(j, a_i),$
        $\max_{1 \leq k \leq j} \{D(i, j-k) - g(k)\}, \max_{1 \leq l \leq i} \{D(i-l, j) - g(l)\}\}$

4・6 PSI-BLAST と PHI-BLAST
4・6・1 gapped BLAST と PSI-BLAST

マトリックス検索では，タンパク質ファミリーの配列の特徴を反映したサイト特異的なスコア・テーブルを構築することで，高い検出感度を実現することができた．しかし，そのためにマルチプル・アラインメントがまず与えられねばならなかった．マトリックス検索による高い検出感度を，1本の配列を用いたデータベース検索に導入するために開発された方法が，**PSI**（position specific iterated）**-BLAST**である[16]．この方法では，BLASTをギャップを取扱えるように，拡張したgapped BLASTの手法に基づき作成されており，PSI-BLASTの処理の1回目はgapped BLASTで行われる．まず，gapped BLASTについて説明する．gapped BLASTでは，BLAST同様に1本の配列を問い合わせ配列としたデータベース検索が行われる．

ステップ1：配列を語（word）に分割し，さらに各語に類似した語を生成する（語については，FASTA，BLASTの項参照）．
ステップ2：ステップ1で生成したを語を検出するための有限オートマトンを構築する．
ステップ3：データベース中から配列を1本ずつ取出して以下の操作を行う．
 i) 有限オートマトンを用いて，そのデータベースから取出された配列中で，問い合わせ配列から生成された語に一致する**部分**（hit）を検出する．
 ii) 同じ対角線上にあり，十分近接する二つのヒットを見つける．検出されるヒットのペアに対して，ギャップを導入しない残基対応の**拡張**（ungapped extension）が行われる．そして，そのスコアがある閾値を超えたものについてのみ，iii) とiv) の処理を行う．
 iii) 上記の二つのヒットの中間位置から，N末側，C末側にDP法でギャップ

4・6 PSI-BLAST と PHI-BLAST

を含めたアラインメントを行い，HSP を求める．まず，対象となる HSP の中で最も高いスコアを与える 11 残基長のセグメント対が探索される（HSP が 11 残基以下の場合はその中間位置）．そして，そのセグメント対の中央の残基対を起点とし，N 末側，C 末側それぞれに DP 法を利用してギャップを含めたアラインメントが構築される．ただし，この際すべてのアラインメント・パスが探索されるわけではなく，アライメントスコアがある閾値 X_g より減少した時点で，そのアラインメント・パスの探索は終了する．この操作は，BLAST の 1 個のヒットから，N 末側，C 末側への ungapped extension に対して，gapped extension とよばれる．

iv) 得られたアラインメントのスコアについて，ギャップが導入された場合に拡張された Karlin-Altschul の統計理論に基づき有意性評価を行い，アラインメントと E-value とともに出力する．

ステップ 1, ステップ 2, ステップ 3 の i) は，BLAST と同じである．ステップ 3 の ii) は，HSP には，単一のヒットではなく複数のヒットが含まれていることが多いという観測からヒントが得られた操作である．具体的には，比較される両配列をドットマトリックス上で眺めた場合，同一対角線上（すなわちギャップを入れない残基間対応関係，FASTA の項を参照）に二つのヒットが存在する場合にのみ，前述の拡張操作を行うことにしたのである．ただし，あまりにヒット間の距離がある場合は，この操作は行われない．プログラムではこのための閾値（残基長）が設定されている．ちなみに，BLAST では検出されたヒットすべてについて，この拡張の操作が行われており，プログラムが消費する時間の多くを占めていた．

2 回目以降は，PSI-BLAST で検索が行われる．このとき，1 回目の gapped BLAST あるいは 2 回目以降の PSI-BLAST の各ステップで検出されてきた類似配列に基づき，マルチプル・アラインメントが作成される．これは，出力されたアラインメントに基づき，問い合わせ配列に対して作成されるが，そのとき，問い合わせ配列中に入るギャップはアラインメントから除去される．このマルチプル・アラインメントに対して，サイト特異的なスコア・テーブルが作成される．ただし，このときのサイト特異的スコア・テーブルの構築の仕方は，先に述べたホモロジー・プロファイル法とは異なり，むしろ重み行列に類似している．

$$Prof(i,j) = \log\left(\frac{Q_{ij}}{P_i}\right) \qquad (4\cdot13)$$

ここで，Q_{ij} はサイト j におけるアミノ酸 i の頻度，P_i はアミノ酸 i のバックグランドの頻度を表すが，Q_{ij} の計算の詳細は省略する．また，ホモロジー・プロファイル法とは異なり，ギャップ・ペナルティは変更されない．

PSI-BLAST と gapped BLAST と異なる点として，word が問い合わせ配列からではなく，PSI-BLAST ではサイト特異的スコア・テーブルから生成されること，gapped extension や有意性評価が，スコア・テーブルではなくサイト特異的スコア・テーブルを用いて行われることがあげられる．しかし，これらの点を除けば，基本的なアルゴリズムは gapped BLAST と同じである．有意性評価も，Karlin-Altschul の統計理論に基づいて行われ，E-value として結果は出力される．PSI-BLAST の全体像を図 4・8 に示す．

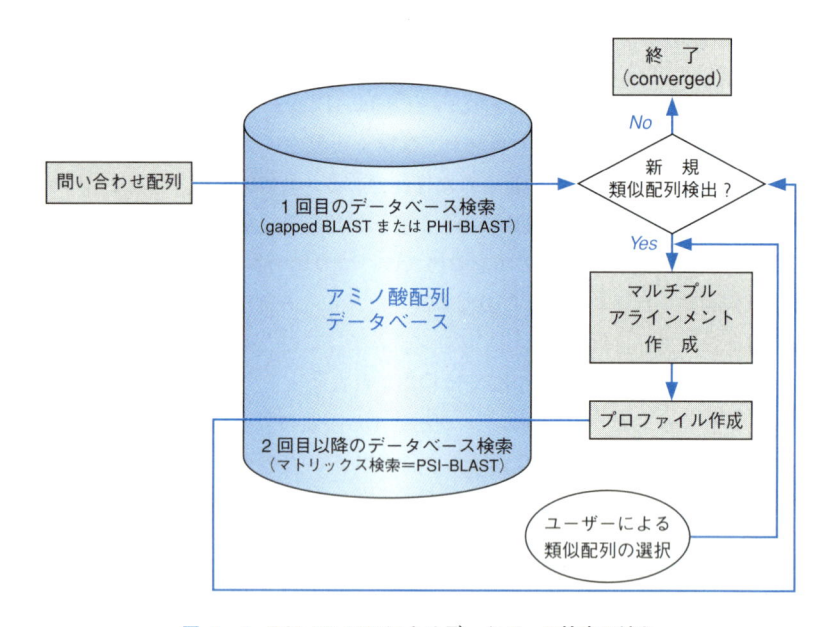

図 4・8 **PSI-BLAST によるデータベース検索の流れ**

> ステップ1：1本の配列を問い合わせとして gapped BLAST によりデータベース検索を実行する．
> ステップ2：検出された類似配列を用いてマルチプル・アラインメントを作成

する.
　ステップ3：そのアラインメントから作成された，サイト特異的スコア・テーブルを用いてデータベース検索を行う.
　ステップ4：新規の類縁配列が検出された場合はステップ2に戻り，新規類似配列が検出されなくなるまでステップ2, 3, 4の処理を繰返す．新規の類似配列が検出されなくなった場合，繰返し処理を打ち切り検索を終了する．新規の類似配列が検出されなくなった状態は，PSI-BLAST中では"収束した（converged）"と表現される.

　近年，PSI-BLASTの種々のパラメータやアルゴリズムの再検討が行われ，いくつかの検出感度に影響を与える要因が報告されている[17]．たとえば，上で述べたgapped extensionよりも，Smith & Watermanのアルゴリズムの方が検出感度を上げることなどが報告されている．

4・6・2　PHI-BLAST

　BLASTのもう一つの拡張として，**PHI**（Pattern Hit Initiated）**-BLAST**がある[18]．これは，上で述べたコンセンサス法を拡張した方法と見なすことができる．入力は二つある．一つは，モチーフ部分などのコンセンサス配列をモチーフ・データベースであるPROSITEと同じ方法で記述したパターンである．もう一つの入力は，少なくともそのパターンを一つ含むアミノ酸配列である．この二つのデータを利用して，以下の手続きで，データベース中の各配列に対して類似性評価が行われる.

　ステップ1：配列中，パターンがヒットする部分を探す.
　ステップ2：問い合わせ配列のパターンがヒットした部分と，入力した配列のパターン部分を重ね，そのN末側とC末側にgapped extensionを行う．gapped extensionは，gapped BLASTの手続きに同じ.
　ステップ3：N末側とC末側，それぞれのアラインメント・スコアの和に基づき，Karlin-Altchulの統計理論によって有意性が評価され，結果はE-valueとして出力される.

　PHI-BLASTは，コンセンサス配列のみではなく，そのN末側やC末側の周辺配列の類似性に基づいて有意性評価を行うことにより，高い検出感度を実現してい

る．しかし，PHI-BLASTには，その検索結果が，パターンの記述の仕方や，入力される配列に依存して変わってくるという問題がある．NCBIのPHI-BLASTサーバでは，PHI-BLASTの出力が，PSI-BLASTの入力になるように設計されている．PSI-BLASTに接続して計算を行うことにより，入力パターンからずれたモチーフをもった配列の検出ミスが生じることを軽減している．また，近年，入力データの一つである配列の代わりに，PSI-BLASTで得られるサイト特異的スコア・テーブルを用いるよう改変がなされた．

4・7 おわりに──Twilight Zone──

データベース検索の結果，類似配列が検出された場合，その類似度の高い順番に，検出配列の名前のリストや問い合わせ配列とのアラインメントが出力される．配列類似度が高い部分はよいとして，配列一致度が20％を切るような微弱な類似性しか示さない場合，その配列を問い合わせ配列の類縁配列として採択することに意味があるかどうかを検討しなければならない．多くのデータベース検索の出力には，各検出配列の問い合わせ配列に対する類似度の統計的有意性に関する情報（E-valueなど）が記述されている．しかし，20％以下の配列一致度の領域では，しばしばそのような統計的有意性が相同配列であるか否かの判断基準として有効に作用せず，その類似性が共通祖先遺伝子に由来するためなのか，アミノ酸組成の類似性から偶然類似しているように見えるのかを判断することが困難になる．そのような微弱な配列の類似性の領域はTwilight Zoneとよばれている[19]．Twilight Zoneについては，120残基以上の長さのアラインメントで20％以上の配列一致度を示す場合，相同である可能性が高いという経験則あるいはそれに類した経験則が，Doolittleをはじめ何人かの研究者により提案されているが，決定的なルールではなく，微弱な相同配列の確固とした判定基準は現時点ではない．Twilight Zoneは，機能や構造の予測という実用的な問題を越えて，相同なタンパク質の中で何が保存されているのかということを考えるうえで重要な問題である．

参 考 文 献

1) S.B. Needleman, C.D. Wunsch, *J. Mol. Biol.*, **48**, 443 (1970).
2) R.M.Schwartz, M.O.Dayhoff, "Atlas of Protein Sequence and Structure", ed. by M.O. Dayhoff, Vol.5, Suppl.3, p.353 (1978).
3) O. Gotoh, *J. Mol. Biol.*, **162**, 705 (1982).
4) M.S. Waterman, "Introduction to Computational Biology", Chapman & Hall (1995).

参 考 文 献

5) T.F. Smith, M.S. Waterman, *J. Mol. Biol.*, **147**, 195 (1981).
6) W. R. Pearson, D. J. Lipman, *Proc. Natl. Acad. Sci. U.S.A.*, **85**, 2444 (1988).
7) W. R. Pearson, *Methods in Enzymology*, **183**, 63 (1990).
8) W. J. Wilbur, D. J. Lipman, *Proc. Natl. Acad. Sci. U.S.A.*, **80**, 726 (1983).
9) S. F. Altschul, W. Gish, W. Miller, E. W. Myers, D. J. Lipman, *J. Mol. Biol.*, **215**, 403 (1990).
10) S. Karlin, S. F. Altschul, *Proc. Natl. Acad. Sci. U.S.A.*, **87**, 2264 (1990).
11) S. F. Altschul, W. Gish, *Methods in Enzymology*, **266**, 460 (1996).
12) R. Staden, *Methods in Enzymology*, **183**, 163 (1990).
13) G.D.Storomo, *Methods in Enzymology*, **183**, 211 (1990).
14) M. Gribskov, A.D. McLachlan, D. Eisenberg, *Proc. Natl. Acad. Sci. U.S.A.*, **84**, 4355 (1987).
15) M. Gribskov, R. Luthy, D. Eisenberg, *Methods in Enzymology*, **183**, 146 (1990).
16) S. F. Altschul, T. L. Madden, A. A. Schaffer, J. Zhang, Z. Zhang, W. Miller, D. J. Lipman, *Nucleic Acids Res.*, **25**, 3389 (1997).
17) A.A. Schaffer, L. Aravind, T.L.Madden *et al.*, *Nucleic Acids Res.*, **29**, 2994 (2001).
18) Z. Zhang, A.A. Schaffer, W. Miller, T.L. Madden, D.J. Lipman, E.V. Koonin, S.F. Altschul, *Nucleic Acids Res.*, **26**, 3986 (1998).
19) R.F. Doolittle, "OF URFS AND ORFS: A Primer on How to Analyze Derived Amino Acid Sequences", University Science Books (1987).

5

パスウェイから見た
生物情報

5・1 ゲノム情報からパスウェイ情報へ

　分子生物学における還元論的アプローチは，生物の遺伝情報の総体であるゲノムを決定すればその生物を理解できるとしてきた．その結果，さまざまな生物種のゲノム配列決定プロジェクトが立ち上がり，その生物種がもつ遺伝子のリストが明らかにされてきた．すでに数十の生物種の全ゲノムが決定され，公開されているものだけで100生物種に近づこうとしている．しかし，全ゲノム情報からわかってきたことは，配列の情報だけでは多くの遺伝子の機能はわからないし，まして生物をシステムとして理解することなど，とてもできないのではないかということだった．もちろん，全ゲノムが明らかになることによって遺伝子機能の解明が進みつつあることは疑いのない事実である．たとえば，バクテリアであれば，機能的に関連する遺伝子がゲノム上で並んでいる場合があるという事実を用いて機能予測をしたり，配列を比較することにより生物種間でオーソログ遺伝子のリストを作成し，同じような生物種がもっているという事実を利用して機能予測をするアプローチもでてきている．

　これらのアプローチは遺伝子の機能予測という点で非常に重要であるが，生物システムは，遺伝子同士，タンパク質同士，遺伝子とタンパク質がどのように相互作用し，影響を与えあっているかという情報なしには到底理解できない．そこで，mRNAの発現情報をゲノムレベルで調べて，同時に発現している遺伝子を明らかにしようというトランスクリプトームプロジェクトや，タンパク質の発現情報や相互作用情報を網羅的に調べようというプロテオームプロジェクトが立ち上がってき

5・1 ゲノム情報からパスウェイ情報

ている．また，タンパク質の機能を決めているものは，立体構造であるという観点から，タンパク質の構造を網羅的に調べようという，構造ゲノミクスという分野も始まっている．

　これらのプロジェクトに共通する考え方は，遺伝子（またはその産物であるタンパク質）の機能を遺伝子単体としてではなく，相互作用として見ることによって，生命をシステム的に理解しようという，どちらかというと還元論的アプローチとは逆の合成論的アプローチである．そして，遺伝子やタンパク質の相互作用をバイオインフォマティクスという観点から解析するためには相互作用のカスケードである"パスウェイ"（ネットワーク）情報を計算機で解析できるようにしておくことが重要である．この章では，生物情報をパスウェイとして表現したデータベース，および，そのバイオインフォマティクスへの応用について解説する．

5・1・1 パスウェイとは

　"パスウェイ"と一言でいっても，人によってそのイメージするところはさまざまであろう．たとえば，生化学の教科書を見れば，酵素反応のカスケードである代謝系がパスウェイだろう．また，分子生物学の教科書を見れば，シグナル伝達系などに見られるタンパク質相互作用のカスケードをパスウェイと考えるかもしれない．いずれにしても，タンパク質などの分子が何らかの形で相互作用することによって作られる分子のネットワークのことを**パスウェイ**（pathway）とよぶことにしよう．ここで重要なのはパスウェイの構成要素として遺伝子産物であるタンパク質だけでなく，代謝産物である低分子化合物や多糖なども考えられるということである．

　そこで，ここでは何をパスウェイの主要構成要素として考えるかによって，制御パスウェイと代謝パスウェイの二つに大きく分けて考えることにする．**制御パスウェイ**（regulatory pathway）は遺伝子とその産物であるタンパク質が相互作用するネットワークのことを指す．たとえば，シグナル伝達系における，タンパク質のリン酸化・脱リン酸化やそれに伴うターゲットタンパク質の活性化や不活性化のネットワークである．また，転写制御のネットワークを指すこともある．ある転写因子の存在下で発現する遺伝子がさらに別の転写因子となっている場合などである．**代謝**パスウェイ（metabolic pathway）は，低分子化合物のネットワークを指すことが多い．ただし，代謝系もある意味，タンパク質のネットワークと見ることができる．代謝系は酵素が基質に作用し，別の化合物へと変換していくネットワークな

ので，酵素のネットワークであるといえるからである．したがってタンパク質の網羅的ネットワークの解析を行う場合には，代謝系を酵素のネットワークとして扱う．

　パスウェイを考える場合，もう一つの重要な側面は，それを静的なもの（代謝マップなど）として見るか，動的なもの（シミュレーションなど）と見るかの違いである．前者は，パスウェイの構成要素をつなぐネットワークの情報を解析するために使われ，機能アノテーション，機能分類やそれに基づく進化的な解析などに用いられる．一方，後者はあるパスウェイがさまざまな生化学的なパラメータとともに与えられたときに，パスウェイがどのような挙動を示すかを動的に解析するものである．これまでは，パラメータ設定の難しさから，小規模のパスウェイでの解析に限られていた．

5・1・2　パスウェイ情報が重要なわけ

　ここで，生物情報の解析にパスウェイ情報のデータベースが重要となる理由をもう一度まとめてみよう．まず，パスウェイの知識はこれまで教科書レベルで多くの情報が蓄えられてきた．特に代謝パスウェイに関しては，いくつもの生化学の教科書が出版されているし，代謝マップとしてパスウェイの全体像をまとめたものも出ている．このうち，Boehringer Mannheim 社が配付していた "Biochemical Pathway"（これは最近教科書としてまとめられた[1]）と日本生化学会による「細胞機能と代謝マップ」[2]は非常によくまとめられており，われわれがデータベースを構築する際にも参考にした．タンパク質間相互作用のネットワークについても，個々の相互作用の情報は教科書レベルでかなり積み上げられてきているし，複合体の情報も同様である．

　これらの情報は目で見て理解するという観点からは最適なものであるかもしれない．しかし，化合物名や酵素名からそれらが働くパスウェイを検索したり，より高度な解析をするのは困難であるし，何よりもある生物種が与えられたときに，それがもつパスウェイにはどんなものがあるかを調べるのは不可能であった．これは，さまざまな生物種のゲノムプロジェクトが立ち上がるにしたがって，そこから機能アノテーションをした結果をパスウェイに対応付けようとしたときに顕著になってくる．

　従来の分子生物学的アプローチで機能未知遺伝子の配列が明らかになったときにすることは，たとえば，その遺伝子を欠損させた変異株を用いた実験で表現型を観

表 5・1 主なパスウェイ情報データベース

データベース名（開発機関）	内容	URL
KEGG: Kyoto Encyclopedia of Genes and Genomes（京都大学）	代謝系・制御系	http://www.genome.ad.jp/kegg/
EcoCyc: Encyclopedia of E. coli Genes and Metabolism / MetaCyc: Metabolic Encyclopedia（SRI International）	代謝系・制御系	http://www.ecocyc.org/
UM-BBD: Biocatalysis/Biodegradation Database（ミネソタ大学）	代謝系	http://umbbd.ahc.umn.edu/
WIT: What IS There / EMP: Metabolic Pathway Database（米国アルゴンヌ国立研究所）	代謝系・制御系	http://wit.mcs.anl.gov/WIT2/ http://emp.mcs.anl.gov/
Boehringer Mannheim: Biochemical Pathways（スイスバイオインフォマティクス研究所）	代謝系	http://www.expasy.ch/cgi-bin/search-biochem-index
PathDB（米国National Center for Genome Resources）	代謝系	http://www.ncgr.org/pathdb/
BRITE: Biomolecular Relations in Information Transmission and Expression（京都大学）	制御系	http://www.genome.ad.jp/brite/
CSNDB: Cell Signaling Networks Database（国立衛生研究所，日本）	制御系	http://geo.nihs.go.jp/csndb/
DIP: Database of Interacting Proteins（カリフォルニア大学）	制御系	http://dip.doe-mbi.ucla.edu/
BIND: The Biomolecular Interaction Network Database（Samuel Lunefeld 研究所，カナダ）	制御系	http://www.bind.ca/
GeNet: Gene Network Database（細胞遺伝学研究所，ロシア）	制御系	http://www.csa.ru/Inst/gorb_dep/inbios/genet/genet.htm
Interactive Fly（米国国立衛生研究所）	制御系	http://sdb.bio.purdue.edu/fly/aimain/1aahome.htm
SPAD: Signaling Pathway Database（九州大学）	制御系	http://www.grt.kyushu-u.ac.jp/spad/

察するということであった．この手法自体は重要であり，今後も続くと思われるが，配列データベースとホモロジー検索システムが計算機上に整備されるようになって，状況は若干変わってきている．まず，類似配列をデータベース中から探すということをするようになった．配列が似ていれば，機能も似ているだろうからというわけである．また，より機能を詳しく調べたり，配列レベルでは類似性が見つからない場合に，モチーフ検索をしたり，立体構造予測をしたりして，機能予測をしようというアプローチも盛んである．

ゲノムプロジェクトで，そのゲノムに含まれる全遺伝子のセットが明らかになったときに，最初にすることも基本的には同じである．ホモロジー検索などを駆使して個々の遺伝子の機能を予測し，ゲノムのアノテーションをするわけである．しかし，ゲノムプロジェクトはその生物がもつすべての遺伝子セットを明らかにするわけであるから，そこからのアノテーションはその生物種が，たとえば，アミノ酸生合成経路をすべてもつかというパスウェイレベルまで必要となる．このように遺伝子セットから機能を明らかにするためにはパスウェイを機能の大きなまとまりとして見ることができ，さらに計算機によるさまざまな解析に利用することができるデータベースが重要となるのである．

5・2 パスウェイ情報のデータベース

表5・1にインターネットでアクセスできるパスウェイデータベースを示す．ここでは，代謝パスウェイと制御パスウェイに分けているが，代謝パスウェイが割と古い歴史（といっても10年にも満たないが）をもつのに対し，制御パスウェイデータベースは，特に大規模なものについては最近までなかった．しかし，網羅的なタンパク質間相互作用の解析技術の発展に伴い，DIP，BIND，BRITEといった大規模なデータベースも構築されつつある．ただし，どのような解析手法を提供するかという点に関しては，まだまだこれからという印象がある．したがって，ここでは筆者らが構築しているKEGGを例にとってパスウェイデータベースとその解析について述べることにする．その他のデータベースについては，参考文献3），4）や表5・1のURLを参考にしてほしい．

KEGG: Kyoto Encyclopedia of Genes and Genomes

KEGGは京都大学で開発されている代謝パスウェイおよび制御パスウェイのデータベースである．代謝パスウェイに関しては，全体像を含めて3階層の分類が

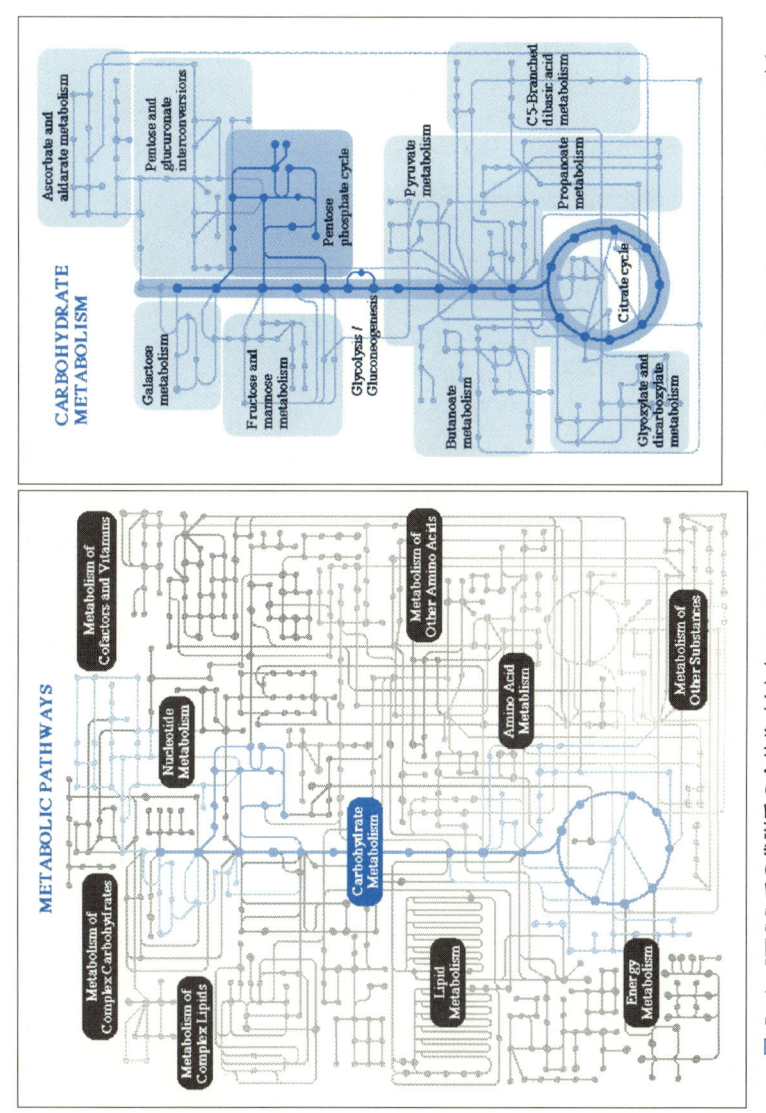

図 5・1 KEGG での代謝系の全体像（左）(http://www.genome.ad.jp/kegg/pathway/map/map01100.html) とそこから Carbohydrate Metabolism をクリックした結果（右）．

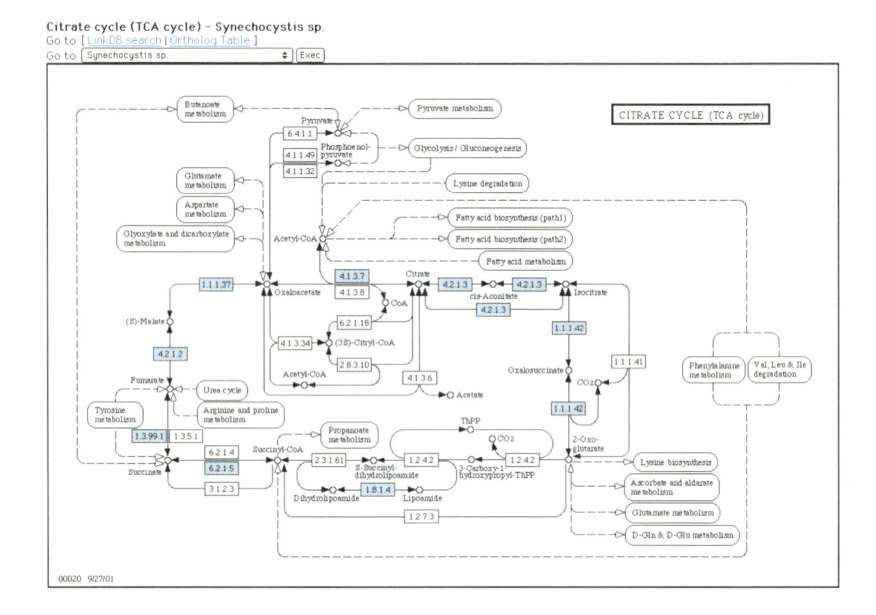

図 5・2 ラン藻（*Synechocystis* sp.）のクエン酸回路のリファレンスマップ．図左上のメニューで *Synechocystis* sp.を指定すると自動的に青色に変更される．

されている．KEGG での代謝パスウェイの全体像を図 5・1 左に示す．全体が大きく 10 のカテゴリーに分類されているのがわかる．このうち，Carbohydrate Metabolism（糖代謝）をクリックした結果が図 5・1 の右である．これがさらに 12 のサブカテゴリーに分類されている．ここで，たとえば Citrate cycle（クエン酸回路）をクリックすると図 5・2 の上に示すようなパスウェイの具体的な図が表示される．図 5・1 では酵素や化合物といったネットワークの直接的な要素は登場していなかったが，ここでは，酵素は長方形で，化合物は丸で表現されている．ただし，ここでは化合物の構造図などは表示されない．この図は**リファレンスパスウェイ**（reference pathway）とよばれ，さまざまな生物種の情報をまとめて表現したものになっている．

　生物種に特異的なパスウェイはリファレンスパスウェイに色を付けることによって表現する．図 5・2 の下に示したパスウェイはラン藻（*Synechocystis* sp.）のクエン酸回路であるが，ラン藻がもつ酵素を青色にすることによって表現している．生物種は画面のメニューによって選択することができる．酵素の箱をクリックすると，

5・2 パスウェイ情報のデータベース

Color Genes in the Pathway Map

生物種を選択する

Search against: Homo sapiens

Enter a set of gene name(s) with the colors below:

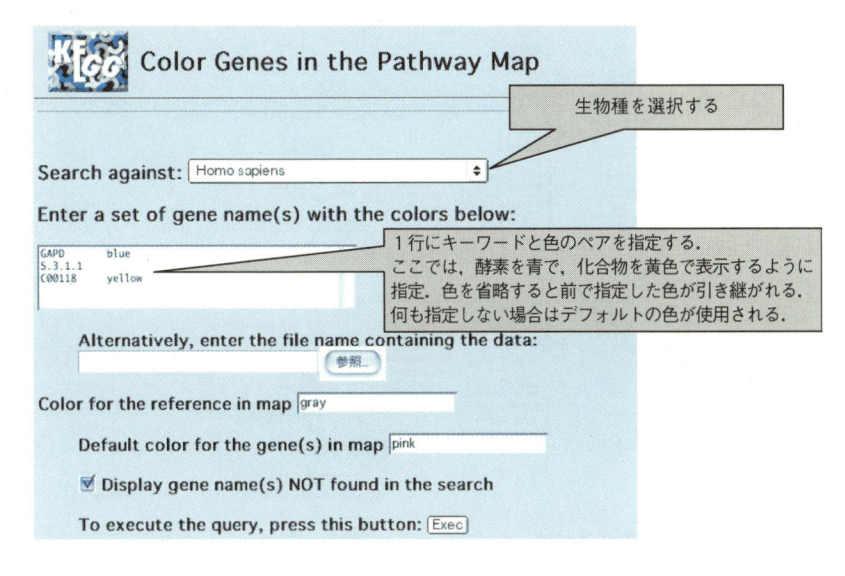

```
GAPD      blue
5.3.1.1
C00118    yellow
```

1行にキーワードと色のペアを指定する．ここでは，酵素を青で，化合物を黄色で表示するように指定．色を省略すると前で指定した色が引き継がれる．何も指定しない場合はデフォルトの色が使用される．

Alternatively, enter the file name containing the data:
[　　　　　] [参照..]

Color for the reference in map [gray]

Default color for the gene(s) in map [pink]

☑ Display gene name(s) NOT found in the search

To execute the query, press this button: [Exec]

図 5・3　遺伝子によるパスウェイ検索

Pathway Search Result

指定した遺伝子や化合物が含まれるパスウェイ

- **hsa00010 Glycolysis / Gluconeogenesis**
  EC 5.3.1.1 triose-phosphate isomerase; phosphotriose isomerase; triose phosphoisomerase;
  C00118 (2R)-2-Hydroxy-3-(phosphonooxy)-propanal; D-Glyceraldehyde 3-phosphate
  2597 GAPD; glyceraldehyde-3-phosphate dehydrogenase [EC:1.2.1.12] [SP:G3P2_HUMAN]
- **hsa00030 Pentose phosphate pathway**
  C00118 (2R)-2-Hydroxy-3-(phosphonooxy)-propanal;
- **hsa00031 Inositol metabolism**
  EC 5.3.1.1 triose-phosphate isomerase; phosphotriose isomerase; triose phosphoisomerase;
  C00118 (2R)-2-Hydroxy-3-(phosphonooxy)-propanal; D-Glyceraldehyde 3-phosphate

キーワードとして指定した遺伝子や化合物

- **hsa00040 Pentose and glucuronate interconversions**
  C00118 (2R)-2-Hydroxy-3-(phosphonooxy)-propanal; D-Glyceraldehyde 3-phosphate
- **hsa00051 Fructose and mannose metabolism**
  EC 5.3.1.1 triose-phosphate isomerase; phosphotriose isomerase; triose phosphoisomerase;
  C00118 (2R)-2-Hydroxy-3-(phosphonooxy)-propanal; D-Glyceraldehyde 3-phosphate
- **hsa00052 Galactose metabolism**
  C00118 (2R)-2-Hydroxy-3-(phosphonooxy)-propanal; D-Glyceraldehyde 3-phosphate
- **hsa00472 D-Arginine and D-ornithine metabolism**
  2597 GAPD; glyceraldehyde-3-phosphate dehydrogenase [EC:1.2.1.12] [SP:G3P2_HUMAN]
- **hsa00561 Glycerolipid metabolism**
  EC 5.3.1.1 triose-phosphate isomerase; phosphotriose isomerase; triose phosphoisomerase;
  C00118 (2R)-2-Hydroxy-3-(phosphonooxy)-propanal; D-Glyceraldehyde 3-phosphate
- **hsa00680 Methane metabolism**
  C00118 (2R)-2-Hydroxy-3-(phosphonooxy)-propanal; D-Glyceraldehyde 3-phosphate
- **hsa00710 Carbon fixation**
  EC 5.3.1.1 triose-phosphate isomerase; phosphotriose isomerase; triose phosphoisomerase;
  C00118 (2R)-2-Hydroxy-3-(phosphonooxy)-propanal; D-Glyceraldehyde 3-phosphate
- **hsa00730 Thiamine metabolism**
  C00118 (2R)-2-Hydroxy-3-(phosphonooxy)-propanal; D-Glyceraldehyde 3-phosphate
- **hsa01510 Neurodegenerative Disorders**
  2597 GAPD; glyceraldehyde-3-phosphate dehydrogenase [EC:1.2.1.12] [SP:G3P2_HUMAN]
- **hsa05010 Alzheimer's disease**
  2597 GAPD; glyceraldehyde-3-phosphate dehydrogenase [EC:1.2.1.12] [SP:G3P2_HUMAN]

図 5・4　図5・3の検索画面の入力で実行した結果．キーワードで指定した遺伝子や化合物を含むパスウェイの一覧が表示される．

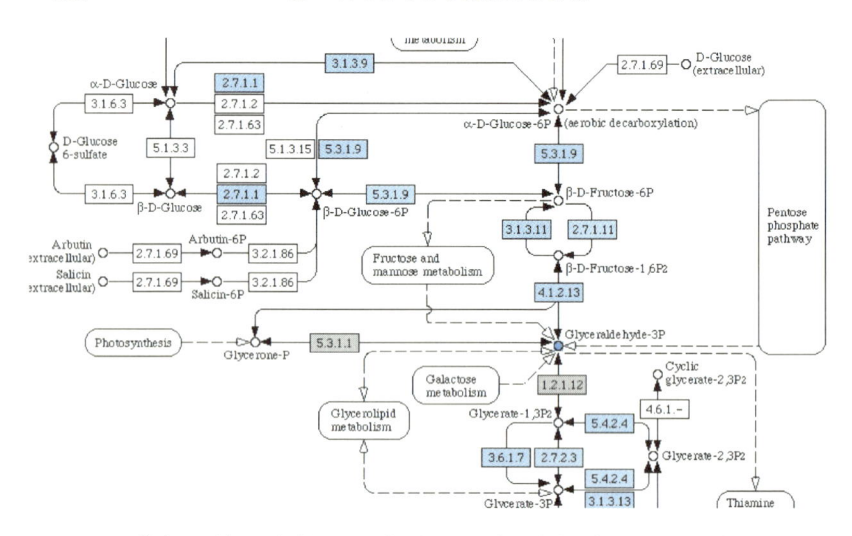

図 5・5 検索した結果に色付けしたパスウェイ．青は検索対象とした生物種（ここではヒト）がもつ酵素を表す．

リファレンスパスウェイでは酵素反応のデータベースにリンクされているが，生物種ごとのパスウェイではその生物種の遺伝子のデータベースへリンクされている．

各パスウェイはその中で働く遺伝子名や化合物で検索して，検索対象に色を付けて表示することができるようになっている．図 5・3 は KEGG で提供しているパスウェイ検索の画面である．パスウェイを検索したい生物種をメニューで選択し，遺伝子名などのキーワードとその遺伝子に付けたい色を指定して実行すると，それらが含まれるパスウェイの一覧が検索される（図 5・4）．図 5・4 の結果のうち一番上の hsa00010 をクリックした結果を示したのが図 5・5 である．

KEGG ではこのようにパスウェイに色を付けることによってさまざまな解析に応用できるようにしている．図 5・6 もそのような例の一つである．KEGG では多くの生物種で保存されている遺伝子に対して**オーソログテーブル**（ortholog table）を作成している（図 5・2 の Ortholog Table のリンクと 5・3・4 節を参照）．図 5・6 ではオーソログテーブルが作成されている酵素は灰色に，KEGG でアノテーションしている生物種（全ゲノムが決定された生物種）のうち一つでももっている酵素は青に色付けされている．このパスウェイはメニューで All organisms in KEGG を選択すると表示される．このほかにも，パスウェイへの色付けは遺伝子機

能のアノテーションとパスウェイの再構築に応用されている．パスウェイ再構築については次節で述べる．

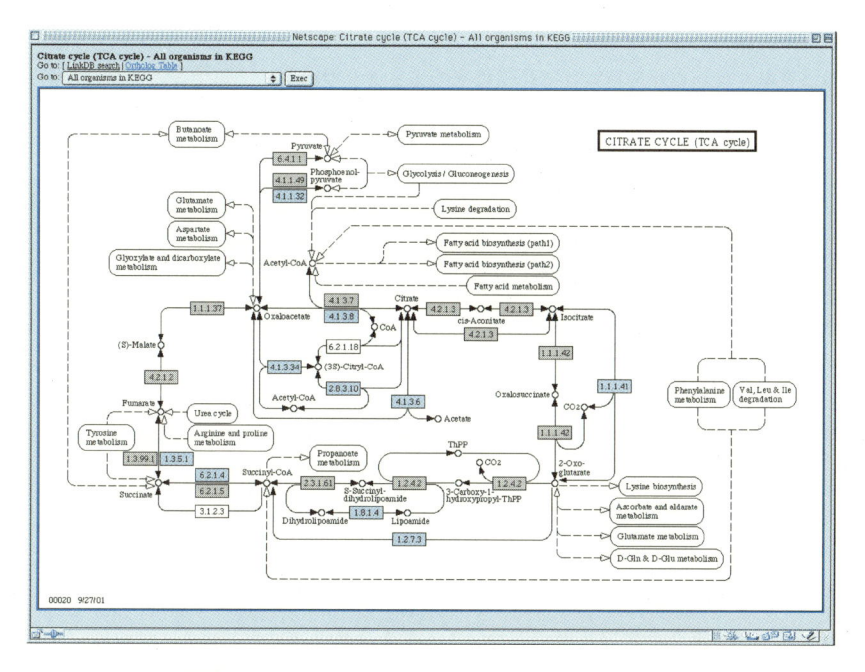

図 5・6 クエン酸回路（Citrate cycle）のオーソログによる色付け．灰色の酵素はオーソログテーブルが作成されているもの．KEGG でアノテーションしている生物種（全ゲノムが決定された生物種）のうち一つでももっている酵素は，青で色付けされている．

5・3 パスウェイデータベースを用いた生物情報の解析

　生物情報に関して代謝系のデータベースを利用するのは，まず機能予測した結果，その生物種がどのような代謝系をもっているかを明らかにする場合である．それを，ここでは**代謝系の再構築**とよぶ．KEGG ではリファレンスパスウェイに色を付けることにより再構築を行うが，代謝系が完全に再構築できなかった場合に，代替経路があるかどうかなどを調べることも重要である．また，既存の生物種のパスウェイと比較したりすることも重要である．ここでは，このような解析を行うための方法を KEGG での例を使って，いくつか簡単に紹介する．

5・3・1 パスウェイのグラフ表現

パスウェイを計算機で解析するためには，その情報を計算機上に乗せる必要がある．ここでは，ネットワークの一つの表現方法であるグラフを考える．グラフはノードの集合とノード間を結ぶ辺の集合からなる（図5・7）．したがって，二項関係で表現された相互作用や反応情報はそのままグラフの形で表現できることになる．

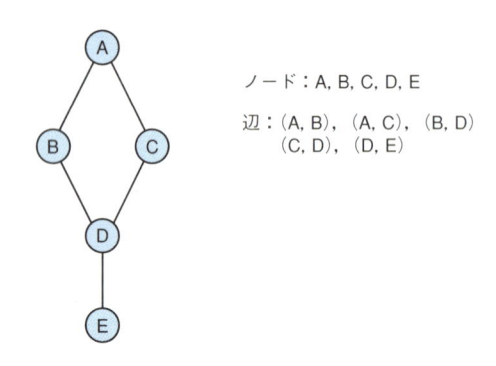

ノード：A, B, C, D, E

辺：(A, B)，(A, C)，(B, D)
　　(C, D)，(D, E)

図 5・7　**グラフの例**．五つのノードと五つの辺からなるグラフ．辺は二項関係として表現されるので，ノードをタンパク質とするとタンパク質間相互作用の情報はグラフで表せる．

パスウェイをグラフで表現すると，さまざまなグラフアルゴリズムが適用できるようになる．たとえば，代謝系である化合物から別の化合物ができるかどうかを確かめるには，化合物をノードとするグラフの経路探索問題となる．また，複数のパスウェイを比較する際には，グラフ比較のアルゴリズムを応用できる．もっとも，グラフが同じ形をしているかどうかを調べる問題は，計算時間の非常にかかる問題として知られている．したがって，実際の問題を解く際には何らかの工夫が必要となる．これらについては，5・3・4節でもう少し詳しく述べる．

5・3・2　パスウェイの再構築

ゲノムが決定された生物種がどのような代謝系をもち，どのような代謝系をもたないかということは，その生物種がもつ機能の概要を知るうえで重要である．特に，進化的に比較的近い生物種との比較ができれば，何がその生物種に特異的であるかがわかったり，機能予測が十分に行われていない遺伝子が発見されたりする可能性がある．二つの生物種の代謝パスウェイを比較する簡単な方法は，片方の生物種を

5・3 パスウェイデータベースを用いた生物情報の解析

リファレンスにして，別の生物の情報をそれにマッピングすることである．KEGGでは酵素番号を与えることによってそのような解析ができるようにしている．

図 5・8 はラン藻の一種である *Anabaena* の初期アノテーションの一例である．各行に遺伝子の ID と機能アノテーションが記述してあり，オーソログ ID が付けられるものに対しては最後のカラムに付けてある．KEGG 内部ではこのオーソログ ID をもとにしてパスウェイの色付けを行っている．現在インターネット上に公開されているツールは酵素番号で色付けするものなので，これらのオーソログ ID を酵素番号に変換したものを使う．

図 5・9 に初期アノテーションで割り当てられた酵素番号を入力したパスウェイ検索画面を示す．検索対象のパスウェイはリファレンスパスウェイとしてもよいが，なるべく近縁の生物種を選択して，それとの比較を行ったほうが実際に必要なパスウェイが再構築されているかどうかがわかりやすい．ここでは同じラン藻の一種である *Synechocystis* を選択している．したがって，ここでの実行結果は *Synechocystis* がもつパスウェイのうち，入力した酵素番号を含むものということになる．図 5・

```
399  transposase
400  transposase
401  2-hydroxy-6-oxohepta-2,4-dienoate hydrolase
402  carbon dioxide concentrating mechanism protein ccmK
403  carbon dioxide concentrating mechanism protein ccmK
404  hypothetical protein
405  sulfate transport system permease protein ABC.S.P1
407  sulfate transport system permease protein ABC.S.P
408  sulfate-binding protein sbpA ABC.S.S
409  serine/threonine kinase with two-component sensor domain E2.7.3.-
410  hypothetical protein
411  hypothetical protein
412  unknown protein
413  hypothetical protein
415  anthranilate synthetase alpha-subunit E4.1.3.27A
417  photosystem I reaction center subunit II PSAD
418  two-component sensor histidine kinase E2.7.3.-
420  hypothetical protein
421  unknown protein
423  hypothetical protei
424  hypothetical protein
425  threonyl-tRNA synthetase E6.1.1.3
```

(遺伝子 ID，機能アノテーション，オーソログ ID)

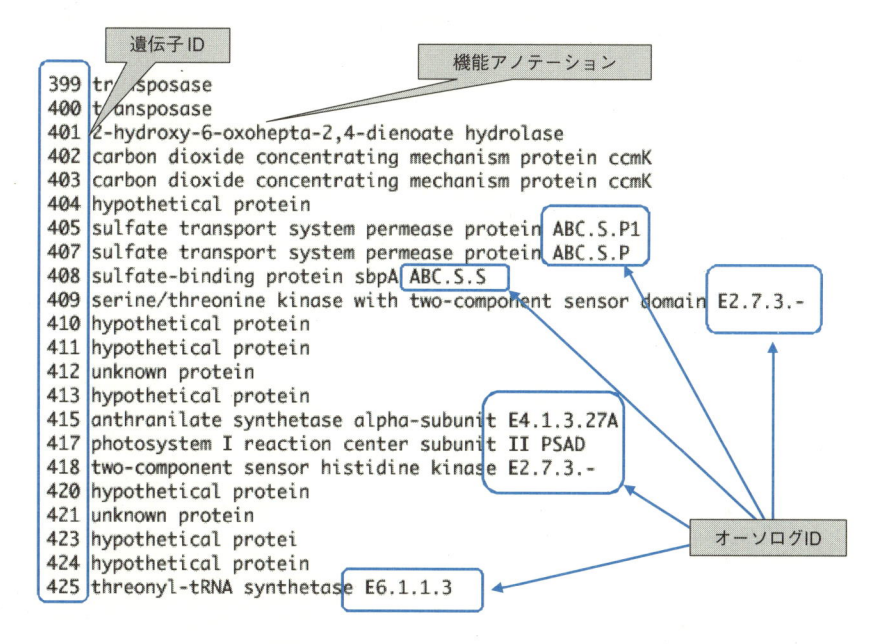

図 5・8 *Anabaena* の初期アノテーション．ホモロジー検索の結果などから，各遺伝子に機能アノテーションをし，対応するオーソログ ID を割り当てる．

5. パスウェイから見た生物情報

Search Enzymes/Compounds/Genes in the Pathway Database

Search against: [Synechocystis sp.]

Enter EC number(s) / Compound number(s) / Gene name(s) below:

```
6.4.1.2
6.5.1.2
6.5.1.4
3.6.1.48
```

割り当てた酵素番号（Anabaenaでは約500個のEC）

☐ Display EC/Compound/Gene(s) NOT found in the search

To execute the query, press this button: [Exec]

To clear the form, press this button: [Clear]

EC and Compound numbers may be found by searching LIGAND database using DBGET

Gene names and accessions may be found by searching GENES database using DBGET

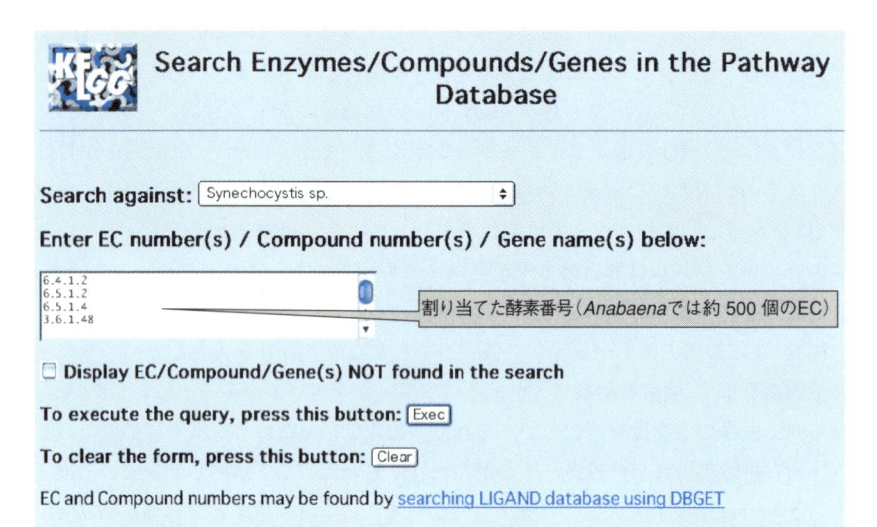

図 5・9　パスウェイ検索画面に割り当てた酵素番号を入力したところ．検索対象は進化的に近い生物種を選択すると結果の解釈がしやすい．

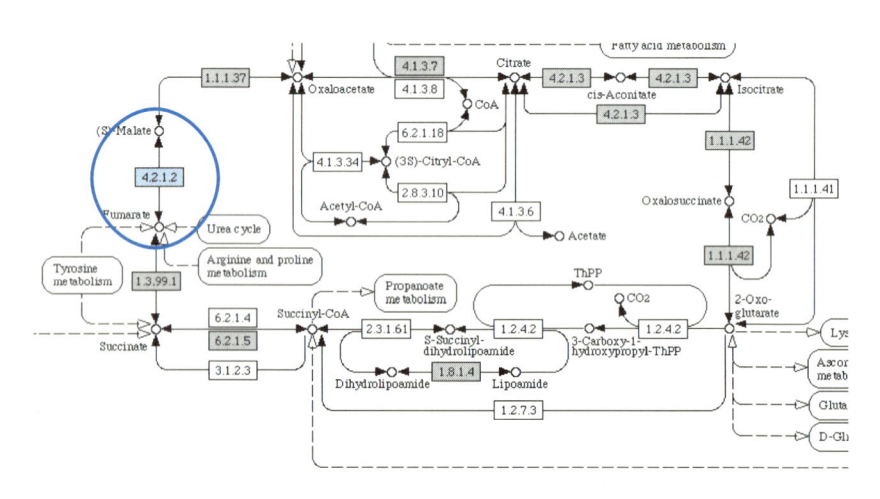

図 5・10　*Anabaena* と *Synechocystis* のクエン酸回路を比較した結果

10 はそれらの中からクエン酸回路を表示したものである．これはリファレンスとしたパスウェイ上に，図5・9の画面で入力した酵素番号の部分を表示したものである．この結果から，フマル酸ヒドラターゼ（EC 4.2.1.2）が Synechocystis にはあるのに Anabaena ではアノテーションされていないことがわかる．

アノテーションした後に，一つ一つのパスウェイをすべて眺めていくのは大変な作業である．したがって，実際の作業を行う際には，二つの生物種で比較した結果を図5・11のようなリストとしてまとめている．

5・3・3 パスウェイの経路探索

図5・10の再構築されたクエン酸回路では，Anabaena にフマル酸ヒドラターゼ

```
Comparative pathway maps (ana - syn)

Metabolism

Carbohydrate Metabolism

00010   Glycolysis / Gluconeogenesis
        Total: 43, ana: 16, syn: 18, Common: 14
        E3.6.1.7: acylphosphatase [EC:3.6.1.7]
        E4.1.2.13A: fructose-bisphosphate aldolase, class I [EC:4.1.2.13]
        E1.1.1.2: alcohol dehydrogenase(NADP+) [EC:1.1.1.2]
        E1.2.4.1: pyruvate dehydrogenase E1 component [EC:1.2.4.1]
        E5.4.2.2: phosphoglucomutase [EC:5.4.2.2]
        E4.1.2.13C: fructose-bisphosphate aldolase, class I [EC:4.1.2.13]
00020   Citrate cycle (TCA cycle)
        Total: 22, ana: 4, syn: 8, Common: 4
        E6.2.1.5: succinyl-CoA synthetase [EC:6.2.1.5]
        E1.3.99.1: succinate dehydrogenase [EC:1.3.99.1]
        E1.1.1.37: malate dehydrogenase [EC:1.1.1.37]
        E4.2.1.2: fumarate hydratase [EC:4.2.1.2]
00030   Pentose phosphate cycle
        Total: 33, ana: 14, syn: 16, Common: 12
        E2.7.1.15: ribokinase [EC:2.7.1.15]
        E2.7.1.12: gluconokinase [EC:2.7.1.12]
        E4.1.2.13: fructose-bisphosphate aldolase [EC:4.1.2.13]
        E5.3.1.6: ribose 5-phosphate isomerase [EC:5.3.1.6]
        E1.1.99.17: glucose dehydrogenase (pyrroloquinoline-quinone) [EC:1.1.99.17]
        E5.4.2.2: phosphoglucomutase [EC:5.4.2.2]
00040   Pentose and glucuronate interconversions
        Total: 55, ana: 5, syn: 6, Common: 4
        E2.7.7.9: UTP--glucose-1-phosphate uridylyltransferase [EC:2.7.7.9]
        E1.1.1.2: alcohol dehydrogenase(NADP+) [EC:1.1.1.2]
        E3.1.1.-:
```

図5・11 Anabaena と Synechocystis の比較．Anabaena にしかない酵素．Synechocystis にしかない酵素をそれぞれ色分けしてリストアップしている．両者のアノテーションが一致しているパスウェイは酵素がリストアップされないようになっている．

がないことがわかった．また，2-オキソグルタル酸（2-oxoglutarate）からスクシニル CoA（succinyl-CoA）までのパスがどちらの生物種にもないことがわかる．このあいだの酵素がない理由として以下の三つが考えられる．

 i) そもそもラン藻はこの反応がなくても生きていける．
 ii) アノテーションの仕方が不十分．
 iii) パスウェイマップには書かれていない代替経路が存在する．

実際に，*Anabaena* のフマル酸ヒドラターゼの場合は，その後再度アノテーションをチェックしたところ，遺伝子をもつことが判明した．

KEGG では iii) の可能性を調べるために，化合物ネットワークを反応データから計算するツールを用意している．ここでは，代謝パスウェイを化合物をノード，それらをつなぐ酵素反応を辺とするグラフとして表現し，そのグラフ中で経路を探索するという問題を解いていることになる．各辺には酵素番号のラベルがついており，生物種ごとのパスウェイを表現するには，対応する酵素をもたない場合には辺を削除することで対応できる．

パスウェイ計算の具体例を KEGG での実行画面で説明する．図 5・12 で対象生

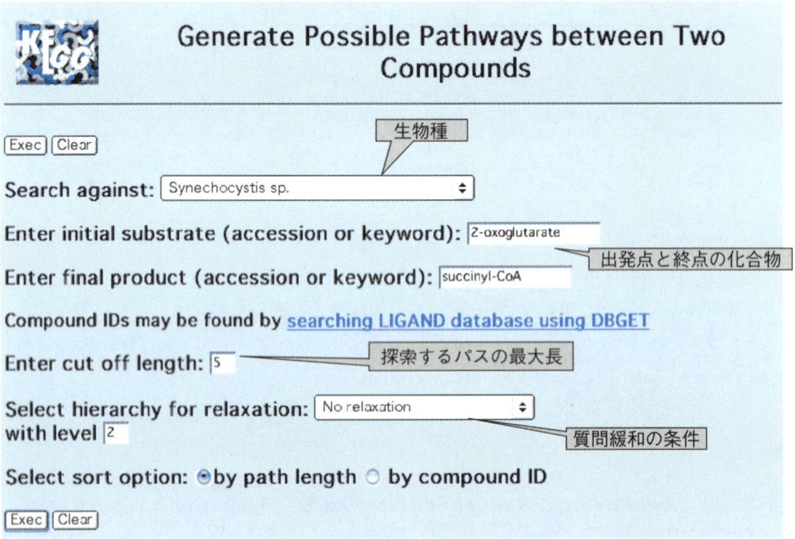

図 5・12 パスウェイ検索インタフェース

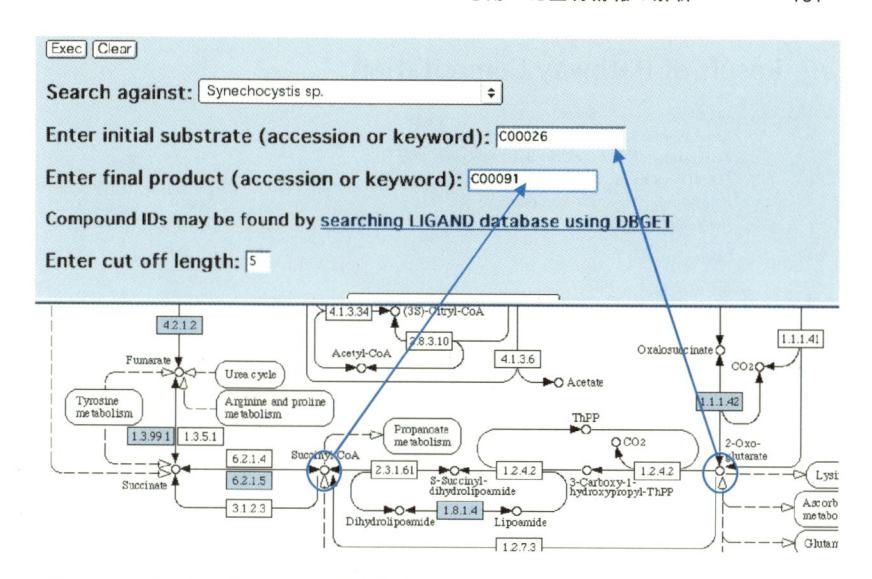

5・3 パスウェイデータベースを用いた生物情報の解析　　　131

図 5・13　**パスウェイマップから化合物を指定する**．マップ上の化合物をクリックすると，自動的に化合物 ID が入力される．

物種を選択し，出発点と終点の化合物を指定する．ここでは幅優先探索を用いて検索しており，ある長さまでのパスをすべて計算するので，探索するパスの最大長を指定する．質問緩和は探索する空間を大きくするときに使用するが，これについては後ほど説明する．出発点と終点の化合物はパスウェイマップから指定することもできるようになっている（図5・13）．

計算結果は図5・14のような可能なパスのリストで得られる．この場合は一つのパスが見つかったことを示している．化合物をパスウェイマップから指定した場合，計算結果をパスウェイ上にマッピングすることもできる．この結果を見ると 2-オキソグルタル酸からスクシニル CoA に行かずに，直接スクシニル酸へ行くパスがあることがわかる．このパスが妥当であるかどうかは各研究者による判断や最終的には実験が必要であるが，判断の一つの基準として，化合物の構造がどのように変化していくパスであるかということを見ることができる（Show compound structures のリンク）．

これまでに話してきたパスウェイ計算は，あるものを使ってパスウェイを探すというやり方だった．しかし，その酵素そのものをもっていなくても，触媒する反応

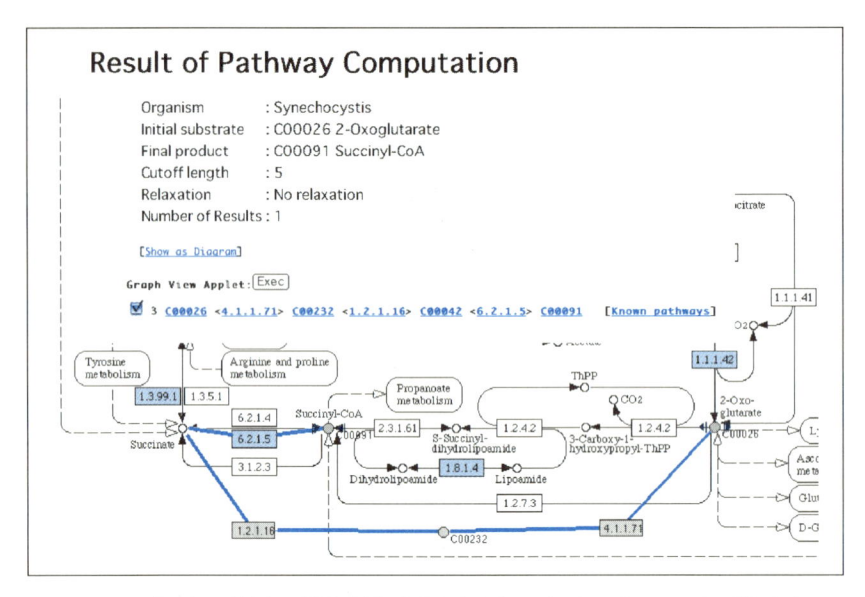

図 5・14 パスウェイ検索の結果（上）とそれを既存のパスウェイにマッピングしたもの（下）．Graph View Applet の Exec ボタンで検索インタフェースで与えたパスウェイ上にマッピングする．

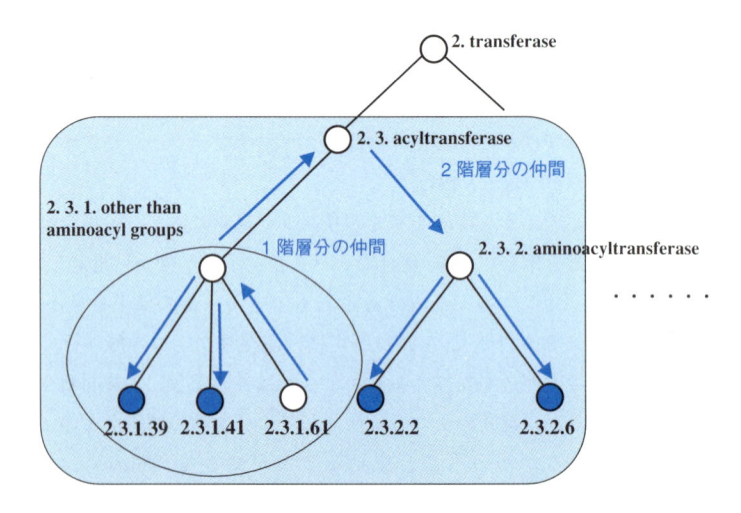

図 5・15 類似タンパク質分類の階層構造．EC（Enzyme commission）分類による反応タイプの階層構造．1階層上がって仲間を増やすと 2.3.1.39 と 2.3.1.41 が 2.3.1.61 の代わりに使え，2階層上がると 2.3.2.2 と 2.3.2.6 が使える．

5・3 パスウェイデータベースを用いた生物情報の解析   133

が似ている酵素を利用すれば，パスウェイをつなぐことが可能になるかもしれない．質問緩和はそのような場合に利用できる手法で，一時的に探索空間を広くして（この場合は，使える酵素の種類を増やして）探索を行う．

図5・15は反応タイプの分類である酵素番号の階層を利用して探索空間を広くする方法を模式的に示している．この例では，酵素番号2.3.1.61の酵素をもたない生物種の場合を示している．酵素番号の2は転移酵素を表し，2.3はそのうちアシル転移酵素を表している．そこで，この生物種がもつアシル基を転移する酵素を探すと図の階層を2階層上がって仲間で選んでくることになる．この例では，2.3.1.61の酵素はもっていないが，2.3.1.39, 2.3.1.41, 2.3.2.2, 2.3.2.6をもっているので，これらの酵素を使ってパスウェイをつなぐことができると考える．

図5・16は図5・12と同じ質問を質問緩和の条件として，Enzyme reactionを2階層まで上がるという条件を指定した場合に得られた結果である．もともと得られていた結果（上から9番目のパス）以外に多くのパスウェイが得られていることがわかる．この結果も同様に既知のパスウェイにマッピングすることができる．

Result of Pathway Computation

Organism   : Synechocystis
Initial substrate : C00026 2-Oxoglutarate
Final product   : C00091 Succinyl-CoA
Cutoff length   : 5
Relaxation   : Enzyme reactions (level 2)
Number of Results : 118

[Show as Diagram]

Graph View Applet: [Exec]

☑ 1 C00026 <#1.2.1.52#> C00091 [Known pathways] [Show compound structures]
☑ 2 C00026 <#2.6.1.17#> C04462 <#2.3.1.117#> C00091 [Known pathways] [Show compound structu
☑ 2 C00026 <#1.4.7.1> C00139 <#1.2.7.3#> C00091 [Known pathways] [Show compound structures]
☑ 2 C00026 <#1.2.4.2#> C01169 <#2.3.1.61#> C00091 [Known pathways] [Show compound structur
☑ 2 C00026 <#1.14.11.1#> C00042 <6.2.1.5> C00091 [Known pathways] [Show compound structure
  3 C00026 <#1.14.11.15#> C00859 <#1.14.11.13#> C00042 <6.2.1.5> C00091 [Known pathways] [
  3 C00026 <1.1.1.42> C00311 <#4.1.3.1#> C00042 <6.2.1.5> C00091 [Known pathways]   [Show co
  3 C00026 <1.14.11.1#> C03325 <#1.14.11.14#> C00042 <6.2.1.5> C00091 [Known pathways] [
  3 C00026 <4.1.1.71> C00232 <1.2.1.16> C00042 <6.2.1.5> C00091 [Known pathways] [Show com
  3 C00026 <#1.2.7.3#> C00138 <1.4.7.1> C00091 [Known pathways] [
  3 C00026 <#1.14.11.1#> C00042 <#4.2.99.9#> C01118 <#2.3.1.46#> C00091 [Known pathways] [
  4 C00026 <#1.14.11.15#> C00859 <#1.14.11.13#> C00042 <#4.2.99.9#> C01118 <#2.3.1.46#> C00091

図5・16 **質問緩和を用いた経路計算結果**．#で囲まれた酵素番号がSynechocystisにない酵素であり，これをクリックすると，Synechocystisがもつ酵素のうちこの酵素と類似したものがリストアップされる．

5・3・4 パスウェイの比較

ある生物種のパスウェイの再構築ができると、パスウェイ同士を比較してさまざまな解析に用いることができる。たとえば、複数の生物種のパスウェイを比較して、よく保存されている部分を抽出したり、生物種に特異的な部分を探し出すことが考えられる。また、配列や構造の類似性をもとに自分自身のパスウェイの中で保存されている部分を見つけだし、進化的な関連を探る研究もされている（たとえば、参考文献5）。ここでは、**系統プロファイル**（phylogenetic profile）[6] という方法を用いて、複数の生物種間で共通に保存されている遺伝子のグループを用いて、それをパスウェイへマッピングすることにより、種間で保存されているパスウェイの抽出するための一手法を紹介する。

系統プロファイル（図5・17）ではオーソログ遺伝子がどの生物種で保存されているかという情報を、各生物種がその遺伝子をもつかもたないかというビット列（図では○と×で表している）でもち、そのビット列を比較して、似たビット列をもつ遺伝子は進化的、機能的に関連があると考える。同じビット列をもつ遺伝子の中に、機能既知のものと機能未知のものが含まれていれば、機能未知の遺伝子の機能予測の手がかりとなると考えられている。

系統プロファイルを作成するために適したツールが基礎生物学研究所のMBGD

	大腸菌	酵母	枯草菌	ラン藻
遺伝子1		○	×	○
遺伝子2		○	○	×
遺伝子3		○	○	×
遺伝子4		×	×	○
遺伝子5		×	×	○
遺伝子6		○	×	×

図5・17 **系統プロファイル**。同じパターンをもつ遺伝子には進化的、機能的な関連がある。図では大腸菌の六つの遺伝子に注目して、そのオーソログ遺伝子が他の三つの生物種（酵母、枯草菌、ラン藻）にあるかどうかを○、×で示している。○、×のパターンが同じような遺伝子は同じような進化の過程を経てきたという経験則から、同じパターンをもつ遺伝子（図では遺伝子2と遺伝子3、および遺伝子4と遺伝子5）は進化的、機能的に関連があると予測する。

5・3 パスウェイデータベースを用いた生物情報の解析

(Microbial Genome Database) で公開されている (2章参照). MBGDのホームページから Create/view Orthologous gene table をクリックすると，MBGDで定義したオーソログ関係をもとに系統プロファイルを作成することができる．オーソログ定義の詳細は，ここでは省略するが，オーソログテーブル作成画面で，解析の対象とする生物種を選択し，テーブル作成のボタンをクリックすると図5・18のような結果が得られる．右端の数字の横にあるバーは機能分類を色で示してあり，ラン藻に特異的な遺伝子群はエネルギー代謝にかかわるもの，全生物種で保存されている遺伝子群は翻訳にかかわるものが多いことがわかる．

MBGDでは，このバーをクリックすると遺伝子のリストが表示され，そこからリストをテキスト形式でダウンロードできるようになっているので，5・2節で紹介したパスウェイ検索ツールを用いると，ラン藻に特異的な遺伝子群がどのようなパスウェイで働いているかを調べることができる．これらの遺伝子群で検索すると光合成にかかわる遺伝子が多いことがわかる（図5・19）．この解析例では系統プ

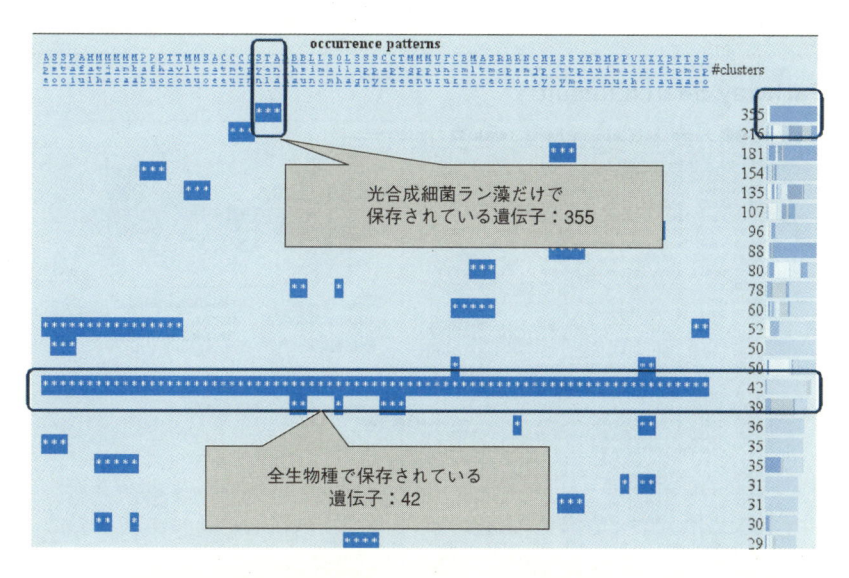

図 5・18　MBGDで生成された系統プロファイル．原稿執筆時点でゲノムが決定されていた42の微生物を選択し作成した結果．最上段に，光合成細菌である *Synechocystis* sp. (syn), *T. elongatus* (tel), *Anabaena* (ana), の3種のラン藻だけで保存されている遺伝子が表示されており，全部で355個の遺伝子があることが示されている．また，全生物種で保存されている遺伝子は42個あることがわかる．

ロファイルを作成して，その結果を使ってパスウェイの検索を行ったが，生物種間のパスウェイを比較して，ある生物種群に特異的なパスウェイを抽出したことに相当する．

パスウェイを遺伝子やタンパク質をノードとして，その間の関連（代謝系であれば，連続して働く酵素）を辺とするグラフと考えると，パスウェイ以外の関連情報と比較することもできる．たとえば，ゲノムは遺伝子が染色体上に1次元に並んだ特殊なグラフと考えることができる．バクテリアではゲノム上で並んで遺伝子が同時に転写されて働くオペロン構造がよく知られており，パスウェイとゲノムを比較することにより，オペロンに代表される機能単位を抽出することが可能になる．図5・20に概念的な例を示す．ここでは，ゲノム上で並んでいる遺伝子が代謝パスウェイ上でも連続して働いていることを示している．ここで重要なのはグラフの比較なので，ギャップ以外に要素の入れ替えや，2次元のパスウェイとの比較ができる必要があるということである．KEGGではこのようにして抽出されたクラスタを FRECs (Functionally Related Enzyme Clusters) とよび[7]，これをもとにオーソ

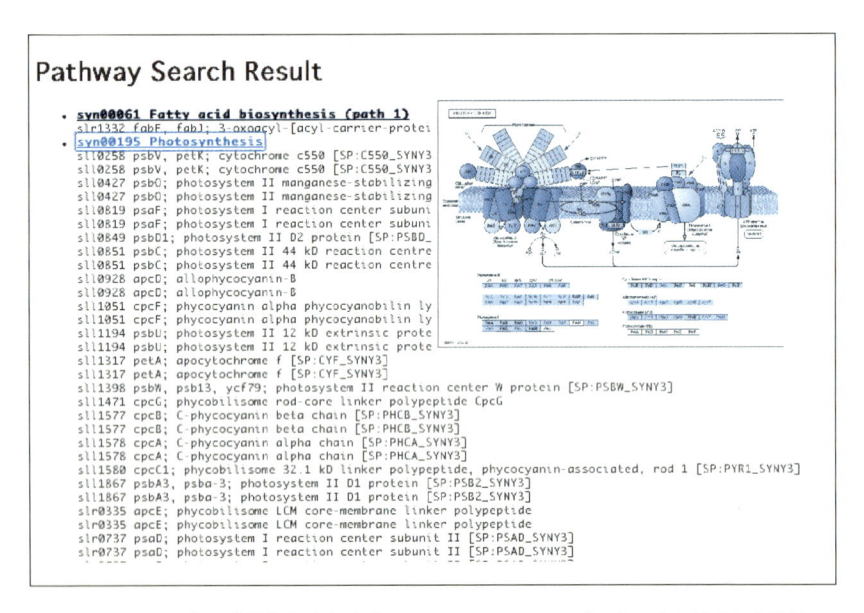

図 5・19 ラン藻に特異的な遺伝子群で *Synechocystis* のパスウェイを検索した結果．エネルギー代謝に分類された遺伝子群の多くが光合成にかかわる遺伝子だったことがわかる．

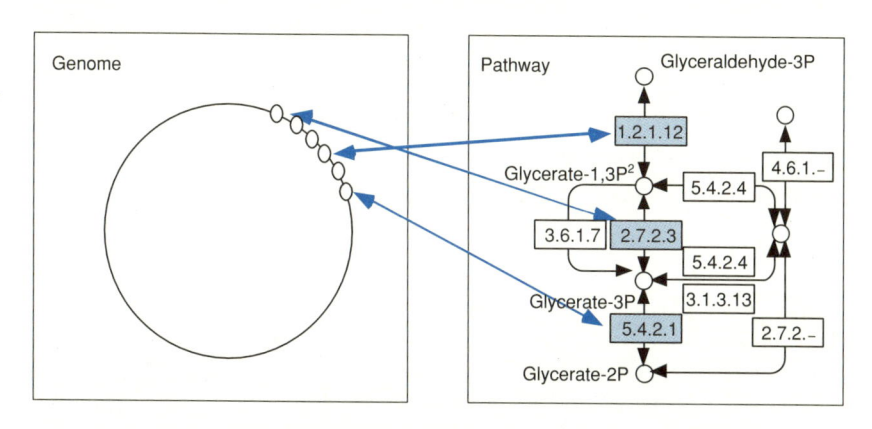

図 5・20 **ゲノムとパスウェイの比較**. ゲノム上で近くにある遺伝子が代謝パスウェイ上で連続して働いている例. 配列のアライメントと異なり，ギャップ以外にも要素の入れ替えも許して探す必要がある.

ログテーブルを作成している（図5・21）.

マイクロアレイなどによる網羅的発現パターンの解析結果をパスウェイ上にマッピングすることも機能解析には重要である．KEGG では日本で実験されている微生物のマイクロアレイデータを http://www.genome.ad.jp/kegg/expression/ で公開している．ここから実験を選択して表示したマイクロアレイデータから発現量の変化している遺伝子が含まれるパスウェイを探しに行ってくれる．

5・4 パスウェイの今後

本稿では，パスウェイ解析として量的な情報を用いないものを述べてきた．これは，現在の KEGG がパスウェイを静的なものとして見ているからである．しかしながら，発現情報などを組合わせることにより，ある程度量的な情報や時間経過の情報を取込むことはできると考えられる．ここからシミュレーションなどへ発展させるためには，微分方程式を解くためのパラメータなどをパスウェイデータベースに取込む必要がある．パスウェイのシミュレーションを目指した研究は日本でも活発に行われており，代表的なものに E cell[8]，Genomic Object Net[9]，BEST-KIT[10] などがあげられる．また，パラメータを決定するために，細胞内の全代謝産物の濃度を測定しようという研究（メタボローム）も立ち上がってきている．

また，現在のパスウェイデータベースはほとんどが反応データをデータベース化

したものを検索しているだけで,まったく新しい反応の予測はできないものが多い.今後,環境汚染物質などの毒性化合物を分解するための経路や,創薬に向けた新規化合物の生合成経路を予測し,ゲノムデータと結び付けるには,ある基質化合物を別の化合物に変換するための新しい反応を提示し,それがある酵素によって触媒されうるかどうかなどの検証を計算機上で行える必要がある.そのためには,パス

P:Pathwayへのリンク
G:Genomeへのリンク
T:機能情報の取得

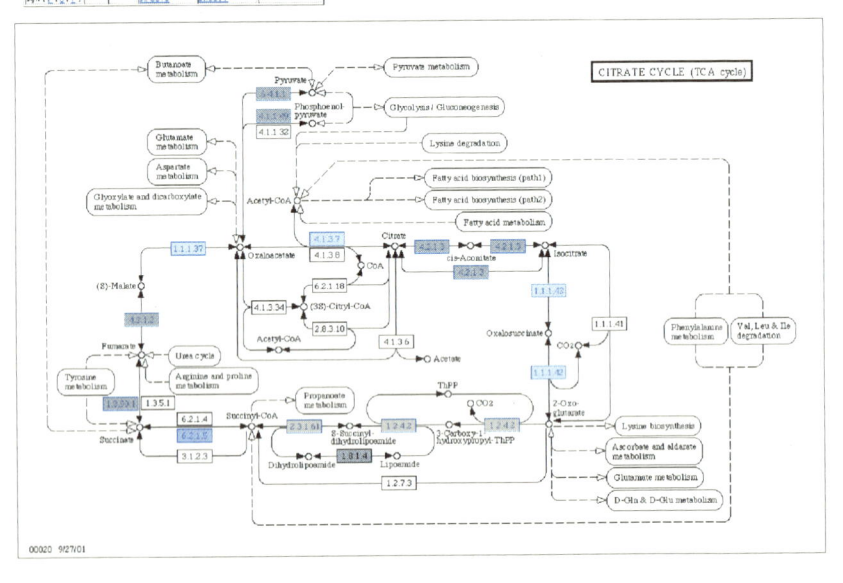

図 5・21　クエン酸回路のオーソログテーブル（上）とパスウェイ（下）.上図は *E. Coli*, *B. Sutilis*, *Synechocystis* だけを抜き出して表示.同じ色が付いているカラムはゲノム上で並んでいる遺伝子群.

ウェイデータベースと並行して，化合物や反応データベースの構築を行い，そのなかで化合物の類似性検索や反応の類似性検索を行えるようにする必要がある．そのような目的のために，現在 KEGG では LIGAND という化合物データベースを構築し公開している[11]．新しく予測された反応パスウェイが妥当なものかどうかを判断する基準も，現在のところほとんどないといってよい．そのような基準に使えると思われる方法の一つにトレーサー実験を計算機上で実現するものも提案されている[12]．

　パスウェイの表現方法という点でも，まだ不十分なものは多い．本稿では，一つのノードが一つの酵素やタンパク質を表すとして話を進めたが，実際の生体内ではそんなに単純ではなく，複数の遺伝子産物が複合体を形成して一つの機能を表したり，同じような機能をもつパラログが組織特異的に働いたり，環境特異的に働いたりする．また，まだよくわかっていない部分をブラックボックス的に扱いたい場合もある．そのような複雑な要素をもつパスウェイを表現しようとする試みもある[13]．

参 考 文 献

1) "Biochemical Pathways", ed. by M. Michal, Spektrum (1999).
2) 日本生化学会 編, "細胞機能と代謝マップ I. 細胞の代謝・物質の動態", 東京化学同人 (1997).
3) *Nucleic Acids Research*, **30**(1), (Database lssue) (2002).
4) U. Wittig, A. D. Beuckelaer, *Briefings in Bioinformatics*, **21**, 126 (2001).
5) S. A. Teichmann *et al.*, *J. Mol. Biol.*, **311**, 693 (2001).
6) M. Pellegrini *et al.*, *Proc. Natl. Acad. Sci. USA*, **96**, 4285 (1999).
7) H. Ogata *et al.*, *Nucleic Acids Research*, **28**, 4021 (2000).
8) http://www.e-cell.org/
9) http://www.GenomicObject.net/
10) http://helios.bs.kyushu-u.ac.jp/~bestkit/
11) S. Goto, *et al.*, *Nucleic Acids Research*, **30**, 402 (2002).
12) http://www.metabolome.jp/
13) K. Fukuda, T. Takagi, *Bioinformatics*, **17**, 829 (2001).

6

タンパク質の分類から見た生物情報

6・1 ゲノム時代のタンパク質分類

　全ゲノム解析が開始された 1995 年以来，すでに数十種類の生物ゲノムの解析が完了している．それらの全ゲノムの情報があってはじめてわかったことも少なくないし，全ゲノムの情報から生まれた疑問も多い．たとえば，すでに解析されている多くの微生物ゲノムを比較してみると，お互い性質が比較的近いのではないかと思われていた微生物の間にも共通の遺伝子が意外と少なく，微生物には個性が大きいことがわかってきた．ある微生物だけで見いだされる遺伝子の割合が大きいのである．そして，個性的な遺伝子の多くはその意味がまだわかっていない．また，2000 年にショウジョウバエの全ゲノム解析が報告されたとき，細胞数が 1000 足らずという非常に小さな虫（線虫）のゲノムより遺伝子数が少ないということがわかった．ショウジョウバエは，線虫と比べると，はるかに身体が大きく，細胞数も多い．また，ショウジョウバエは，頭，胴，腹などの体節をもち，足，羽，目，触覚といった運動器官や感覚器官など，非常に複雑な構造を備えている．これに対して，線虫は小さく器官の発達もはるかに原始的に見える．それにもかかわらず，ゲノム解析の結果はショウジョウバエの約 14 000 遺伝子に対して，線虫の 19 000 遺伝子であった．複雑なショウジョウバエの身体を，より単純な線虫よりも少ない遺伝子で，どうしたら作れるのだろうかという大きな疑問が生じてくる．そして，こうした多細胞生物の研究の延長線上にヒトゲノム解析がある．2001 年に入って報告されたヒトゲノム概要版は，その中に 3 万〜4 万の遺伝子が含まれると予測しており，その半分は生物的意味がわかっていない．

6・1 ゲノム時代のタンパク質分類

こうした全ゲノムの情報から提起される問題や疑問を解決していくのには、どうしても高度なアミノ酸配列の情報解析が不可欠である。個々の遺伝子がどのような役割をしているかということがわからない限り、生物全体の構造や挙動を理解することはできないからである。生物ゲノムが解析されるたびに、その生物ゲノムがもつ数百ないし数万個の遺伝子に対応するアミノ酸配列がどのような意味をもっているかを明らかにすることが試みられる。これがなければ、ゲノム解析自体がほとんど無意味な情報に終わってしまうほど、大事な研究プロセスである。そのなかでも、生体機能を担うタンパク質の構造予測はうまくいけば、有力なアミノ酸配列の解析法となるはずである。実際、アミノ酸配列とタンパク質の構造・機能の関係を情報処理により明らかにしようという研究は、すでに長年にわたって行われてきた。その試みは必ずしも成功しておらず、最近のゲノム解析からの緊急かつ強い要求に答えることができているとはいえない。このゲノム研究とタンパク質科学の研究の間にある大きなギャップを埋めるためには、高精度で高速のタンパク質分類の方法がどうしても必要だと筆者は考えている。

ゲノム時代に入って生産されつつある大量のアミノ酸配列に対する解析法にどのような要求が突きつけられているかについて考えてみると、それはつぎの三つにまとめられるだろう。

i) すべてのタンパク質について均質の情報が得られることが望ましい.

ゲノムを構成する遺伝子はすべて1個の生物体の身体を作り、その生物体の構造と挙動を決めている。したがって、各遺伝子の産物であるタンパク質のすべてについて同じように質の高い情報が必要となる。生物ゲノムという一種の縛りがなければ、わかるものについては解析するがわからないものは後回しということでもよいはずである。しかし、一段階上の生物の理解をゲノム情報から得るためには、ゲノム中のすべてのタンパク質についての情報が必要なのである。

ii) 生物全体の理解に結びつけるために、タンパク質の構造の情報だけではなく、機能の情報も得られることが望ましい.

タンパク質のもつ機能は分子の立体構造が動くことによって発現する。したがって、論理的には、まったく情報が得られていないタンパク質に対してはまず構造を得ることに集中し、しかるのちに機能の情報につなげるということになる。しかし、構造のなかでも機能に直接つながらない特徴とある程度機能の推定に役立つ構造の特徴とがある。たとえば、二次構造というのはそれだけでは機能と直結しないが、シグナルペプチドという構造的特徴はタンパク質の分泌と関係しており、機能に関

係している．

iii）**得られた情報はできるだけ高精度でなければならない．**

これは努力目標であるが，情報処理による高精度のタンパク質分類は，ゲノム規模の実験を行う前段階としても非常に重要である．たとえば，膜タンパク質と水溶性タンパク質の分類に基づいて膜タンパク質について実験を行うことを考えたとしよう．もし 99 % の精度の予測法があれば，実験者は予測を信頼して，膜タンパク質の候補を調べることになるだろう．しかし，もし精度が 70 % ならば，本当に得られた候補のタンパク質だけに絞って実験をしてよいか迷うに違いない．

これら三つの要求のすべてを満たすことは非常に難しいが，ゲノム解析から得られる大量のアミノ酸配列の情報処理にはこれだけの厳しい要求があるということは認識しておかねばならない．

6・2 アミノ酸配列情報処理法の比較

それではつぎに，現在行われているアミノ酸配列の解析が，上記のゲノム規模の情報解析に対する要求をどのくらい満たしているかを考えてみよう．今までに行われてきたアミノ酸配列の情報処理法にはさまざまなものがあるが，概念的には三つのやり方に分類することができる．

a. ホモロジーによる解析法　アミノ酸配列を直接文字の配列として比較し，類似性の高いアミノ酸配列はタンパク質の立体構造や機能が似ているという事実を利用するものである．この場合，構造や機能がわかっているタンパク質（とそのアミノ酸配列）のデータセットが本質的に必要とされており，そのデータベースが大きければ大きいほど，精度の高い予測が可能となる．

図 6・1 に示したとおり，**ホモロジー**（homology）による解析では，まず既知タンパク質の配列データベースに問い合わせを行い，類似配列を探す．そういう配列が見つかると，それにリンクがはられているそのタンパク質の性質（機能・構造など）を答えとして出すことになる．ただ，アミノ酸配列のホモロジーを直接利用する方法では，類似度が低いアミノ酸配列にはほとんど何の情報も得ることができないという大きな欠点がある．実際，アナログタンパク質とよばれる立体構造は似ているが，アミノ酸配列がまったく異なるタンパク質も多く見つかっている．配列と立体構造の関係について，より原理的なアプローチが求められる．

b. 統計的パラメータによる解析法　アミノ酸あるいは短い断片の配列には，それぞれ特定の構造をとる傾向がある．古くは，各アミノ酸に α ヘリックスや β

6・2 アミノ酸配列情報処理法の比較

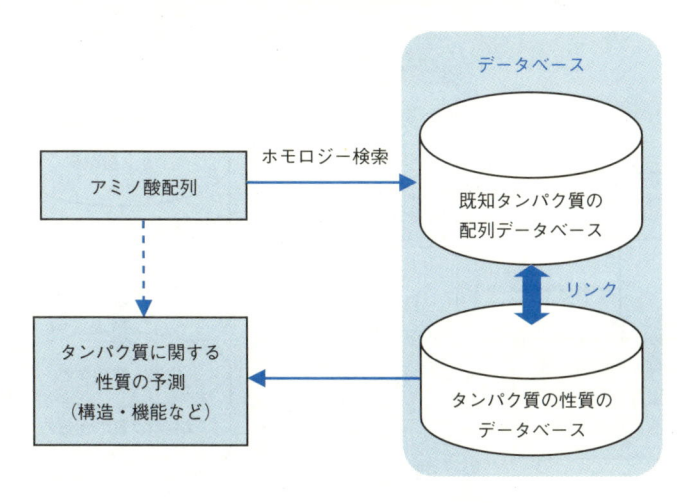

図 6・1　ホモロジーに基づく配列の解析

シートになりやすさの傾向の**統計的パラメータ**（statistical parameter）を割り当てて，各配列断片がもつもっとも高い傾向の数値で二次構造予測をする Chou-Fasman の方法などが考案された．その後，その改良版を含め多くの統計的パラメータに基づく方法が報告された．ニューラルネットや隠れマルコフモデル（HMM）など情報科学的に高度な方法も適用されるようになったが，基本的にはこの範ちゅうに入る．それらの新しいアプローチでは，統計的パラメータがあらわに用いられるわけではないが，背景に統計的パラメータがあると考えてよい．

　この方法では，データベースは統計的パラメータを抽出するための学習セットを作ることに用いられる．そして，判別されるデータと判別ではじかれるべきデータの学習セットを与えて統計的判別ルールを抽出すれば，任意のアミノ酸に対して答えを出すことができる（図6・2）．つまり，この方法の長所は，ホモロジーを用いた方法と異なり，すべてのアミノ酸配列に対して予測結果が与えられることである．また，二次構造だけではなく，すでにわかっている立体構造に当てはめるスレッディング（3D-1D 法）も開発されている．しかし，このアプローチには二つの問題点がある．一つは，学習によって統計的パラメータを決めるので，学習セットには成績は良いが，大きく外れるデータのセットには成績が悪くなるという点である．また，立体構造を当てはめによって予測する場合に起こることであるが，実際には大きく構造変化して機能するようなタンパク質（たとえばカルモジュリンなど）に

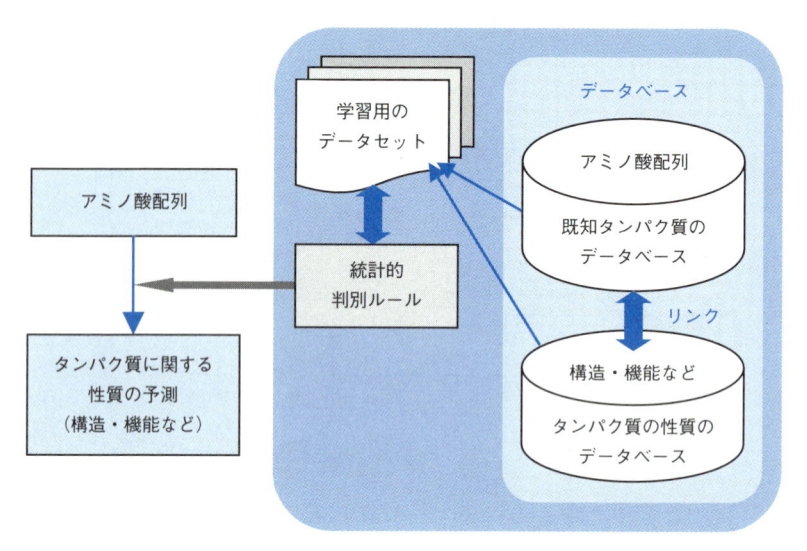

図 6・2 統計的方法による配列の解析

も，唯一の構造に当てはめることになり，そのままでは構造変化を議論することができない．

c. 物理化学的なパラメータによる解析　タンパク質は単なる文字の配列ではなく，アミノ酸という物質がつながってできた高分子である．したがって，タンパク質という高分子の物理化学的な性質から挙動（構造形成や構造変化）を理解できるはずである．そういう観点から，**疎水性インデックス**（hydrophobic index）などのアミノ酸の性質を数値化したパラメータが開発されている．疎水性のセグメントは膜と相互作用しやすいので，疎水性インデックスは膜タンパク質の予測には非常に有用である．それ以外には，アミノ酸の電荷，分子量なども物理的にわかりやすいパラメータである．また，最近筆者らが報告した極性残基の**両親媒性インデックス**（amphiphilic index）もかなり一般的な意味のある物理化学的パラメータとなっている．物理化学的パラメータを用いるアプローチは実際に起こっている物理現象のメカニズムを考慮して予測するものなので，メカニズムを正しくつかむことができれば，ホモロジーにかかわらず良い精度で予測できるはずである．また，構造変化についても論理的に議論することができる．問題は正しく物理的なメカニズムをつかむことができるかどうかという点である．図 6・3 はそのイメージである．ルールを抽出するのに物理化学的な知識を用いるのはもちろんだが，良い予測

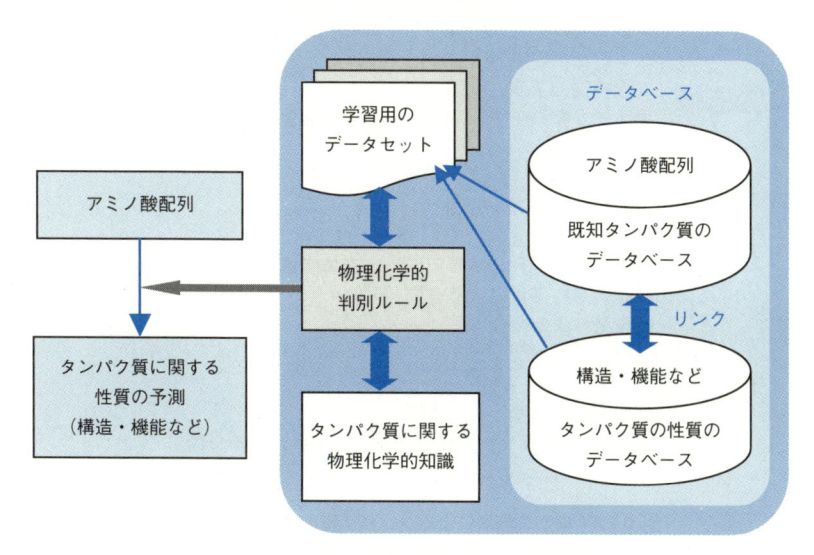

図 6・3　物理化学的方法による配列の解析

ができるようになったときには，そのルールはタンパク質の立体構造形成に関する物理化学的な知識として定着する可能性もある．

　ゲノム情報から大量のアミノ酸配列を解析するときに，最大の問題はホモロジーのないアミノ酸配列に対して構造や機能の情報を与えることである．この問題に対して，上記三つのアプローチがどのくらい有効かを比較してみると，まずホモロジーに基づく方法は原理的にホモロジーのないアミノ酸配列を扱うことはできない．また，統計的なパラメータによる方法は，基本的に学習に基づいており，まったく新規なものに対する予測は精度が保証されない．最後に，物理化学的なパラメータに基づいて構造を予測する方法では，直接的に学習をするのではなく，構造がわかっているタンパク質のデータからその構造形成のメカニズムをまず推定し，それによって予測のアルゴリズムを作る．この場合は，基本的にホモロジーにかかわらず同様の精度の予測が可能となるはずである．

　筆者自身は物理化学的なパラメータによるタンパク質分類の紹介をしたいと考えているのだが，その話に入るまえにタンパク質の分類に関するもう一つの切り口についても見ておこう．タンパク質自体はいろいろな側面をもっており，どんな側面で分類するかによって多くの小さな問題に切り分けることができる．図6・4はそ

> 1. タンパク質の内部の構造・性質による分類
>   二次構造の予測・分類
>   局所的な配列モチーフによる機能予測分類
>
> 2. タンパク質まるごとの構造・性質による分類
>   三次構造の予測・分類
>   形態の予測・分類
>   機能分類（配列のホモロジー，立体構造のホモロジー）
>   細胞内存在部位による分類
>   発現量による分類
>
> 3. タンパク質の分子間結合による分類
>   基質予測・分類
>   タンパク質-タンパク質相互作用の相手による分類

図 6・4　構造の階層によるタンパク質のいろいろな分類

れを示したものである．

　タンパク質の構造は，階層的にできている（一次構造，二次構造，三次構造……）．したがって，構造全体に基づいて分類する以外に，各階層における構造の特徴でタンパク質を分類することができる．たとえば，先に述べた Chou-Fasman の方法は二次構造の予測法として非常に初期のものである．このようにタンパク質の分類法を階層に基づいて整理してみると，つぎの三つになりそうである．

i) タンパク質の内部の構造・性質による分類

　古くて新しい問題として，二次構造予測があり，短い配列モチーフによる機能分類もこれに属していると考えてよいだろう．また，最近はモジュールという構造単位が考えられ，それに基づく 3D キーノートという共通構造単位のデータベースが構築されつつある．

ii) タンパク質まるごとの構造・性質による分類

　タンパク質が全体としてどんな構造・性質をもっているかということに注目するわけだが，その代表的な問題が三次構造予測である．手法的には，配列のホモロジーが得られる場合は，ホモロジーモデリングが行われるし，ホモロジーの根拠が薄弱な場合はスレッディング（3D-1D 法）などが用いられるだろう．厳密な計算による物理化学的な三次構造予測は，現状では不可能であるが，物理化学的なパラメータを用いたタンパク質の形態分類は可能だろうと筆者は考えている．タンパク質全体

のホモロジーからは，進化的な関係の分類ができると同時に，タンパク質全体の機能分類が可能である．タンパク質まるごとの分類で，ゲノム規模の問題としては，細胞内の存在部位の分類や，細胞内のタンパク質発現量による分類などが考えられるが，アミノ酸配列の情報処理で，これを行うのはかなり難しい問題となっている．

iii) タンパク質の分子間結合による分類

全ゲノムの DNA 塩基配列が解読されたときに，最大の問題として浮上してきたのが，タンパク質-タンパク質相互作用による分類である．これは実験的にも始まったばかりで，情報処理による分類はまだ方針も立っていない現状である．しかし，いずれはタンパク質の物理化学的な構造予測と同じように，どうしても解かれねばならない問題の一つである．また，相手がタンパク質ではなく，低分子の基質との相互作用も非常に重要な問題である．

6・3 タンパク質の立体構造を作る相互作用

物理化学的なメカニズムに基づくタンパク質分類は最近あまり行われていない．ホモロジーに基づくモデリングやニューラルネット，隠れマルコフモデルなどの情報科学的な判別や予測が主流である．その理由は，物理化学的なパラメータを用いる方法の判別精度があまり上がらず，そうした簡単なメカニズムはないのではないかという考えが定着しているからである．物理化学的な方法はそれなりの歴史があり，それにもかかわらず成功していないということは，ありきたりの切り口ではうまくいかないことを示しているとも考えられる．何らかの意味で，今までとは異なる切り口で研究を進めなければならないだろう．そういう方向での筆者らの試みを紹介するまえに，各相互作用の一般的な性質について簡単に考察しておこう．

相互作用は働く効果の範囲によって，長距離相互作用と短距離相互作用に分けることができる．相互作用のなかでももっとも長距離で物理的にも基本的なものは，電荷同士のクーロン力である．実際，タンパク質の中にも電荷がたくさんあり，長距離相互作用は無視できない．ただし，水溶液系にたくさんのイオンが溶けていると，クーロン力は遮蔽され，かなり短距離の相互作用となる．一方，短距離相互作用としては，分子が重なり合って存在することができないという排除体積の効果がある．この効果は分子（原子）が少し離れると働かなくなる．水素結合はもともとクーロン力による結合だが，水素原子をはさむことによって結合しているのでかなり短距離の項をもっている．また，ファン デル ワールス力も距離の六乗分の一とかなり短距離である．ここでの長距離，短距離という言葉は，三次元的なタンパ

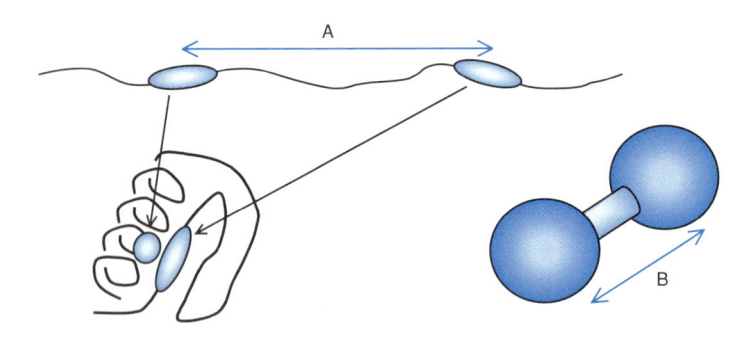

図 6・5 タンパク質立体構造への長距離効果. A: アミノ酸配列上の長距離効果, B: 立体構造上の長距離効果.

ク質立体構造上の距離を示しているが，この意味で長距離な相互作用をすべて取込もうとすると，計算量が非常に大きくなり，アミノ酸配列が長くなると計算機で扱えない問題となってしまう．もう一つ，長距離という言葉にはアミノ酸配列の鎖に沿って距離が近い，遠いという意味もある（図 6・5）．二つのセグメントが鎖の上で近い場合は，セグメントの間にある鎖の構造に限りがあるので，計算上も取扱いやすいが，配列上遠いセグメント同士では非常に大きな可能性があるので，計算で取扱うことも非常に難しい．いずれにしても長距離の相互作用を扱うことは難しく，計算上は避けて通ることが多い．

　具体的には，ある距離以上のペアでは計算を止めるというカットオフを行うことが多いのである．こういう意味で，長距離相互作用は厳密にはあまり構造予測のシステムの中に登場しない．しかし，この長距離の相互作用が構造形成プロセスでかなり重要な役割を果たしているのではないか，今まで物理化学的な構造予測で十分精度の良いものができなかった理由もそこにあるのではないかと筆者は考えている．

　以下個別の相互作用について，簡単に述べる．

　静電相互作用・イオン結合・水素結合　　タンパク質を構成するアミノ酸のなかで，リシン，アルギニン，ヒスチジンは1価の正電荷をもち，アスパラギン酸とグルタミン酸は1価の負電荷をもっている．これらのアミノ酸が近傍にあると，正負の電荷同士がクーロン力によって結合しやすくなることは物理的に自然である．これがイオン結合である．電荷同士のクーロン力の強さは基本的に距離の二乗に反比例する相互作用なので，遠距離にまで及ぶ．近距離ではイオンペアを形成するが，

6・3 タンパク質の立体構造を作る相互作用

クーロン力 （イオン結合など）	$f = \dfrac{qq'}{\varepsilon r^2}$
双極子相互作用 （水素結合など）	$f = \dfrac{1}{\varepsilon}\left[\dfrac{\vec{\mu}_A \vec{\mu}_B}{r^3} - \dfrac{3(\vec{\mu}_A \vec{r})(\vec{\mu}_B \vec{r})}{r^5}\right]$
誘電率　膜中 　　　　水中	$\varepsilon < 10$　極性の相互作用は水中より $\varepsilon = 80$　膜中の方が強い

図 6・6　極性の相互作用（イオン結合・水素結合など）

遠距離での相互作用については静電相互作用という言葉が使われる．水溶液系では，小さいイオンがたくさん溶解していて，それがクーロンの電場に従って分布することになる．その効果で水溶液系での静電相互作用はかなり短距離になる．しかし，それでも静電相互作用は長距離相互作用に分類すべきものである．また，正味の電荷はなくても，電気双極子があれば距離依存性は少し急だが，やはり長距離相互作用に分類してもよい力が働く．基本的には水素結合は，こういう意味の相互作用である．これらの相互作用は，溶媒に対する依存性をもっており，誘電率の大きい水中では弱いが，誘電率の小さい有機溶媒の中では強くなるという特徴的な性質をもっている（図6・6）．

疎水性相互作用　　この相互作用で起こるもっともわかりやすい現象は，水と油を混合したときの相分離である．「水と油」は混ざり合わないものの喩えとしても用いられるように，強く撹拌しても分離してしまう．これは疎水性相互作用という見かけの相互作用によるものである．水分子は大きな電気双極子をもっており，お互い水素結合ネットワークを形成する．水の1分子は四つの方向に部分電荷をもっていると考えると水の挙動をよく説明することができる（正の部分電荷を二つ，負の部分電荷を二つ）．そして，それが完全に水素結合によって結合しあった状態が氷（固体）である．水（液体）の状態では，それらの水素結合のネットワークが崩れた状態である．これに対して，油や水に溶けにくい炭化水素などの分子が水の中にあると，そのまわりの水分子の水素結合ネットワークが変わり，より秩序立った構造に変化する．そのときに，結合エネルギーはあまり変わらず，分子配置によるエントロピーが下がり，その効果で自由エネルギーが上昇してしまう．この自由エ

ネルギーは，炭化水素と水の接触面積に比例して増加するので，系全体として自由エネルギーを下げるために炭化水素同士が集合して相分離が起こるのである（図6・7）．この相互作用で形成される代表的な構造体が脂質二層膜である．

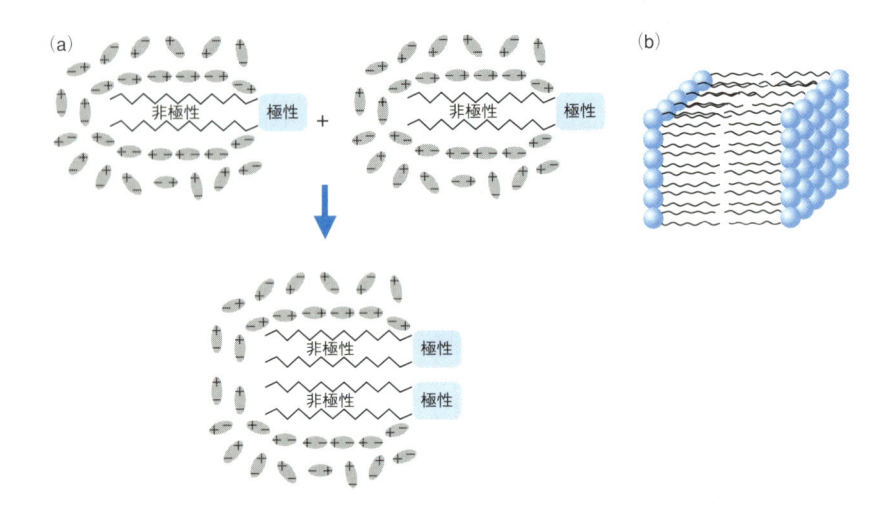

図6・7 疎水性相互作用の働くメカニズム．(a) 疎水性基のまわりにある水の秩序構造はエントロピーが低い（自由エネルギーが高い）が，分子の会合によって自由エネルギーが下がる，(b) 脂質の二層膜はこの効果によってできている．これを疎水性相互作用という．

このタイプの相互作用は分子の形状に依存しているし，距離依存性も明確ではない．しかし，炭化水素のまわりにできた水分子のかご状構造の厚さが疎水性相互作用の距離（およそ1 nm くらい）と考えられる．疎水性相互作用のもつもう一つの性質は，水のないところでは疎水性相互作用が働かないということである（図6・8）．

ここで重要なことをまとめておくと，表6・1のようになる．水の中では，クー

表6・1 相互作用の強さと環境の関係

力 媒 質	イオン結合 水素結合	疎水性相互作用	生体膜中
非極性環境	強 い	弱 い	生体膜内の，膜タンパク質に対応する
極性環境	弱 い	強 い	生体膜外の水

6・4　構造形成を特徴付けるアミノ酸インデックス

> 水中から炭化水素中への移動自由エネルギー
> $$\Delta G = \Delta\sigma \cdot A$$
>
> 界面エネルギー（表面張力）
> $$\Delta\sigma \cong 60\,\text{cal}\cdot A^{-2}\cdot\text{mol}^{-1} = 40\,\text{erg}\cdot\text{cm}^2$$
>
> A：水との接触表面積
>
> 疎水性相互作用の実体は移動自由エネルギーなので，疎水性の基が水と接触しないところでは働かない．

図 6・8　疎水性相互作用

ロン力は弱いが，疎水性相互作用は強く働く．そして，膜などの非極性の媒質の中では，クーロン力が強く，疎水性相互作用は基本的に働らかなくなる．つまり，これらの相互作用の対照的な性質がタンパク質ばかりではなく，さまざまな生体物質の構造形成に大きく役立つことは想像に難くない（表 6・1）．

6・4　構造形成を特徴付けるアミノ酸インデックス

　タンパク質の立体構造を詳細に再現するには，どうしてもすべての原子間相互作用を取込んだエネルギー計算が必要である．しかし，問題を簡単にしてタンパク質の分類という問題にすれば，相互作用をあからさまに計算する必要がなくなる可能性がある．特にゲノム規模のアミノ酸配列の解析を行うには，高速の計算が求められる．そこで，どうしてもアミノ酸の性質を表現するインデックスの数値を用いることになる．

　電　荷　エネルギー計算でも用いられる電荷はアミノ酸配列のセグメントを特徴付ける良いインデックスとなる．アミノ酸配列の中に正電荷がかたまった部分と，負電荷がかたまった部分があれば，それらが引力によって近傍に配置されるだろう．実際多くのタンパク質でそのような傾向が見いだされる．ここで，電荷間のクーロン力はもっとも長距離の相互作用であるということは指摘しておかねばならない．

　分子量　エネルギー計算の一つのエネルギー項としてファン デル ワールス力がある．その引力項は，分子や基のもつ電子の揺らぎによるもので，相互作用の強

さは含まれる電子の数にほぼ比例する．つまり，この相互作用は分子量と強い相関をもっている．一般に，小さなアミノ酸側鎖間より，大きなアミノ酸側鎖間の方が大きな引力が働いているのである．これは距離の六乗に反比例するので，いわゆるクーロン力よりはかなり短距離である．

疎水性インデックス　生体系の相互作用のなかでも非常に重要な役割を果たしていると考えられているのが，疎水性インデックスである．疎水性インデックスはいうまでもなくアミノ酸側鎖の疎水性の度合いを表現したものである．主に二つの実験に基づいて数値が決められている．一つは，アミノ酸の水から有機溶媒への移動自由エネルギーである．側鎖のないグリシンを基準としてそれからの差をとるのが普通である．この場合は，水および有機溶媒との親和性を見ているので，単に疎水性だけを数値化しているのではなく，極性基の強さをも反映している．極性基が正味の電荷をもっていると，有機溶媒の中で大きな自己静電エネルギー（電荷自体がもつ自由エネルギー）をもつためにより大きな水への親和性をもつことになる．もう一つの基準は実際のタンパク質立体構造の中で，各アミノ酸側鎖がどのくらいタンパク質表面に出ているかという数値も使われる．疎水性相互作用が強く働く炭化水素は水との接触面積を減らすようにタンパク質内部に埋もれる傾向がある．これに対して，強い極性をもつアミノ酸は水との親和性が高いので，タンパク質表面に露出する傾向がある．水への露出表面積と移動自由エネルギーはかなり良い相関を示すので，それによって疎水性相互作用の強さを表すこともある．

両親媒性インデックス　このインデックスは，極性基をもつアミノ酸に対して定義されるもので，極性側鎖のステム部分の疎水性を数値化している．極性基は水へ，疎水性ステムは膜内やタンパク質内部に埋もれようとする．疎水性インデックスは，多くの人がさまざまな定義を工夫しているが，両親媒性インデックスは，これまであからさまに議論されたことはなかった．しかし，両親媒性インデックスは，膜貫通ヘリックスの予測などに非常に役立つということがわかった．表6・2は疎水性インデックスと両親媒性インデックスの数値を示したものである．

6・5　物理化学的なパラメータによる膜タンパク質の予測

物理化学的なパラメータによってタンパク質の構造を予測することは，非常に難しい問題であるが，筆者らは膜タンパク質を最初の研究対象として選んだ．膜タンパク質は膜の中に埋め込まれたタンパク質であるが，膜は脂質の炭化水素鎖に働く疎水性相互作用によって集合した構造なので，当然膜タンパク質にも疎水性相互作

6・5 物理化学的なパラメータによる膜タンパク質の予測

表 6・2 疎水性インデックス H と両親媒性インデックス A

アミノ酸	H	A	A'	アミノ酸	H	A	A'
Ile	4.5	0	0	Trp	−0.9	0	6.93
Val	4.2	0	0	Tyr	−1.3	0	5.06
Leu	3.8	0	0	Pro	−1.6	0	0
Phe	2.8	0	0	His	−3.2	1.45	0
Cys	2.5	0	0	Asp	−3.5	0	0
Met	1.9	0	0	Asn	−3.5	0	0
Ala	1.8	0	0	Glu	−3.5	1.27	0
Gly	−0.4	0	0	Gln	−3.5	1.25	0
Thr	−0.7	0	0	Lys	−3.9	3.67	0
Ser	−0.8	0	0	Arg	−4.5	2.45	0

両親媒性インデックスは極性基の強さで2種類に分けられる．A: 極性の強い残基，A': 極性の弱い残基．

用が強く働いて，膜に溶け込んでいる．アミノ酸配列の疎水性部分が，水の分子と接触しないように膜に埋め込まれるのである．一方，膜タンパク質が膜の中に挿入されると，膜の中には水がほとんど存在しない．そうすると電荷同士の相互作用が支配的となり，膜中における膜タンパク質の構造予測には水素結合などのタイプの相互作用が重要な要因となると考えられる．このような考察は，当然実験によって確認しておかねばならないが，筆者らはバクテリオロドプシンという膜タンパク質を用いて，変性の実験によってこれを確かめた．膜タンパク質によっては，膜に埋め込まれた部分に対する水に突き出した部分の割合が大きく，変性が膜内で起こっているのか，膜外で起こっているのかがわかりにくいものがある．しかし，バクテリオロドプシンは水に突き出した部分が非常に少なく，膜タンパク質特有の性質を調べやすいという特徴がある．その結果，水がなくてもバクテリオロドプシンの構造は壊れず，それに水素結合を壊すような分子を加えるとただちに立体構造が壊れるということがわかった．その他の実験結果も含めた総合的な判断として，膜内でヘリックス構造を保つには疎水性相互作用が本質的な役割をしているが，膜内で高次構造を形成するには水素結合などの極性の相互作用が重要であるということがわかってきた（図6・9）．

そうした物理化学的なメカニズムに関する情報を織り込んで，任意のアミノ酸配列から，膜タンパク質の予測を行うためのソフトウエアシステムの開発を行ってきた．ゲノム時代における配列情報の解析は，他の情報が何もない大量のアミノ酸配列から有効な情報を抽出できなければならないわけで，つぎのプロセスで予測を

行った．まず，最初に任意のアミノ酸配列が膜タンパク質として膜に組込まれるか，それとも水溶性タンパク質として水の中で安定に存在するかを判別する．しかるの

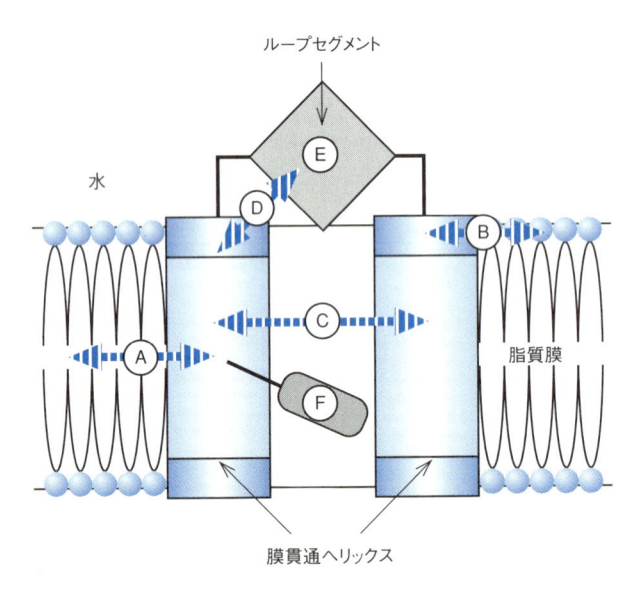

図 6・9　膜タンパク質を安定化させる相互作用としては，さまざまなタイプのものがある． ヘリックス領域が脂質膜内で安定化するための疎水性相互作用 (A), 膜の端での両親媒性の相互作用 (B), 膜貫通ヘリックス間の極性の相互作用 (C), ループがかかわる相互作用 (D, E), リガンドが関係する相互作用 (F) などがある．

ちに，膜タンパク質については膜を貫通する配列の領域を予測し，それらがどのような配置を取って立体構造を作るかということを決める．このなかで最も重要なのは，最初の膜タンパク質の判別である．この段階での間違いは，後のすべての予測に積み重なって誤差となるからである．

いろいろなパラメータを試した結果，三つのパラメータを用いると，膜タンパク質の判別と膜貫通領域の予測が高精度にできることがわかった．特に，アミノ酸配列の情報だけから膜タンパク質か水溶性タンパク質かの判別については 98〜99 % という生物関連の予測ツールとしては非常に高い精度を実現することができた．三つのパラメータの一つ（疎水性インデックス）は，至極自然な構造形成因子である．膜の骨格は脂質が集合した脂質二重膜構造だが，その中心は非常に疎水的である．

6・5 物理化学的なパラメータによる膜タンパク質の予測

したがって，タンパク質の膜貫通ヘリックスも膜の中心の疎水性に合わせて非常に疎水的である．実際，膜タンパク質のヘリックスと水溶性タンパク質のヘリックスを比較してみると，明らかに膜タンパク質中のヘリックスの方が高い疎水性を示すことがわかる（図6・10）．2番目のパラメータも，脂質二層膜とのマッチングに関係している．脂質分子は，膜内へ親和性が高い疎水性の部分と水に親和性の高い極性の基が結合した形をしている．タンパク質が脂質膜に埋め込まれるときにも，膜表面付近は脂質に似たような側鎖をもったアミノ酸が分布すると考えられる．実際，

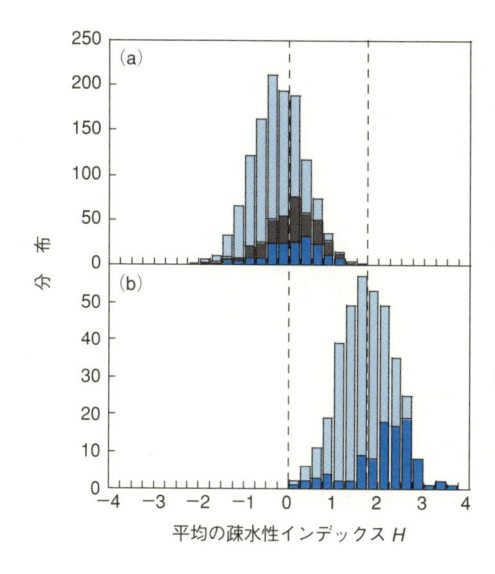

図6・10 水溶性および膜タンパク質中のヘリックスの疎水性の比較． (a) 水溶性タンパク質中のヘリックス，(b) 膜タンパク質中のヘリックス．青色はタンパク質のなかで最も疎水性が高いヘリックス，黒色はそのなかで，折れたヘリックスを示している．

立体構造のわかっている膜タンパク質で，膜貫通ヘリックスの両端にどのようなアミノ酸が分布しているかということを調べた結果，分子量の大きな極性側鎖が多いことがわかった．脂質は長い炭化水素鎖に極性基が結合した形をしているが，アミノ酸側鎖も脂質分子ほどではないが，比較的長い炭化水素に極性基が結合した形のアミノ酸が，膜と水の界面に多いということが統計的にはっきりしたのである（図6・11）．そのような因子はこれまで定量的に議論されたことはなかったが，筆者らは両親媒性インデックスを定義し，予測に用いることとした（表6・2参照）．

この二つのパラメータは，膜を貫通する領域の性質を考慮した因子で，短距離の効果を考えたものである．膜タンパク質の予測に関しては，他のグループも行って

いるが，すべて広い意味で短距離の効果に基づいている．しかし，三つ目のパラメータはある意味で非常に長距離の効果である．タンパク質全体の大きさ（アミノ酸配列の残基数）が，膜タンパク質になるか水溶性タンパク質になるかの境界を決めるパラメータとして有効だということがわかったのである．疎水性の配列は膜に入らなくても，まわりのアミノ酸配列によって囲まれ，水から遮断されれば，結構安定に存在できるということを意味していると考えられる．いずれにしてもこの因子は予測精度の向上に大きく貢献し，重要な因子であることは間違いない（図 6・12）．

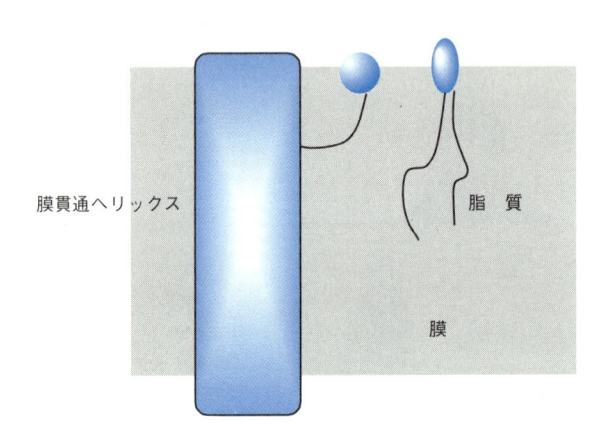

図 6・11　膜表面に多い両親媒性側鎖

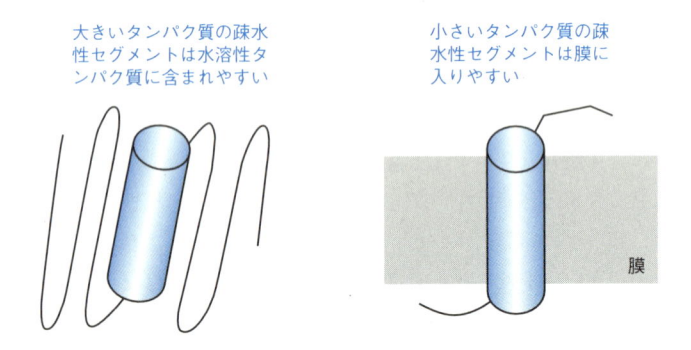

図 6・12　タンパク質の大きさ（残基数）は膜タンパク質の判別に重要なパラメータとなっている

最終的に，約500個のタンパク質（そのうち約20％は膜タンパク質）を用いて評価した結果，膜タンパク質判別は99％，膜貫通ヘリックス予測は約96％の精度であった．このツールについては，別のデータセットによっていくつかのグループが評価し，膜タンパク質の判別率が高いことは確認されている．また，筆者らの方法では，それ以外に膜貫通ヘリックスの性質も分類することができ，それ自体で膜に入ることのできる非常に疎水的な一次膜貫通ヘリックスと機能的に重要と考えられる二次膜貫通ヘリックスに分けられる．そこで，すべての遺伝子を解析し，膜タンパク質かどうか，膜貫通ヘリックスの本数，および二次膜貫通ヘリックスの割合などについてゲノム比較をすることができる（図6・13）．

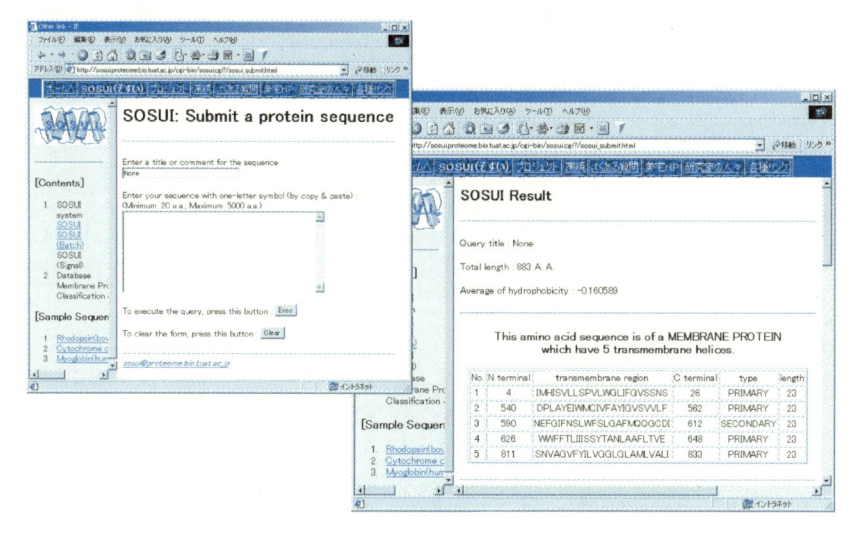

図 6・13　膜タンパク質予測システム Web バージョン

6・6　膜タンパク質のゲノム情報学

　高精度の膜タンパク質予測ツールができたので，最近つぎつぎと報告されている各種の生物の全ゲノムを解析してみた（表6・3）．今までに完全に解析されている生物ゲノムは数十種に上る．それらの生物ゲノムに対して筆者らの解析ツールを適用したところ，ほとんどの生物ゲノムで膜タンパク質の割合が25％程度であった（図6・14）．この傾向は真正細菌，古細菌，真核生物によらないことがわかってき

た．ただ，線虫だけは膜タンパク質の割合が他の生物よりはるかに多かった．このことは生物の進化の過程で，膜に組込まれたタンパク質の割合があまり変わらなかったことを示している．さらに詳細に，膜タンパク質における膜貫通領域の数な

表 6・3 各生物種の遺伝子数

生物種	分　類	遺伝子数	生物種	分　類	遺伝子数
M. jannaschii	古細菌	1715	H. pylori	真正細菌	1577
P. abyssi	古細菌	1764	C. jejuni	真正細菌	1633
M. thermoautotrophicum	古細菌	1871	B. burgdoriferi	真正細菌	1638
P. horikoshii	古細菌	2061	H. influenzae	真正細菌	1713
A. fulgidus	古細菌	2409	T. maritima	真正細菌	1846
A. pernix K1	古細菌	2694	D. radiodurans	真正細菌	3068
M. genitalium	真正細菌	467	Synechocystis sp.	真正細菌	3169
Ureaplasma urealyticum	真正細菌	610	M. tuberculosis	真正細菌	3918
M. pneumoniae	真正細菌	677	B. haloburans C-125	真正細菌	4085
Rickettsia prowazekii	真正細菌	834	B. subtilis	真正細菌	4099
C. trachomatis	真正細菌	894	E. coli	真正細菌	4290
T. pallidum	真正細菌	1031	S. cerevisiae	真核生物	6217
C. pneumoniae	真正細菌	1052	A. thaliana (chr 2,4)	真核生物	7858
H. pyloriJ99	真正細菌	1491	D. melanogaster	真核生物	14068
A. aeolicus	真正細菌	1522	C. elegans	真核生物	19098

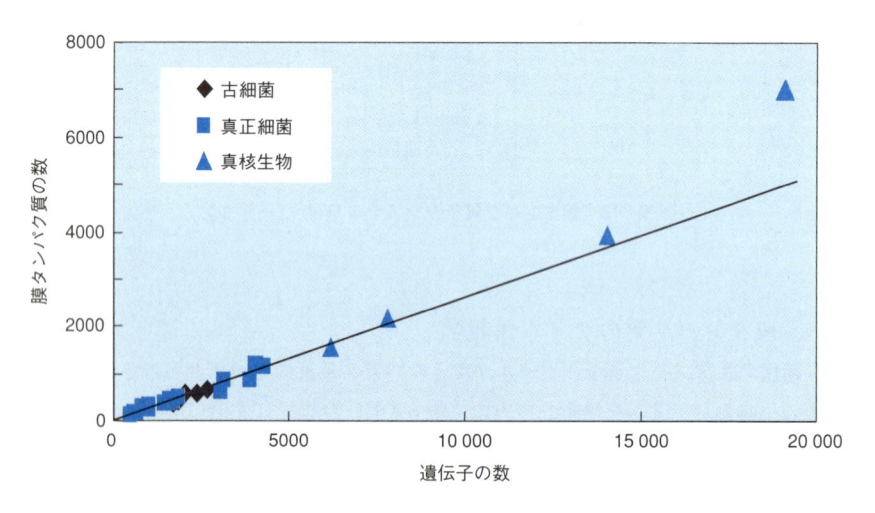

図 6・14　各生物種での膜タンパク質の割合

6・6 膜タンパク質のゲノム情報学

どを調べてみると，生物種による個性がかなり見られており，そうした解析だけからでも生物の生存戦略をある程度推定できることを示している．

膜貫通ヘリックス本数の分布を見るために，各生物種での膜貫通ヘリックス本数のヒストグラムを作ったところ（図6・15），すべての生物種に共通の性質として，膜貫通ヘリックスが1本の膜タンパク質がもっとも多かった．ただし，本研究の予測システムはシグナルペプチドを予測することができない．つまり，1本型膜タンパク質と予測されたものの一部は膜を貫通した後，シグナルペプチドとして切断される分泌型タンパク質を含んでいる．したがって，1本型膜タンパク質の割合が特に多い生物種では，細胞間コミュニケーションが盛んである可能性もある．もっともゲノムサイズの小さなマイコプラズマでは，膜貫通ヘリックスが6本のものが特に多い．これはゲノムサイズが小さく，他の生物に寄生して生きるタイプの真正細菌の特徴となっているようである．ゲノムサイズが少し大きく，遺伝子にして1500個前後の真正細菌では膜貫通ヘリックスの数が増えるにつれて，タンパク質

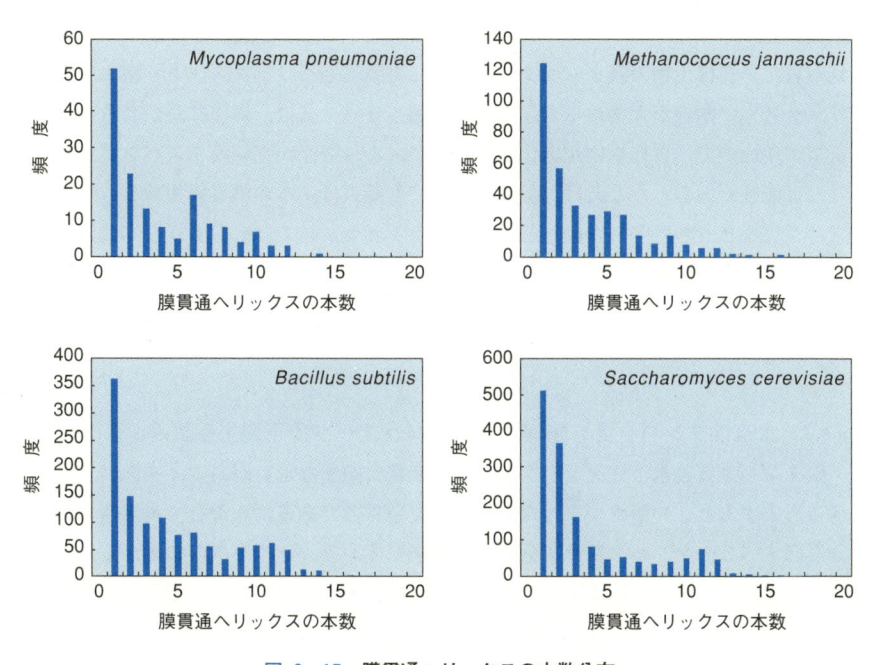

図 6・15　膜貫通ヘリックスの本数分布

数は単調に減少している．また，同じ程度の遺伝子数の古細菌もほぼ同じような傾向が見られる．これに対して，ゲノムサイズが大きくなり，大腸菌や枯草菌のように遺伝子数が4000個を超えると，膜貫通ヘリックス数が9以上の膜タンパク質の数が大きく，ヒストグラムにも明らかなピークが見られる．この傾向は，真核生物の単細胞である酵母にも同じように見られる．最後に，多細胞真核生物の線虫の場合は，膜貫通ヘリックス数が5～8の膜タンパク質が多い．線虫の遺伝子は絶対数が多いので，この傾向は統計的にも十分有意であると考えられる．これに対して，同じ多細胞真核生物のショウジョウバエが7本膜貫通ヘリックスのところばかりではなく，9本のところにもピークをもたないことは非常に対照的である．またヒトゲノムのサブセットであるOMIM（オンラインヒト遺伝病データベース）に登録された遺伝子産物のタンパク質を解析したところ，膜タンパク質の割合が約35％で，膜貫通ヘリックスが7本の膜タンパク質が顕著なピークを示していた．しかし，今まで報告されているヒトゲノムの部分的な解析結果を見る限り，ヒトゲノムから推定される受容体タンパク質の数はあまり多くなく，その分布はむしろショウジョウバエの方に似ていた．

　膜貫通ヘリックスのタイプ分けについては，真核生物と他の生物の間で違いが見られた．真核生物の膜タンパク質の方が二次膜貫通ヘリックス（より親水的なヘリックス）の割合が大きかった．二次膜貫通ヘリックスは，機能にかかわるヘリックスが多いので，真核生物が進化するときに，より機能が高い膜タンパク質が発達した可能性がある．たとえば，多細胞生物でも線虫は7本の膜貫通領域をもつ膜タンパク質がとりわけ多いのに対して，ショウジョウバエではそのような本数分布は見られない．細胞外からのシグナルを受け取る受容体に7本タイプの膜タンパク質がとても多いということを考慮すると，線虫では受容体が非常に発達していると推定される．

6・7　水溶性タンパク質を物理化学的なパラメータで予測する試み

　膜タンパク質と水溶性タンパク質には，非常に顕著な違いがある．タンパク質が構造形成するときの溶媒がまったく異なっているのである．しかし，水溶性タンパク質はすべてのタンパク質の4分の3に相当しており，それをさらに細かく分類することが，ホモロジーのないアミノ酸配列の解析には必要である．そこで水溶性タンパク質の構造をどのように分類するかの方針がまずは必要である．

　水溶性タンパク質にもいろいろな分類の仕方があり得る．二次構造のような局所

的な構造による分類，三次構造による分類，機能による分類，タンパク質の相互作用による分類などさまざまな分類がある．しかし，詳細な構造は塗りこめた形で，タンパク質の大雑把な形態を見てみると，水溶性タンパク質にも特徴的なパターンが見いだされる．もっとも一般的な形態は，コンパクトな球状の形である．また，一群の水溶性タンパク質は，非常に長く伸びた形をしている．そうしたなかで，筆者らはダンベル型のタンパク質に注目して，アミノ酸配列からの予測を試みてみた．高分子が球状になるには，いろいろな原因が考えられるが，ダンベル型の形はかなり特殊で，それを安定に保つのに考えられる相互作用のバランスはそれほど多くないからである．

ダンベル型のタンパク質は二つの球状ドメインが長い1本のヘリックスでつながれた形をしている．このような特殊な形態が安定に存在するには，シャフトのヘリックスが非常に硬いか，二つの球状ドメインがお互いに反発しあい，構造がつぶれずに水に溶けるということが考えられる．そこで，筆者らは典型的なダンベル型タンパク質であるカルモジュリンやトロポニンCのアミノ酸配列を調べ，他のタイプの水溶性タンパク質と比較してみた．まず，タンパク質全体の電荷を見ると，非常に大きな負電荷をもっていた．水溶性タンパク質の中で，100〜500残基のものを比較してみると，ダンベルタイプのタンパク質の負電荷は異例に大きな値となっている．しかも，N端側の半分とC端側の半分にほぼ等分に分配をされている．球状ドメインの間に明らかに長距離の反発力が働いているのである．詳細は省くが，この長距離相互作用がダンベル型のタンパク質の安定性に本質的な寄与をしていて，他のパラメータとも合わせて高精度の予測が可能となった（図6・16）．

6・8 ま と め

ゲノム情報から生物の機能を推定し，ゲノム比較を行うには，すべての遺伝子を同じ精度で分類し，それぞれの生物でどのような機能が発達しているかを見ることが有効である．そのために，筆者らがとった方針は，タンパク質をその形態で分類するというものである．タンパク質は大きく分ければ，球状のタンパク質，非常に細長い繊維状のタンパク質，それと膜タンパク質などに分けられる．球状タンパク質は，種類が非常に多く，機能的にもさまざまなものがある．繊維状タンパク質は，生体の構造を保つ働きや筋肉などの運動に関係する働きをもつものが多い．また，膜タンパク質は，細胞内外の情報，物質，エネルギーのやり取りに関係する機能をもっている．球状タンパク質は，さらに細かい分類が必要だと考えられるが，繊維

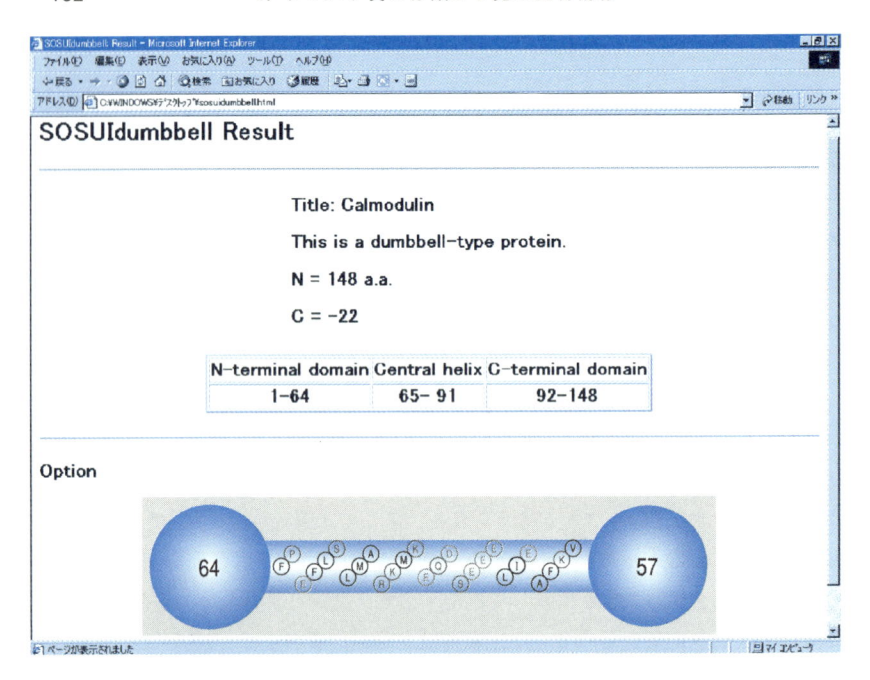

図 6・16　ダンベル型タンパク質を予測するシステムの出力

状タンパク質，膜タンパク質への高精度判別は，機能分類にもつながると考えられる．そこで，筆者らは手始めに膜タンパク質の高精度予測を行い，生物のゲノム比較を行ってみた．全ゲノムに対する膜タンパク質の判別は過去にも報告されているが，それらの研究と本研究の違いは，物理化学的なパラメータを用いて高い判別精度を実現したという点である．本研究の結果によれば，膜タンパク質の割合は，線虫の例外を除いて，25％程度であった．また，今までのところ線虫を除いて，タンパク質の割合がゲノムサイズにかかわらずほとんど一定であるということが示された．ここで注目されることは，同じ線虫とショウジョウバエで膜タンパク質の割合もヘリックス本数の分布も大きく異なっていることである．簡単な計算からわかることは，線虫とショウジョウバエの遺伝子数の違いは，かなりの部分が膜タンパク質の数の違いに相当している．しかも，線虫とショウジョウバエのヘリックス本数分布が非常に異なっていて，線虫で見られた7本タイプのピークがショウジョウバエではなくなっている．このことは進化の過程で一見コミュニケーションのための受容体がショウジョウバエでは減っていることを示している．水溶性タンパク質

に対しても，物理化学的なパラメータに基づく予測法を開発するために，手始めにダンベル型のタンパク質の予測を試みてみたが，この場合は電荷同士の静電相互作用が非常に重要な役割を果たしていることがわかり，高精度予測が可能となった．ただここで大事なことは，あるタイプのタンパク質の予測が可能になったということよりも，より広い見地から見たときに，物理化学的なパラメータに基づく比較的簡単なメカニズムでタンパク質の構造分類が可能であるということが示されたことである．今後，すべてのタンパク質を高精度に詳細な構造分類をすることが可能になるのではないかと期待される．

参 考 文 献

1) T. Hirokawa, J. Uechi, H. Sasamoto, M. Suwa, S. Mitaku, *Protein Eng.*, **13**, 771 (2000).
2) 美宅成樹, "生体とエネルギーの物理", 裳華房, p.1〜24 (2000).
3) 美宅成樹, "子どもにきちんと答えられる遺伝子 Q & A 100", 講談社 (2000).
4) S. Mitaku, M. Ono, T. Hirokawa, B. C. Seah, M. Sonoyama, *Biophys. Chem.*, **82**, 165 (1999).
5) S. Mitaku, T. Hirokawa, *Protein Eng.*, **12**, 953 (1999).
6) T. Hirokawa, B. C. Seah, S. Mitaku, *Bioinformatics Applications Note*, **14**, 378 (1998).
7) 諏訪牧子, 古谷利夫, 美宅成樹, ファインケミカル, **27**, 7 (1998).
8) 美宅成樹, 広川貴次, 蛋白質 核酸 酵素, **42**, 3020 (1997).
9) 広川貴次, 美宅成樹, 応用物理, **66**, 1098 (1997).

7

タンパク質の構造から見た生物情報

7・1 タンパク質の立体構造情報
7・1・1 はじめに

　生物が，自己と同一のものを複製し，生命体としての多様性と統一性とを保持しているのは，遺伝情報をもっているからであり，始原生命体からの長い進化の過程で非常に多様で洗練された遺伝情報を形成してきたからである．この遺伝情報は，具体的には，核酸の高分子鎖における4種類の塩基の並びという形で表現される．遺伝情報を担う単位は遺伝子とよばれるものであり，各生命体を構成する遺伝子の総体のことをゲノムとよぶ．近年，世界中で進められているゲノム・プロジェクトにより，すでに50種を超える生物の塩基配列が明らかにされた．多くの場合，それぞれの遺伝子は固有のタンパク質を構成するアミノ酸配列の情報をもつが，核酸であるtRNAやrRNAとなってタンパク質に翻訳されないものも含まれている．タンパク質は，枝分かれのないアミノ酸の鎖でできた高分子であり，その固有のアミノ酸の配列に応じ，ある定まった環境下において，一意的な立体構造を形成する．それぞれの遺伝子に対応するタンパク質が発現した後，これらタンパク質が互いに相互作用し，各タンパク質のもつ機能が共同して現れたり，一方が他方の機能を阻害したりして，生命活動が営まれている．このように，生物情報の多くは，いったんタンパク質分子の機能情報という形に変換されるが，この分子機能は，タンパク質の立体構造のもとに発現するのである．残念ながら，今のところ，この構造情報がどのように機能情報に結び付いているかに関する統一的な理解はできていない．しかし，近年，数多くのタンパク質の立体構造が明らかにされ，タンパク質間相互

7・1 タンパク質の立体構造情報

作用が分子構造に基づいて理解されるようになった結果，今まで不思議に思われてきた生命現象の合理的な説明が可能になってきた．この節では，タンパク質の立体構造と機能について見ていこう．

7・1・2 基 礎 概 念

本論に入るまえにこの分野の基礎的な概念をいくつか説明する．

a. タンパク質のダイナミックな立体構造　先に述べたように，機能が発揮されるような環境下では，それぞれのタンパク質分子は一意的な立体構造をとる．このため，タンパク質の立体構造と機能の関係を，構造がわかっているタンパク質で調べることで一般的な原理を導き出そうというスタイルでの研究では，"似た立体構造"をもつタンパク質を集め，機能にかかわる共通の特徴抽出を行うのが大まかな流れとなる．そこでは，目で見てやるにしても，プログラムを作って行うにしても，どのように立体構造を表現するかが重要な問題である．たとえば，図7・1を見てほしい．これは，同じタンパク質を同じ方向から，いろいろな方法で表現したものである．タンパク質はたくさんの原子からなる高分子なので，その構成要素である原子をあらわに書いたもの（図7・1a），共有結合している原子間に線を引くことで抽象化する方法（図7・1b），あるいは，タンパク質は"鎖状"高分子なので，その鎖の主要な部分（主鎖）だけを表示して枝の部分（側鎖）は表現しないという簡略化法（図7・1c），または，タンパク質特有の主鎖の繰返し構造（二次構造）のみに着目しその空間配置を表現したもの（図7・1d），その他，分子の表面形状で表現する方法（図7・1e）や二次構造の隣接関係と方向のみを抜き出した大胆な表現法（図7・1f）など，さまざまな表現法があり，それぞれで異なる印象を受けることがわかるであろう．これらのそれぞれの表現ごとにいろいろな研究がなされているが，ここでは，まず図7・1(c) あるいは (d) のような見方で見えてくる構造と機能の関係を考える．つぎにそれ以外の見方として原子配置での見方（図7・1a）や分子表面での見方での研究に関して紹介する．なお，図7・1(c) や (d)のような見方に対応する，主鎖の大まかな折りたたみ構造をタンパク質の**フォールド**（fold）とよぶ．

ところで，図7・1を見るとタンパク質の構造はあたかも硬いものであるかのような絵を書いてある．フォールドレベルで見る限りは，おおむね正しい印象であるが，原子レベルあるいは分子表面でみると，このような"硬い構造"という見方は必ずしも正しくない．というのは，タンパク質は，生体内にあるとき，水溶液中に

存在することになるが，そのような環境下では常にまわりの水分子からの影響を受けて平均構造のまわりで揺らいでいるからである．タンパク質立体構造の多くは，X線結晶解析により得られているが，この方法では，たくさんの分子の平均構造しか測定できないのである．また，このような揺らぎ以外にも機能を発揮する際に構造変化を伴うことがあることも報告されている．このことに関してはそれぞれの見方での研究に関連してあとで述べるが，タンパク質は水溶液中では常にやわらかく動いていることは念頭においてほしい．

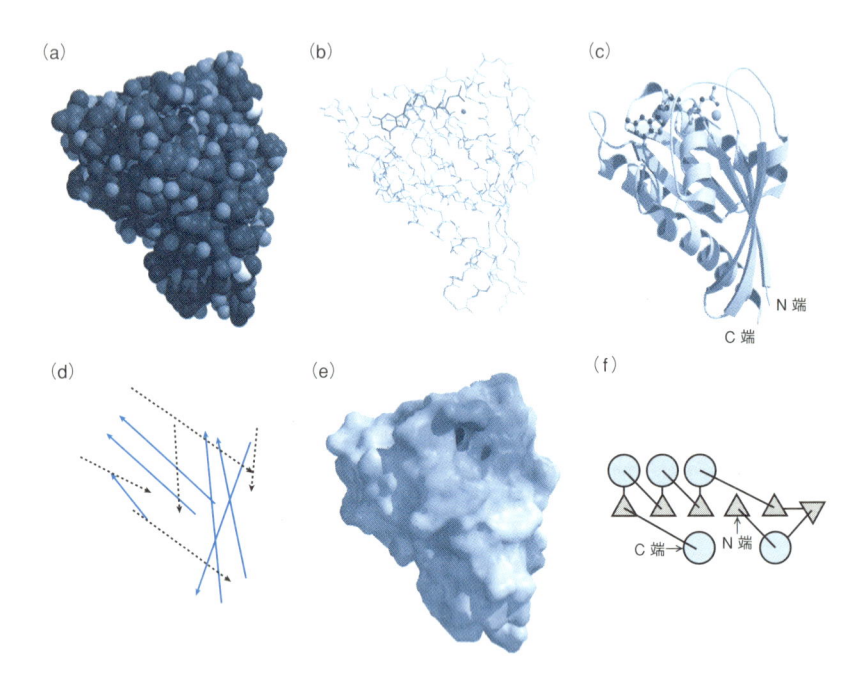

図7・1 タンパク質立体構造のさまざまな表現． タンパク質分子は原子の集合であると同時にアミノ酸がつながってできている鎖状高分子である．また，鎖の局所的な繰返し構造（二次構造）をもつという特徴がある．そのどの特徴に着目して，立体構造を記述するかにより，立体構造の表現は変わってくる．ここでは (a) 原子配置，(b) 主鎖のつながり，(c) 二次構造を抽象的に表現，(d) 二次構造をベクトルで表現，(e) 分子表面，(f) トポロジーダイアグラム，という例を示す．トポロジーダイアグラムとは，ストランドを三角形，ヘリックスを円で示し，その相対配置を二次元に射影して表現したものである．本章に使用しているタンパク質の絵は Molscript[32] と Raster3d[33] により製作した．

7・1 タンパク質の立体構造情報

b. タンパク質の機能　タンパク質の機能は，生物学の立場からの記述と生化学での立場の記述が混在している．そのため，異なるタンパク質が同じ機能をもつ場合を系統的に調べるといった解析はかなり困難である．たとえば，伸長因子というタンパク質は，タンパク質合成の際にアミノ酸の重合が伸びていくのに不可欠な要素として同定されたために生物学的にはこのような名前でよばれているが，生化学的には GTP の加水分解反応を触媒する酵素である．このような記述は文章ではあっても，たとえば酵素番号のように系統だった体系からは除外されており，系統的な構造機能相関の解析を大きく妨げている．この問題解決に関する試みはようやく始まったところであるが，ここでは話を簡単にするために特に断らない場合は，タンパク質の機能としては生化学的な機能のみに話を絞る．生物学的機能とタンパク質の化学的機能との関係については 7・7 節のタンパク質の複合体による高次機能の発現で考察することにする．

7・1・3 立体構造情報と機能の関係を理解したい理由

われわれはどうして，タンパク質の立体構造と機能の関係に興味をもつのであろうか？　主な理由は三つある．

a. 生物の分子レベルでの理解を目指して　生物を構成する分子としては，核酸，多糖類，脂質そしてタンパク質がある．これらのうちまだその働きのはっきりとわかっていない多糖類を別にすれば，その役割は，核酸が遺伝情報の貯蔵庫，脂質は細胞の外壁を構成する構成要素，そして，タンパク質は生物の営みを支えているさまざまな化学反応の担い手である．そのため，生物の振舞いを分子レベルで理解するためにはタンパク質の機能を分子レベルで理解する必要がある．

19 世紀初頭には簡単な有機化合物ですら，その産出源が常に動物か植物などの生物だったので，これらの物質には"生命力"のような特別なものが宿っているという考えがあった．しかし，1828 年にウェーラーが，実験室で尿素を合成することに成功して以来，有機化合物を化学で理解することが行われた．タンパク質も生物が作り出すものであり進化の産物であるのは確かだが，有機化合物同様，単なる分子である．その振舞い（機能）は物理化学の言葉（分子間相互作用）で理解できるはずである．そのためには，分子の形（立体構造）という観点がどうしても必要になってくる．

b. 構造からの機能予測を目指して　二つ目の理由は実用的な理由である．現在ヒトゲノムをはじめとして多くの生物ゲノムの配列解析がつぎつぎと完了してい

る．その結果，塩基の並びとしての遺伝情報は解析できたが，約 40 % のタンパク質の機能はわかっていないという状況が生まれている．

ふつう，タンパク質の機能を予測，あるいは推定するためには，塩基配列の類似性を利用する．塩基配列が似ているタンパク質は進化的な類縁関係があり機能が似ていることが多いからである．しかし，配列が似たものが見つからない場合はこの方法ではお手上げである．

これに対して，現在ポストゲノム配列解析のプロジェクトの一環として，構造ゲノムプロジェクトというプロジェクトが進行している[1]．このプロジェクトでは，構造既知のタンパク質と配列の類似性が見られないタンパク質すべての立体構造を実験的に，今後 10 年程度で決めることを目指している．これにより，塩基配列だけでなく，遺伝子にコードされているタンパク質の立体構造情報が利用できるようになることが期待されている．そのため，立体構造と機能の関係を理解できれば，従来のように配列で似たタンパク質がない場合でも，立体構造情報をもとに機能を予測することが可能になると考えられる．

c. 薬剤設計などの応用を目指して　立体構造と機能の関係を理解できると，究極的には機能をコントロールすることが可能になると考えられる．その際最も期待される応用分野のひとつが薬剤設計である．タンパク質は生体内でさまざまな役割を担っているために，その機能の異常がしばしば病気へとつながることがある．それ以外にもウイルスがヒトに感染するのにウイルスの作り出すタンパク質が感染に関与していることもある．たとえば，ヒト免疫不全ウイルス（HIV）がヒトに感染する際には HIV プロテアーゼというタンパク質を利用することがわかっている．そのため，このタンパク質の機能を理解し，コントロール（今の場合は阻害）することができれば，HIV のヒトへの感染を食い止める薬剤の開発につながる可能性がある．この例では，実際に，このタンパク質を阻害する薬剤が開発され実用化されているが，ここでタンパク質の立体構造情報が大きな役割を果たした．ヒトが利用する薬剤の場合は，目的とするタンパク質の働きだけをコントロールし，他のタンパク質には影響がないようにすることが求められる．そうでないと副作用の危険があるからである．そこで，このような特異性のある阻害剤を開発するために，HIV プロテアーゼの X 線結晶構造解析[2] がなされ，この構造情報をもとに，薬剤開発がなされた．このようにうまくいった例はまだそう多くはないが，立体構造と機能の関係を理解することが，薬剤設計に生かされる可能性は，構造-機能相関の解析の大きな動機のひとつである．

7・2 タンパク質のフォールドの類似性と多様性

さていよいよ本論である．タンパク質立体構造と機能の関係の議論に移ろう．まずはフォールドレベルでタンパク質を見たときに見えてくる関係からはじめる．

7・2・1 フォールドの類似性

1958 年に Kendrew らによりタンパク質の立体構造が初めて明らかにされてから約 40 年[3] が経つ．現在（2002 年 6 月現在）では約 18 200 個ものタンパク質立体構造の座標が，Protein Data Bank（PDB）を通して公開されている (http://pdb.protein.osaka-u.ac.jp)．また，この数は近年急激な勢いで増えている（図 7・2）．これらはまったく同じタンパク質が，異なる実験方法や条件で構造決定されたり，同じ配列をもつタンパク質が複数集まってひとつのタンパク質複合体を作ったりす

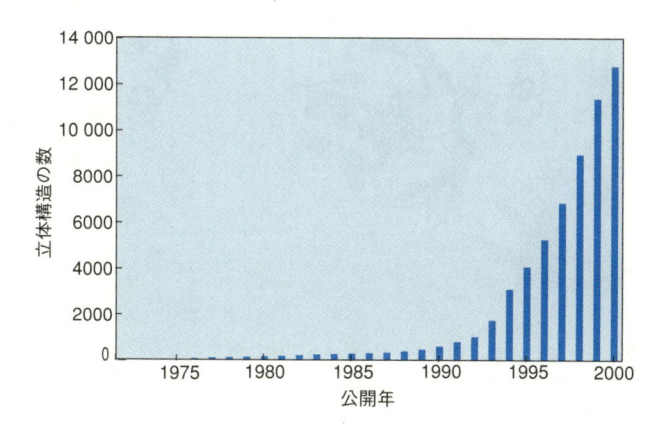

図 7・2　立体構造情報の急激な増加．タンパク質の立体構造決定技術の進歩により，近年急激な勢いでタンパク質の立体構造が明らかにされている．横軸に立体構造が Protein Data Bank（PDB）に登録された年，縦軸に登録されている立体構造の数を示している．

ることもあるので，タンパク質のアミノ酸配列が同じものは一つとして数えると約 8900 種である．では，これら 8900 種を立体構造で見るとどうなっているのだろうか？　これらの間には同じフォールドが繰返し現れるのだろうか？　それとも 8900 種の異なるフォールドが存在するのだろうか？　似たフォールドが繰返し現れるとすると，フォールドが似ていれば機能が似ているのだろうか？

これらの問題を考えるにはまずタンパク質のフォールドの類似性を議論しなくて

はならない．ここまでは，話をややこしくしないためにフォールドはタンパク質立体構造の粗視化法のひとつとして説明した．これは間違ってはいないのだが，ひとつ注釈をつけなくてはならない．それは，タンパク質の立体構造のどの部分に着目して粗視化するかという問題である．具体的に例を見ていこう．図 8・3 には二つの異なるタンパク質のフォールドレベルでの図が示してある．この絵を見るとわかるように，タンパク質の立体構造はいくつかの球状の塊（ドメインとよばれる）からできている．そして，たくさんのタンパク質立体構造が明らかにされるに伴って，

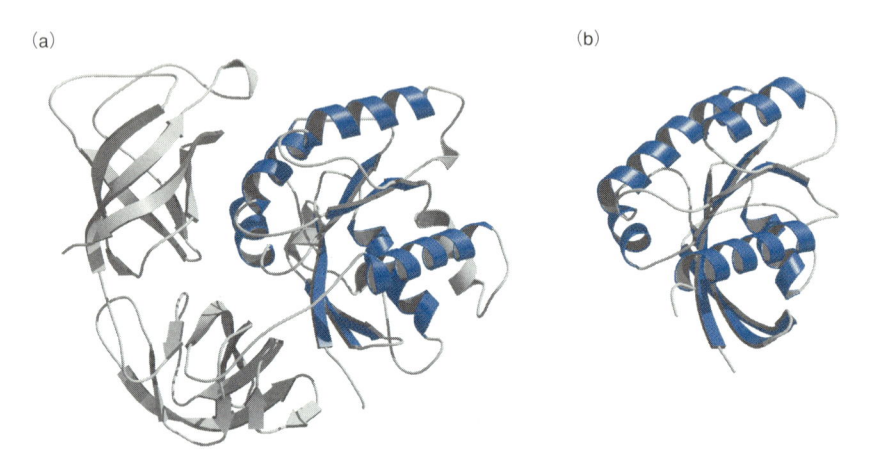

図 7・3　**構造ドメイン**．(a) のタンパク質が典型的な例であるが，タンパク質立体構造は複数の球状の塊からできている．また，(b) に示すタンパク質との類似性からわかるように，ドメインごとにフォールドの類似性が見られる．

このドメインが類似性の見られる単位構造であることがわかってきた．通常，フォールドを考えるときにはドメインのフォールドを考えて，類似性を考えるときも，もっと小さな単位である二次構造要素（α ヘリックスや β ストランド）（図 7・4）や，これらの繰返し構造としての超二次構造（図 7・5）とよばれる類似部分構造はとりあえず考えないことにするのが通例である．ここでのその通例に従って，以下特に断らない限り，フォールドはドメインのフォールドを指すこととし，構造の類似性もドメイン単位で考えることとする．超二次構造のような小さな繰返し構造が構造の比較分類にもたらす問題点はのちほど議論する．

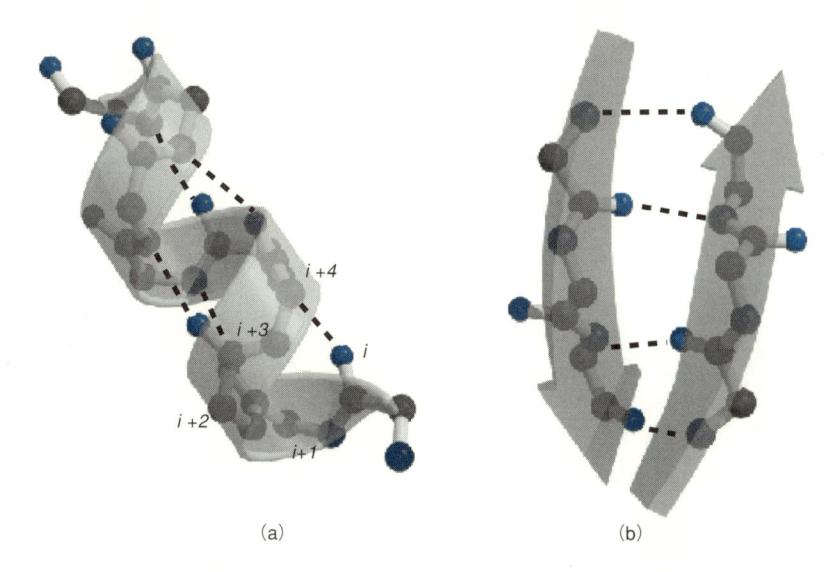

図7・4 二次構造要素.タンパク質の主鎖構造には局所的な繰返し構造として,(a) α ヘリックス構造と (b) β ストランド構造が存在する.これらはそれぞれ,主鎖の間の規則正しい水素結合(点線)により特徴付けられる.

7・2・2 フォールドの比較法

フォールドを比較するプログラムはすでにいくつもの方法が提唱されている[4)~7)].これらのプログラムは,主鎖のなかの Cα 原子あるいは,側鎖の最初の炭素原子である Cβ 原子の位置の比較を行う.そしてそれらの原子間距離を比較し,その差の,ある対応付けを与えたときに計算できる和ができるだけ小さくなるような対応付けを探すことを行っているというのが比較法の大筋である.このような対応付けを探すのは,原理的には可能な対応付けすべてを考えてもっともよい対応付けを探せばよいのだが,それが困難であるために,いろいろな近似法が提案されている.このため,いろいろな比較法が存在しているわけである.方法によってはさらに,比較の対象が原子間距離の差ではなく構造を重ね合わせたときの原子座標の差を考えるなどしていることもあるが,ここでは立ち入らないことにする.

方法の細かな違いはともかく,重要な点は,立体構造の類似性の客観的な定義はそれほどやさしい問題ではないということである.ただし,さまざまな方法は,よく似ているところでは同じような結果を出すので,類似度が高いタンパク質では比

較法が何かはほとんど問題ではない．しかし，類似度が低いところで，その類似性から何かを議論する際には，どのように比較したのか，そしてそれらはどれぐらい似ているのかに注意を払う必要がある．本書ではそのような微妙な類似性をもつような場合は，専門的すぎる場合が多いので基本的に扱わないことにする．

なお，最近のインターネットの発展のおかげで，比較プログラムのいくつかは

(a) β ヘアピン

(c) $\beta \cdot \alpha \cdot \beta$

TIM バレル（図7・6参照）

doubly wound（図7・6参照）

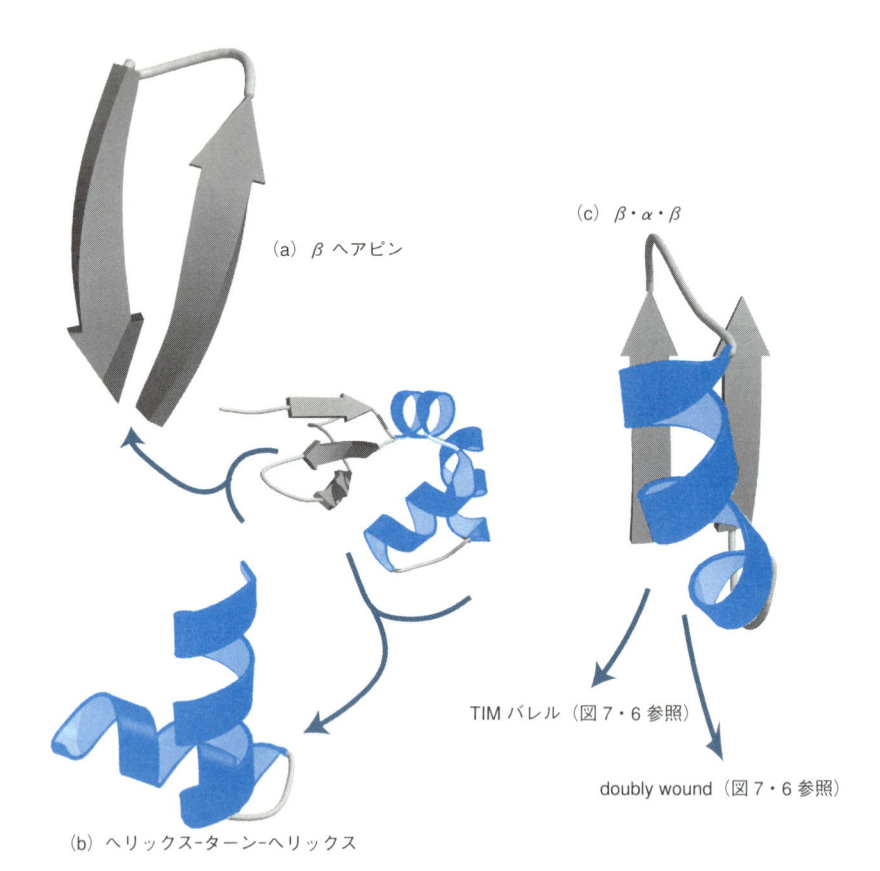

(b) ヘリックス-ターン-ヘリックス

図7・5　**超二次構造**．いくつかの二次構造要素が組合わさったものが繰返し現れることがある．このような組合わせを超二次構造とよぶ．基本的には超二次構造の組合わせでタンパク質の立体構造のバリエーションはできあがっている．たとえば，(a) β ヘアピンと (b) ヘリックス-ターン-ヘリックスからできるタンパク質（図中央）．あるいは，(c) $\beta \cdot \alpha \cdot \beta$ の組合わせからでもいろいろなタンパク質，たとえば図7・6に見られるような TIM バレル構造や doubly wound 構造など，ができる．

表 7・1　主な比較プログラムの URL

プログラム名	URL
Dali[5]	http://www2.ebi.ac.uk/dali/
VAST[6]	http://www.ncbi.nlm.nih.gov/Structure/VAST/vast.shtml
CE[7]	http://cl.sdsc.edu/ce.html

7・2・3　フォールドの類似性の意味

　さて，これまでにタンパク質はドメイン単位で似たフォールドをもつことがあり得ることを説明した．これらの類似性の多くは，最近立体構造情報が増えてきてからは，先に紹介した方法のどれかで見つけられたものである．では，このようにして見つけられるフォールドの類似性にはどのような意味があるのだろうか？

　タンパク質が他の有機化合物と異なるのは，アミノ酸が重合してできている高分子であるという物理化学的な側面をもつと同時に，第5章でも述べられているように，それが進化の産物であることである．そのため，近縁の生物種のなかには似た機能をもつタンパク質が存在し，これら似た機能をもつタンパク質を調べるとそのアミノ酸配列も似ていることがわかる．このことは，進化の過程でタンパク質はそのアミノ酸配列を少しずつ変化させながら現在に至ったことを示している．このことから，アミノ酸配列で類似性が見られる一群のタンパク質は進化的な類縁関係があると考えることにして，これらをまとめて**タンパク質ファミリー**（protein family）とよんでいる．また，タンパク質全体では非常に弱い配列類似性しか示さないが，機能にかかわる重要な残基が保存し，機能も保持されている一群のタンパク質も存在する．それらは，いくつかのファミリーを一まとめにする単位として，**スーパーファミリー**（super family）とよばれている．

　数多くのタンパク質の立体構造が明らかにされるに伴って，似た配列をもつタンパク質では似たフォールドをとっている，つまり同じファミリー内では同じフォールドをもっていることがわかってきた．いい換えると，フォールドは進化の過程で，機能と同様に保存量となっているようである．また，スーパーファミリーにおいても，フォールドレベルで見ると高い類似性が残っていることが多くのタンパク質で明らかになってきた．さらに，配列や機能ではまったく類似性が見られないにもか

かわらず，フォールドが似ている例まで見つかってきた．このように，進化的類縁関係がわからないタンパク質群で繰返し見られるフォールドのことをファミリーとスーパーファミリーの関係になぞらえて，**スーパーフォールド**（superfold）とよぶ[8]．このようなスーパーフォールドが存在することから，フォールドは進化の過程で配列よりもよりよく保存しているのではないかと信じられるようになってきた．しかし，配列の類似性がすぐに進化的類縁関係に結びつくのに比べて，構造の類似性が何を意味するのか（進化的類縁関係を示すのか機能の類似性を示すのかなど）は今のところはっきりと理解されたわけではない．

7・2・4　タンパク質のスーパーフォールド

　フォールドが似ていることが何を意味するのかという議論を難しくしているもっとも大きな原因は，スーパーフォールドとよばれる，配列や機能で関係がないタンパク質の間で広く見つかる一連のフォールドの存在である（図7・6）．このようなフォールドの存在は初期のころから漠然と認識されていたが，これをはじめて系統的な解析により同定したのは，Orengoらによるフォールドの分類（CATH）とフォールドと機能の相関の解析である．分類の難しさと問題点はすぐあとで議論するが，この解析により彼女らは，ほとんどの場合は，フォールドが似ていれば進化的な類縁関係が考えられて機能も似ている，しかし後で示す九つのフォールドにおいては（図7・6参照），フォールドが似ている以外には配列や機能ではまったく関係がないことを示した．

　この知見は実用上，非常に重要な発見である．というのも，昔ほど構造解析が大変でなくなってきた現在，新しく同定されたタンパク質の機能を推定するのに構造解析が使える道を開いたからである．つまり，機能未知のタンパク質の立体構造が構造解析されたときに，それが機能既知のタンパク質と似たフォールドでありかつ，そのフォールドがスーパーフォールドでなければ，経験的に，その機能未知のタンパク質の機能を既知のタンパク質のものと同じものだと仮定することができるからである．

　しかし，この推量には少しまだ問題がある．なぜなら，今現在わかっているタンパク質を見る限りはスーパーフォールドでないフォールドが，今後もっと多くのタンパク質立体構造が明らかにされたときにスーパーフォールドになりうる可能性があるからである．そのため，フォールドの類似性だけから機能の類似性を議論するのは，スーパーフォールドという知見をもってしてもまだ少し心もとない．しかし，

7・2 タンパク質のフォールドの類似性と多様性   175

もしスーパーフォールドとそれ以外のフォールドの間に一般的な違いを見いだすことができれば，その違いの有無を調べることにより，類似したフォールドが見つかったときに，それが将来にもわたってスーパーフォールドになりうるか，否かを判断し，その類似性から機能の類似性を議論することが可能になる．これに対して，木下らは，フォールドの比較と進化的類縁関係を系統的に調べることにより，スーパー

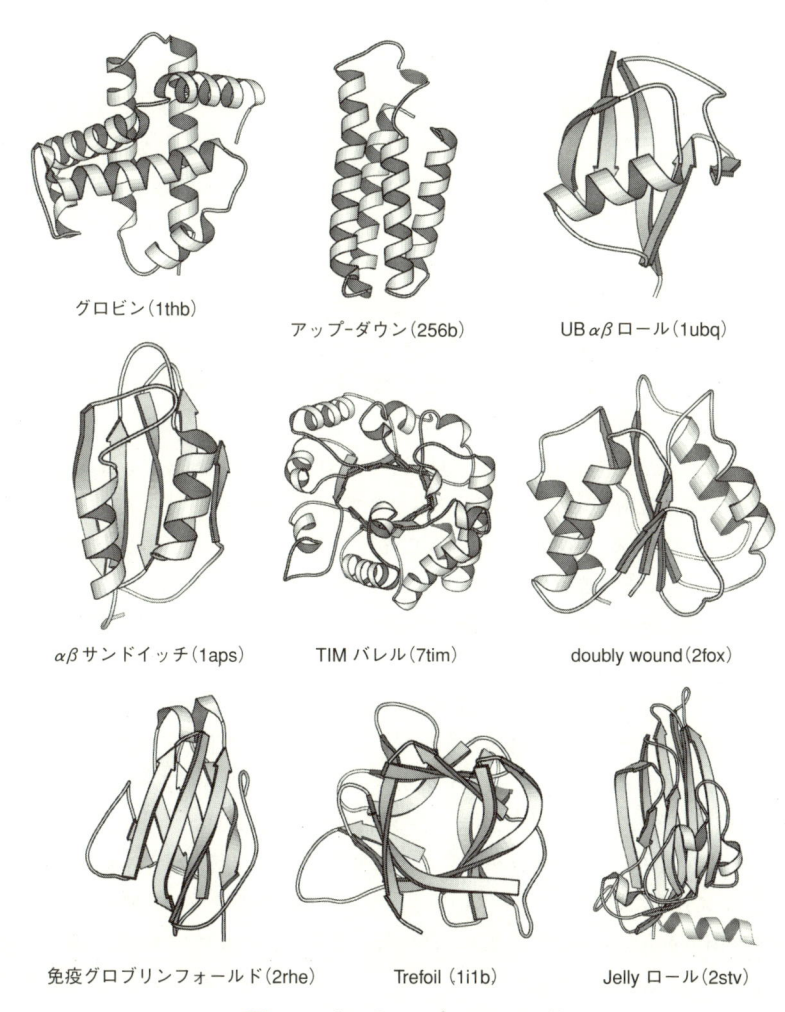

グロビン(1thb)　　　アップ-ダウン(256b)　　UB $\alpha\beta$ ロール(1ubq)

$\alpha\beta$ サンドイッチ(1aps)　TIM バレル(7tim)　doubly wound(2fox)

免疫グロブリンフォールド(2rhe)　Trefoil(1i1b)　Jelly ロール(2stv)

図7・6　九つのスーパーフォールド

フォールドのみならず，進化的類縁関係のないタンパク質間で共有される構造は，対称性をもっていることを見いだした[9]．ここで，フォールドが対称性をもつとは，タンパク質の二次構造要素に着目して，自分自身と比較を行ったときに，そのまま何もせずに対応付ける以外に対称操作を行った結果とも重ね合わせることが可能であることと定義する．このことは，二つのタンパク質が類似フォールドをもつとき，そのフォールドが対称性をもたなければ，それらは進化的類縁関係をもつことを強く示唆する（symmetry rule）．この対称性という観点で図7・6をもう一度見てみると，スーパーフォールドはすべて対称性のある構造であることが理解できると思う．このように，複雑な生物の世界に物理化学的な原理を髣髴とさせる対称性という視点が適用できることは興味深いことであるし，このことから，スーパーフォールドは物理化学的な要請をよく満たすフォールドであることが示唆されるのではないかと思えてくる．

7・3 フォールドの分類

タンパク質ドメインに着目してそのフォールドを系統的に分類する試みはすでにいくつかなされている．有名な分類としては，SCOP[10]，CATH[11]，FSSP[12]などがある．これらの分類は手法やポリシーが異なり，それに応じて分類も若干異なる．

手法の主な違いはコンピュータプログラムを使って自動的に行う（FSSP）か，あらゆる知識を総動員してすべてマニュアルで行う（SCOP），あるいはそれらをバランスよく用いる（CATH）といった違いである．そして分類結果の違いは，i) ドメインの定義の違いによるものと，ii) 構造の類似性と機能の類似性のどちらに重きを置くかの違い，iii) 構造が似ているかどうかの判断を行う閾値の違いなどに起因する．

i) ドメインの定義に関しては，先ほどは具体例を通じて直感的にドメインを導入したように，もともとは立体構造を決定した人が目で見て個別に判断して定義されていたものである．しかし，数多くのタンパク質立体構造が明らかになるにしたがって，繰返し現れる構造単位としてのドメインという認識が広まるにしたがって，より客観的なドメインの定義が模索された．本来は繰返し単位として同定すべきなのだが，そのためにはデータベース中のすべての構造の総当たりの比較を行うなど，技術的な困難がある．そこで，多くの場合は，ドメインの構造上の特徴である，球状に集まっている部分を同定することによってドメインを定義する方法が数多く提案された．このようにさまざまな方法が存在することからもわかるように，これら

の方法は必ずしも同じ結果を与えない．つまり構造上の特徴だけからドメインを定義するのは簡単なことではない．そこで，配列での繰返し単位をドメインとして定義する方法や，複数の方法の共通部分を採用する方法などが考案された．その結果，分類の結果に与えるドメインの定義の違いは，つぎに説明する ii) に関連する問題になる．

　ii) SCOP にしても CATH にしても FSSP にしても，基本は構造（フォールド）の類似性に基づくタンパク質の分類である．しかし，タンパク質を特徴付けるものはその立体構造のみではなく，その機能もタンパク質の大きな特徴である．これらの間に強い相関があればどちらに着目して分類を行ってもその結果は一致するはずであるが，実際はスーパーフォールドの例のみならず，フォールドと機能の相関は強いとはいえない．しかし，少し考え方を変えて，フォールドが似ていれば機能が似ているようにフォールドの定義，つまりドメインの定義を修正することは可能である．これが，i) で少し議論したドメイン定義問題のもうひとつの側面である．ii) で議論したように，構造だけを見ている限りは，ドメインの定義はさまざまな工夫により，ほとんどの場合納得できる定義ができるようになってきた．しかし，ここに機能を考慮すると話はややこしくなる．たとえば，図 7・7 を見てほしい．この例では，CATH でのドメイン（図 7・7a）と SCOP での同じタンパク質のドメイン（図 7・7b）を示している．このタンパク質は図 7・7(b) を見るとわかるように，図 7・7(a) の"ドメイン"が二つくっついてできているように見える．つまり，構造を見る限りは，CATH での定義がもっともらしく思える．ところで，このタンパク質はタンパク質を切断する反応を触媒する酵素である．その活性部位（反応が起こる部位）は CATH の定義した"ドメイン"でいくと二つの"ドメイン"にまたがっていて，SCOP の定義した"ドメイン"ではひとつのドメイン内に存在する．その結果この例では，CATH の定義するドメインのフォールドでは同じフォールドでも同じ機能をもたないことが起こるが，SCOP の定義では同じフォールドが同じ機能をもつことになる．

　このようにフォールドを考える際のドメインとして，構造上の単位としてのドメインの定義以外に機能上の単位であるという観点をどう考慮するかによって，ドメインの定義は変わってくるし，その結果分類も変わってくる．これらはどちらがすぐれているとかいないとかの問題ではなく，それぞれのポリシーの違いとして適宜目的に応じて使い分ける必要がある．このような，ドメインを構造上の単位か，機能上の単位かを区別しないと話がややこしくなる場合には，構造ドメイン，機能ド

メインという言葉で区別することもある．しかし，残念ながら実際には，ちゃんとした区別をせずに使われることが多いので，そのような場合には，どのような意味でドメインといっているのかに注意を払う必要がある．

　iii) 一般的にものを分類する際には，ii) の問題のようにどのような尺度に基づいて分類を行うかが大きな問題であると同時にもうひとつ，似ていることの閾値の問題がある．つまり，どこまで似ているものを一まとめのグループにすればよいのか，である．この問題の難しさも例を通して見てもらおう（図7・8）．この例は，タンパク質の構造分類のもっとも大きな階層であるクラスが同じ α/β クラスに属するタンパク質である．このクラスに属するタンパク質はみな，$\alpha\beta\alpha$ 超二次構造（図7・5参照）を繰返しもつようなフォールドをもっている．いい換えると，この

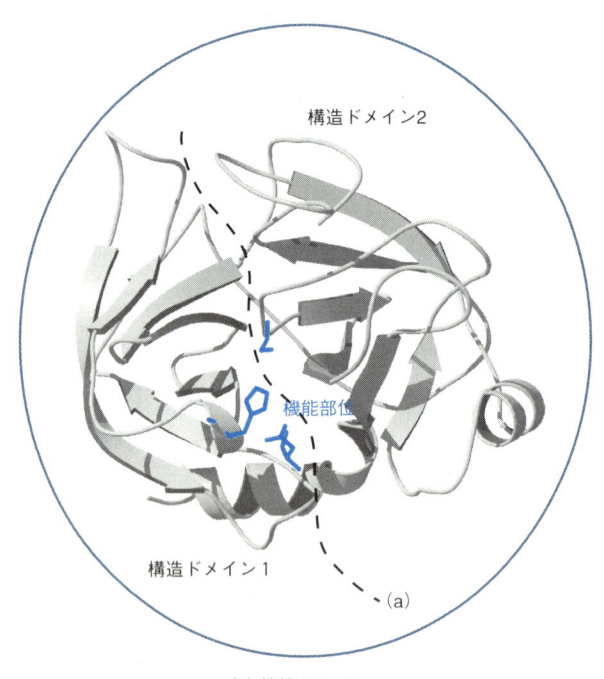

(b) 機能ドメイン

図7・7　**構造ドメインと機能ドメイン．**二つの構造ドメインに機能部位が分散しているため，二つをまとめてドメインとすることがある．このように機能に着目してドメインを定義したドメインを時として機能ドメインとよぶことがある．

7・4 自然界に存在するフォールドの数は限られている

クラスに属するタンパク質は似た部分構造を共有している．その結果，図7・8に見られるように，どこまでを同じグループとして同定するのがいいのかが難しいということが起こりうる．このような事態は他のクラスのタンパク質でも起こっている（図7・9参照）．これらのことは，タンパク質の構造がフォールドという粗視化した方法で見たときにその構成部品（二次構造あるいは超二次構造）が同じものである結果起こるのである．この問題を，人形の中に小さな人形が繰返し入っているロシア人形になぞらえて，Russian doll problem という呼び方をすることもある[11]．タンパク質の立体構造ではこのような問題があるために，構造だけで分類することは事実上不可能である．そのため，SCOP や CATH では，研究者による機能での判断を取入れて分類を行っている．

7・4 自然界に存在するフォールドの数は限られている

このように，タンパク質の立体構造を分類することそのものが難しいことであり，

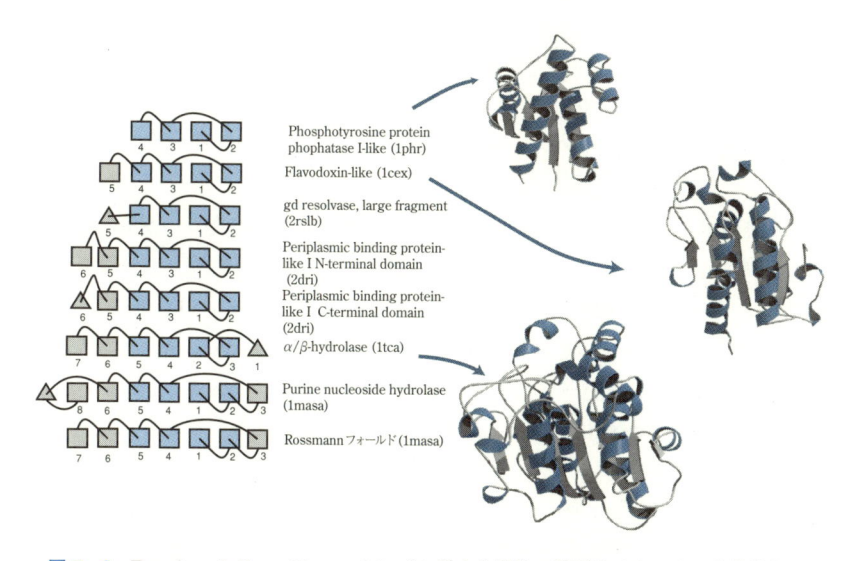

図7・8 **Russian doll problem**．タンパク質立体構造の類似性はドメインを単位として考えることが多いが，二次構造や超二次構造といった部分的な繰返し構造は数多く存在する．そのため，立体構造で見ると入れ子状態になっていることがある．このようなタンパク質の存在がタンパク質の立体構造での分類を困難にしている．このような入れ子構造を，同じように入れ子になっているロシア人形になぞらえて，Russian doll problem とよぶ．

分類からすぐに定量的な議論を行うことは容易ではない．しかし，どのような分類に従っても変わらない定性的な部分に着目することによりタンパク質立体構造に関する本質のようなものが見えてくる．このような知見にはさまざまなものがあるが，もっとも重要な知見は，タンパク質のフォールドの数は限られている，という知見であろう．

　そもそもこの議論は，まだ数十個のタンパク質でしかその立体構造が明らかにされていない 1970 年の終わりごろから議論のあった話である．そのころから，配列，機能のどちらから見ても，進化的な類縁関係が考えにくいタンパク質間でフォールドの類似性がつぎつぎと見つかっていた．このように進化的な類縁関係がないタンパク質間で類似性が見られるということは，そこに物理化学的な制約（たとえば，タンパク質が安定に存在するためには立体構造が物理化学的に安定でなければならないとか，合成されたタンパク質が細胞内では分解されてしまわないためには，速やかに折りたたまれなければならないという制約）が存在していて，タンパク質の立体構造に許される場合の数は限られているのではないかという考え方ができる．これに対して，Finkelstein と Ptitsyn[13] は，タンパク質が水溶液中で安定性を獲得するためには，高い密度で球状に固まらなくてはならないことから，二次構造を作ってそれらがある程度の規則性をもって固まることが重要であることを示した．そして，その結果としてタンパク質立体構造に許される構造には限りがあることを示した．

　このような議論にデータベースの解析から定量的な証左を与えたのが Chothia によるフォールドの数（スーパーファミリーの数といった方が正確かもしれない）の推定である[14]．彼は，1990 年の時点で構造がわかっているタンパク質において，その構造が明らかになった時点でそれが既知の構造と類似性がある割合と，既知の配列のファミリーとスーパーファミリーの数の関係を使って，全体としてどれぐらいの数のフォールドが存在するかを推量し，1000 種類程度あると予測した．その後さまざまなグループによりフォールドの数の推定がなされ，その数は 1000 程度から 7000 程度までかなり幅のあるもの[14],[15] であったが，フォールドは，タンパク質の種類やタンパク質が担う機能の数に比べると比較的少ない種類しか存在しないという点では一致したものであった．このような推定が，定量的にどこまで正しいのかに答えることはとても困難であると考えられていたが，最近の構造ゲノムプロジェクトの進展により今後 10 年もしないうちにすべてのタンパク質のフォールドが明らかにされるに伴って，自然界に存在するタンパク質の数がいくつあるのか

については答えが出されることになる．

7・5 フォールド以外の見方
7・5・1 原子配置での見方
ここまで，フォールドという見方でタンパク質の世界を見たときに見えてくることをいくつか紹介してきた．そして，遠からずすべてのタンパク質のフォールドが明らかにされることも紹介した．では，フォールドがすべてわかればタンパク質の立体構造に関してすべてわかったことになるのだろうか？ これは，先に述べたように，フォールドという見方はタンパク質立体構造の見方の一面にすぎないことからわかるように，すべてのタンパク質のフォールドが明らかになることは，タンパ

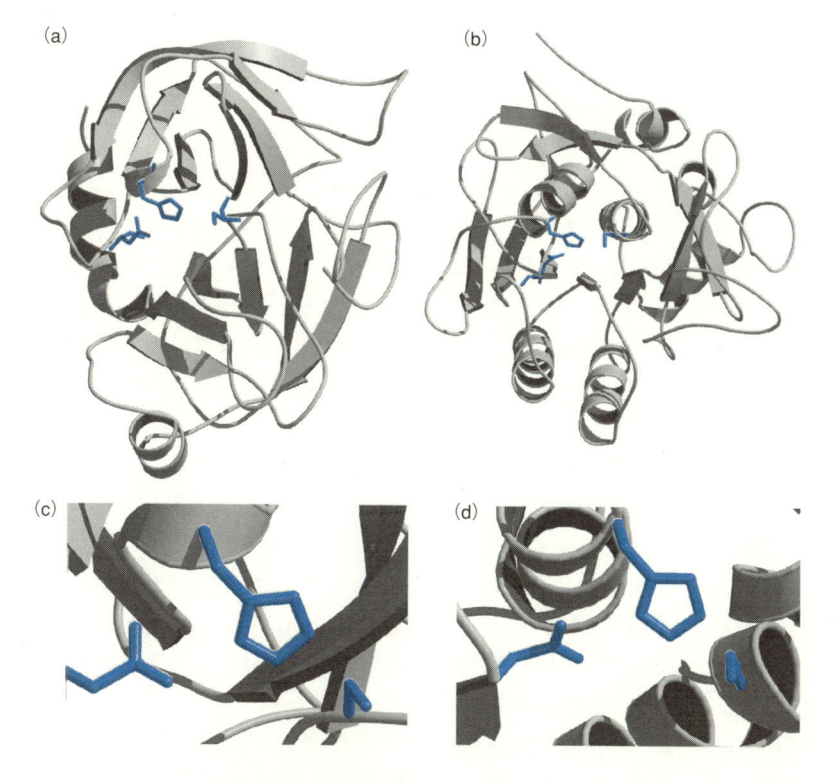

図7・9 **フォールドは異なるが機能部位が似ている例．** フォールドが異なるが，活性にかかわるアミノ酸残基の配置は似ている例．

ク質の立体構造研究においては一つの通過点にすぎない．

　本来，物理化学的な見方でタンパク質の機能を考えると，原子間相互作用を通した，分子間の電子の授受が機能そのものなのだから，生体高分子タンパク質の機能は，機能部位の原子の配置で決まっていると期待することができる．そこに果たすフォールドの役割は，その機能部位の大まかな構造を保持することと，活性部位で起こった反応による構造変化やエネルギーを他の部位に効率的に伝えるためのものであるといったことが考えられる．そのため，先に見たような，同じフォールドをもつタンパク質ペアが異なる機能をもつことは，フォールドのさまざまな場所を使えば多彩な原子の配置を実現できるのだから，特に不思議なことではない．むしろフォールドが同じだけで機能が似ていることのほうが，物理化学の観点からすると不思議なことなのである．もちろん，これは今まで議論してきたように，フォールドが進化の過程で保存されてきたことを反映したもの，つまり，フォールドが似たタンパク質の機能が似ていることが多いのは，進化的な類縁関係があることが多いからである．

　このように局所的な原子の配置により機能が決まると考えると，異なるフォールドをもつタンパク質が，同じ活性部位の構造をもち，同じ機能をもつことがあってもよさそうである．実際このような例は存在する．図7・9を見てほしい．この例では，まったく異なるフォールド（(a)トリプシン，β バレルフォールド，(b)ズブチリシン，α/β Rossmann フォールド）をもちながら，その機能部位で活性に関与している残基（アスパラギン酸，ヒスチジン，セリン）の配置は非常に似ている（図7・9c, d）．実際これらのタンパク質は，セリンプロテアーゼといわれる酵素タンパク質で，ペプチド鎖の切断反応を触媒する．このようにフォールドが違っても原子の空間配置が似ていればその機能が似ていることはある．ただし，原子配置が似ていて，全体の酵素反応は似ていても反応機構が異なることもある．たとえば先のセリンプロテアーゼの例では，セリンカルボキシペプチダーゼIIという酵素では，図7・10に示すように活性部位の構造は他のセリンプロテアーゼと酷似していて，酵素としての機能であるペプチド鎖の切断という点では共通点があるが，反応に亜鉛イオンを必要とするなど他のセリンプロテアーゼとは異なる面があり，反応機構は異なると考えられている．

　このように，原子の空間配置と機能との間には，物理化学的に見れば相関があるべきだが，原子配置の類似性だけで反応機構まで同じであるというほど単純ではないようである．そこで，小林らと木下らは，機能のもっとも最初のステップである

7・5 フォールド以外の見方

基質の結合にのみ注目して，モノヌクレオチド結合タンパク質で，構造の類似性と機能の類似性に関する研究を行った[16)~18)]．そこでは，モノヌクレオチド（図7・11）の塩基部分とリン酸部分に別々に着目して，それぞれで周辺原子の空間配置の比較・分類を行った．このような比較・分類により予想される結果としては，基質（モノヌクレオチド）とタンパク質の相互作用の物理化学的側面を反映して，フォールドが違う，つまり進化的類縁関係の考えにくいタンパク質間に数多くの共通構造が存在することである．彼らの分類の結果，確かにこのような共通構造が見つかった．しかし，その数は予想したよりも非常に少ないものであり，ほとんどの場合，同じスーパーファミリー内でのみ共通構造を有しているという状況であった．しかし，結合部位に登場するタンパク質の原子の組成に着目すると，結合部位とそうでない部位とを区別できる組成の偏りが存在することも見えてくる．このことは，同

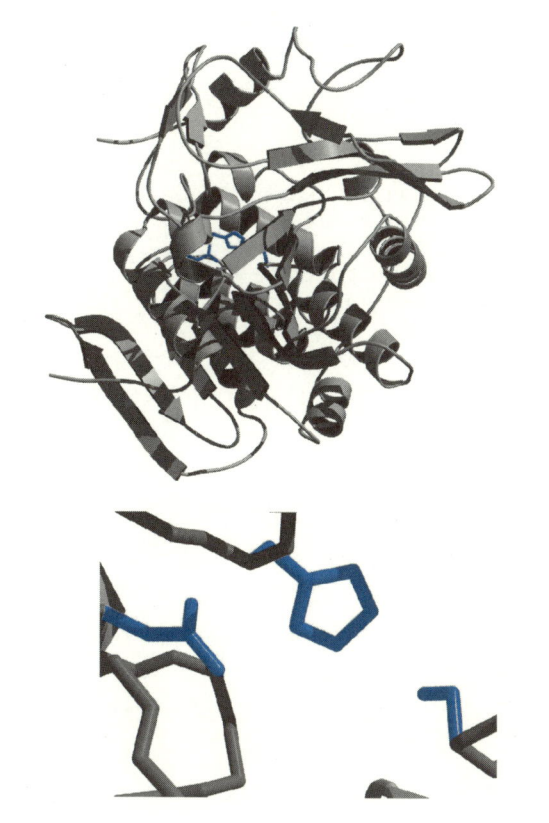

図7・10 セリンカルボキシペプチダーゼⅡ． このタンパク質も，他のセリンプロテアーゼとフォールドは異なるが，似た活性部位の構造をもっている．

じような機能(ここではモノヌクレオチドの結合)の実現の仕方には,使う部品(登場する原子)は物理化学的な相互作用や役割を反映して,限られた種類のものしか使わないが,その配置にはさまざまな方法があり,生物はそれらを適宜必要に応じて使い,いったん使い始めるとその方法をずっと使いつづけるというふうに見えることがわかってきた.

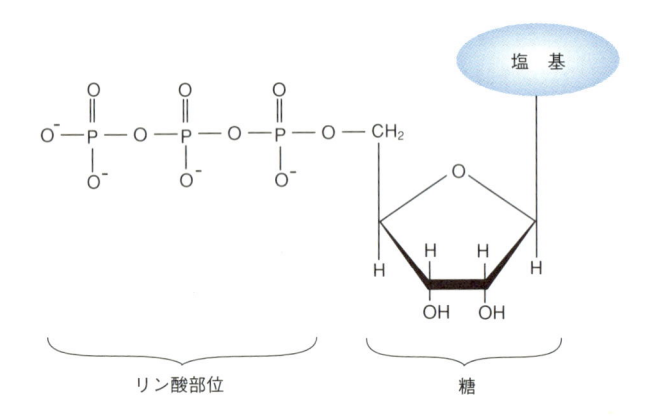

図 7・11 モノヌクレオチド.モノヌクレオチドは塩基,糖,リン酸部分からなっている.塩基部分の違いと,リン酸部分のリン酸基の個数でモノヌクレオチドの種類が決まる.モノヌクレオチドは 3 文字の略称(たとえば ATP など)で書かれることが多いが,最初の文字が塩基の種類(アデニンなら A,グアニンなら G など),2 文字目がリン酸基の個数(M が一つ(mono),D が二つ(di),T が三つ(tri))を意味する.3 文字目はいつも P.

7・5・2 タンパク質の分子表面物性

原子配置をそのまま扱う以外に,タンパク質の物理化学的な側面を捉えた構造の扱い方としては,分子表面(図 7・1e)とそこでの物性を考える方法がある.分子表面というのは,タンパク質内の原子がファン デル ワールス半径をもつ剛体球であるとして,その外側を水分子(通常半径 1.4 Å の剛体球)と接する内接面で定義する(図 7・12)[19].その表面に物性として,たとえば,ポアソン-ボルツマン方程式を解いて得られる静電ポテンシャル[20]や,近傍のアミノ酸側鎖の疎水性度[21]をマップしたものを考える.

このような見方と原子配置の見方はどのような違う情報を与えるだろうか? こ

7・5 フォールド以外の見方

れを明らかにするためにわれわれは,モノヌクレオチドのリン酸結合部位に関して,原子配置での比較により得られる類似度と,表面での比較で得られる類似度をプロットして相関を調べた(図7・13).この結果,多くの場合,原子配置が似ていれば表面の形状および物性も似ている(図7・13右上),一方,原子配置で見ると似て

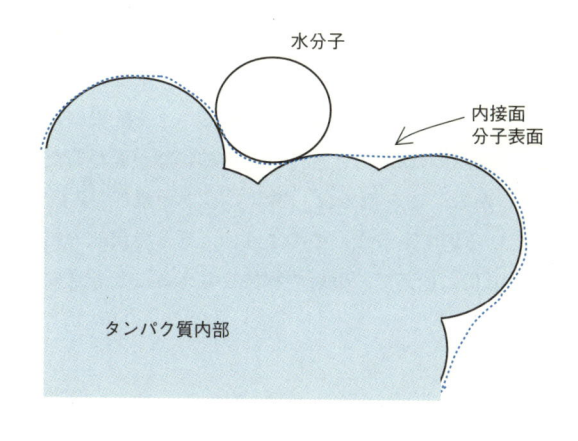

図7・12 分子表面. タンパク質が水と接する面で分子表面を定義する.

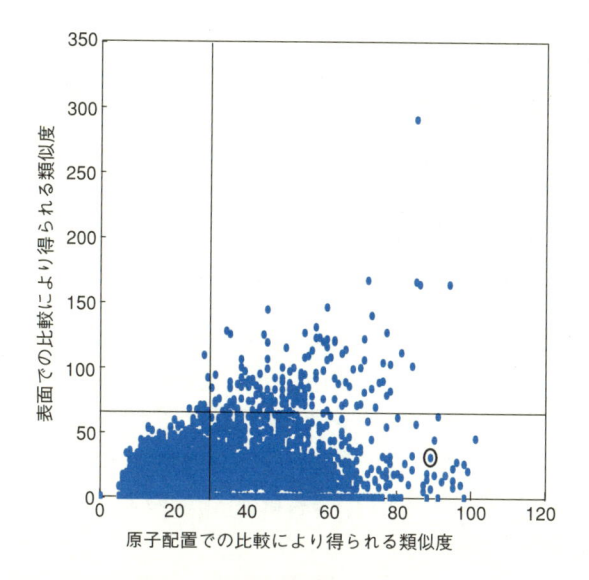

図7・13 分子表面の比較と原子配置の比較. 原子配置での比較と,分子表面では異なる知見を与える.

いるが表面の物性では似ていない場合もかなり存在することがわかった．このような例は，原子の配置が似ているので表面の形状は似ているはずであり，違うのは物性だと考えられる．図7・13の黒丸で囲んだケースを例として見てみよう．この例では，熱ショックタンパク質の一種であるHSP70というタンパク質の機能部位であるATP加水分解反応を行う部位近傍で，一方は活性をもった状態の構造，もう一方は電荷をもった残基から電荷のない残基（Lys71Met）への変異により活性を失った状態の構造である．この例では，1残基違うだけなのでその活性部位の構造（原子配置および表面の形状）はほとんど同じものであったために，原子配置の比較では高い類似性を示しているが，物性を考慮すると近くの電場の状態が変わるために違うように見えていることがわかる．この例では，物性の違いが機能（ATPの加水分解反応）に密接に関係している例であった．このように，構造を機能の相関を考える際には，原子配置などの形状に加えて，近傍の物性を考えることも重要であるように思われる．

7・6 構造からの機能予測

ここまで，立体構造と機能の関係を，フォールドレベル，原子レベル，および表面の形状および物性という観点で議論してきたように，まだまだ難しい部分も存在するが，かなりいろいろなことがわかってきている．では現在までの理解で，機能未知のタンパク質の構造がわかったときに機能を予測することがどこまでできるのだろうか？　いくつかの方法を紹介する．

Kimらは，MJ0226というタンパク質において，構造解析からの機能予測を試みた．このタンパク質は，1996年に全ゲノムが同定された *Methanoccoccus jannaschii* というメタン細菌の遺伝子のひとつとして同定されたがその機能は未知であった．これに対して彼らは，X線結晶解析により構造を決定し，フォールドの類似性検索を行った[22]．この検索の結果，フォールド全体で似ているタンパク質を見つけることはできなかったが，部分的に類似性が見られ，比較的高い類似性を示すタンパク質がすべてモノヌクレオチド結合タンパク質であることを見いだした．そこで，モノヌクレオチド結合タンパク質の一種であることを予測した．その後，さまざまなモノヌクレオチドとの結合能を調べる実験を行った結果，キサンチン3リン酸（XTP）と高い親和性（$K_m = 0.10$ mM）を示し，さらにXTPからXMPへの加水分解を触媒することがわかった（$K_{cat} = 1009.37/s$）．この例は，（部分的ではあるが）フォールドの類似性から機能を予測し，うまくいった好例である．

7・6 構造からの機能予測

　Lichtargeらは，配列解析と構造情報を融合することにより，機能上重要な残基を特定する方法を提唱している．この方法では，配列解析の結果得られる樹形図の枝分かれのパターンと配列保存のパターンとの相関を調べ，配列上保存している残基をそのファミリー内で立体構造のわかっているタンパク質の分子表面にマップして機能上重要な残基の集まりを推定する[23]．この方法では，配列解析で保存している残基は，構造上かあるいは機能上重要な残基であり，機能上重要な残基は表面近くに集まっていることを仮定している．このような仮定は多くの場合妥当であるが，基質の付いてない状態では基質結合部位が埋まっていることもあり，そのような場合にはうまく機能しない可能性がある．しかし，彼らはこの方法をシグナル伝達系のGタンパク質に応用することにより，GTPの加水分解サイト，タンパク質間相互作用部位の候補を特定することに成功している[24]．

　これとは対照的な方法，つまり構造情報のみから機能を予測する方法として，木下らは，タンパク質機能部位の表面形状とそこでの物性（静電ポテンシャルと疎水性）のデータベース（eF-site, http://ef-site.protein.osaka-u.ac.jp/eF-site）とそのデータベースに対する類似性検索法を開発した．この結果，抗体タンパク質の抗原結合部位の識別やモノヌクレオチド結合タンパク質のリン酸結合部位の識別などのケースでよく認識できることを示し，構造情報からだけでもかなり，機能部位を特定できることを示すことができた．しかし，Lichtargeらの方法と同様，基質が結合していない状態での構造変化のような，タンパク質のやわらかい側面の取扱いはこれからの課題である．

　これ以外にもいくつかのグループで同様の試みが行われている[25]〜[28]．ここではそのすべてを紹介するわけにもいかないが，これらの研究の結果わかってきた知見として重要なものを二つあげておく．i) 類縁タンパク質でも基質や生成物の種類まで考えて機能を細かく定義すると機能はかなり変わりうる．しかし，基質の種類などが少々変わっても化学的な反応部分が同じときに同じ機能だと考えると，類縁タンパク質では機能は保存されているように見える．このことは，最初に議論した機能の類似性をどう定義するかという問題と絡んで重要な知見である．ii) 既知の構造との類似性検索による機能同定法ではタンパク質のやわらかさをどのように取扱うかがキーとなる．つまり，これも最初に議論したように，タンパク質はやわらかいが，フォールドと違って原子配置や表面を見る際にはこのやわらかさにより同じタンパク質でも"異なる"構造になることがある．このような構造のやわらかさの問題を解決することが，構造情報から機能を予測する際に解決すべき大きな課題

の一つである.

7・7 タンパク質複合体による高次機能の発現

ここまでは,タンパク質の生化学的な機能と構造の関係を議論してきた.これらの知見は薬剤設計やゲノムの機能同定など実用的な面での重要性もさることながら,生物を分子レベルで理解するためには不可欠な知見である.しかし,これらがすべてわかったとしても生物をシステムとして理解するにはまだまだやることがある.

タンパク質の生物学的機能というのは,タンパク質がたくさんの分子(他のタンパク質やDNA,RNA,多糖類など)が集まって複合体をつくったり,あるいはたくさんの分子が相互作用しあったりして実現されているものである.たとえば,伸長因子の例を考えてみよう.この因子はタンパク質の合成系でアミノ酸が重合して,ポリペプチド鎖が伸びていくのに不可欠な因子であった.そのため,このタンパク質の生物学的機能はタンパク質合成の伸長の調節と考えられる.ところで,ここで,タンパク質合成系と一言で済ましたものは実はかなり複雑な分子機械からできている.わかっている因子だけでも,リボソーム,mRNA,アミノアシル-tRNA,伸長因子(EF-Tu,EF-Ts,EF-G),終結因子やGTPなどかなりの数の分子が相互作用している.しかも,リボソームと一言でいった分子はそれ自体が実は,30Sと50Sのサブユニットからなりそのサブユニットは,それぞれ,一つのrRNAと21種のタンパク質および2個のrRNAと約30種のタンパク質からで構成される巨大な分子機械なのである.究極的にはこれら関与するすべての分子間相互作用が明らかにされて初めてタンパク質合成系を分子レベルで理解できたことになるであろう.そう考えると先は長そうに思えるかもしれないが,近年のX線結晶解析の進歩は目覚しく,最近リボソームの50Sサブユニットのという巨大な複合体のほぼ全体の構造解析がなされた[29].これは実に3864のアミノ酸残基(27のタンパク質)と2833個のヌクレオチド(rRNAの構成要素である23Sリボソームと5Sリボソーム)からなる巨大な分子機械である.

このような大きなタンパク質複合体も構造解析できるようになり,また,構造ゲノムプロジェクトが順調に進行するとすると,遠からずタンパク質の相互作用に関しても構造をもとにいろいろ議論できる日がくるだろう.そうなると,その時点でまだ相互作用のわかっていないタンパク質に対して,構造をもとにした相互作用形式の予測法が必要になってくる可能性がある.というのも,実験的に分子間相互作

用解析をすることは数が多くなると大変であり，ツーハイブリッド法[30]のようなエレガントな方法もあるが，まだまだノイズが多く，解決しなくてはならない課題は多いからである．そこで，計算で相互作用が予測できれば，その相互作用のつながりをネットワークとして解析することにより生物のシステムの記述という道も開けてくるように思われる．このような相互作用ネットワークに関する研究としては，まだ構造情報は入っていないが，細胞の中のタンパク質などの相互作用を記述して細胞そのものをシミュレートする試みはすでに始まっている[31]．

7・8 おわりに

以上見てきたように，われわれはまだ構造情報を十分読み解くことができるようになったわけではない．しかし，初めてタンパク質の立体構造が明らかにされて40年，また数多くの構造情報にアクセスできるようになってほんの10年ちょっとで，ここまでの知見を蓄積できていることは，構造情報をもとに生物を理解するという方法の有効性を示しているように思える．今後さらに構造情報が蓄積されるに伴って，特に，構造ゲノムプロジェクトの進展に伴い，今後10年程度で立体構造情報に関するわれわれの理解は大幅に進むはずである．その先に，生物を物理化学の言葉で理解できる日がやってくると期待している．

参 考 文 献

1) S. A. Teichmann *et al.*, *Curr. Opin. Struct. Biol.*, **9**, 390 (1999).
2) J. Erickson *et al.*, *Science*, **249**, 527 (1990).
3) J. C. Kendrew *et al.*, *Nature*, **181**, 662 (1958).
4) W. R. Taylor *et al.*, *J. Mol. Biol.*, **208**, 1 (1989).
5) L. Holm *et al.*, *Science*, **273**, 595 (1996).
6) J. F. Gibrat *et al.*, *Curr. Opin. Struct. Biol.*, **6**, 377 (1996).
7) I. N. Shindyalov *et al.*, *Protein Eng.*, **11**, 739 (1998).
8) C. A. Orengo *et al.*, *Nature*, **372**, 631 (1994).
9) K. Kinoshita *et al.*, *Protein Sci.*, **8**, 1210 (1999).
10) A. G. Murzin *et al.*, *J. Mol. Biol.*, **247**, 536 (1995).
11) C. A. Orengo *et al.*, *Structure*, **5**, 1093 (1997).
12) L. Holm *et al.*, *Nucleic Acids Res.*, **22**, 3600 (1994).
13) V. A. Finkelstein *et al.*, *Prog. Biophys. Mol. Biol.*, **50**, 171 (1987).
14) C. Chothia *Nature*, **357**, 543 (1992).
15) N. N. Alexandrov *et al.*, *Protein Sci.*, **3**, 866 (1994).
16) K. Kinoshita *et al.*, *Protein Eng.*, **12**, 11 (1999).
17) N. Kobayashi *et al.*, *Nat. Struct. Biol.*, **4**, 6 (1996).
18) N. Kobayashi *et al.*, *Eur. Biophys J.*, **26**, 135 (1997).

19) M. L. Connolly, *Science*, **221**, 709 (1983).
20) H. Nakamura et al., *J. Phys. Soc. Jpn.*, **56**, 1609 (1987).
21) J. Kyte et al., *J Mol Biol.*, **157**, 105 (1982).
22) Hwang, Kwang Yeon et al., *Nat. Struct Biol.*, **6**, 691 (1999).
23) O. Lichtarge et al., *J. Mol. Biol.*, **257**, 342 (1996).
24) M. E. Sowa et al., *Proc. Natl. Acad. Sci. U. S. A.*, **97**, 1483 (2000).
25) B. B. Goldman et al., *Proteins*, **38**, 79 (2000).
26) A. E. Todd et al., *Curr. Opin. Chem. Biol.*, **3**, 548 (1999).
27) A. C. Wallace et al., *Protein Sci.*, **5**, 1001 (1996).
28) J. S. Fetrow et al., *J. Mol. Biol.*, **281**, 949 (1998).
29) N. Ban et al., *Science*, **289**, 905 (2000).
30) S. Fields et al., *Nature*, **340**, 245 (1989).
31) M. Tomita et al., *Bioinformatics*, **15**, 72 (1999).
32) P. J. Kraulis *J. Appl. Cryst.*, **24**, 946 (1991).
33) E. A. Merritt et al., *Acta Crystallogr. D.*, **50**, 869 (1994).

索　　引

ab initio 遺伝子発見　67, 70, 80, 81, 83
α ヘリックス　170, 171

Baum-Welch アルゴリズム　58
BLAST　33, 68, 82, 98
　——のアルゴリズム　99
BLOCKS　28
β ストランド　170, 171

CATH　176
cDNA　80
　——による遺伝子発見　69
CGI　33

DBGET　39
DBMS　34, 46
DDBJ　26
DNA
　——の塩基配列の認識　51
DNA 結合タンパク質　52
DNA チップ　19
DNA モチーフ
　——の検索　60
DP 法　85, 97

EBI　22, 26, 37
eF-site　187
EMBL　26～
Entrez　36, 37
EPD　28
EST　80, 84
E-value　98

FASTA　23, 24, 33, 98
　——のアルゴリズム　94
FSSP　176

G タンパク質共役型受容体　5
gapped BLAST　110
GDB　28, 32

GenBank　23, 24, 26～
Gene Ontology　47
GO　47

HIV プロテアーゼ　168
HMM　56, 58
　——による大腸菌遺伝子の
　　　　モデル化　72
　——によるヒト遺伝子の
　　　　モデル化　75
　アラインメントのパターン
　　　を表現した——　77
　遺伝子発見を行う——　70
　ゲノム比較による遺伝子
　　　発見を行う——　78
　シグナル情報
　　　を表現した——　74
HSP　99
HSP70　186
Hypothesis Creator　42

KEGG　32, 39～, 120

LIGAND　139
LinkDB　39

MBGD　41, 42, 135
mRNA 前駆体　61

NCBI　22, 26, 36

OLAP　47
OMIM　160
OODBMS　46
ORF　82

PDB　25～, 34, 169
Perl　33, 53
PHI-BLAST　113
PIR　28
PRF　28

PRINTS　28
PROSITE　28
PSI-BLAST　110, 112
PSSM　55

RNA スプライシング　61
RNA 遺伝子　67
Ruby　33
Russian doll problem　179

SCOP　176
SRS　37, 38
STAG　43, 44
SWISS-PROT　28
σ 因子　61

TRANSFAC　28
Twilight Zone　114

Viterbi アルゴリズム　59, 69

word　94, 98, 100

XML ファイル　46

Z スコア　98

あ

アクセプター部位　73
アノテーション
　Anabaena の——　127
　タンパク質の——　15
アフィン・ペナルティ　86
アプリケーション　34
アミノ酸インデックス　151
アミノ酸配列　51
　——の解析　141
　——の情報処理法　142

索引

あ

アミノ酸配列データベース 23
アラインメント 76, 86
アラインメント・スコア 88
アルゴリズム
　遺伝子発見の―― 67
　FASTA の―― 94
　BLAST の―― 99

い

イオン結合 148
イオンチャネル 7
イオンチャネル共役型
　　　　　　受容体 5
位置依存スコア行列 54
遺伝子
　――によるパスウェイ
　　　　　　検索 123
　――の相互作用 117
遺伝子アノテーション 81
遺伝子数
　各生物種の―― 158
遺伝子発見 67
　ab initio ―― 67, 70, 80, 81,
　　　　　　83
　ゲノム比較による―― 67,
　　　　　　76, 83
　ゲノムプロジェクト
　　　　における―― 81
　cDNA 配列による―― 69
　転写産物による―― 67, 68
　　　　　　81, 83
遺伝子発現 8, 40
遺伝子発現制御情報 64
遺伝子発見プログラム 68, 83
　――の信頼性 80
　転写産物による―― 79
　ゲノム比較による―― 81
遺伝子ビン 83
遺伝情報 2
移動自由エネルギー 151, 152
インスリン 5
インターネット 30
　――を用いた検索 36
イントロン 61, 69, 92

え, お

エキソン(エクソン) 61, 73, 92
エキソン・シャフリング 92
エクステンション・ペナル
　　　　　　ティ 86
塩基配列 8, 12, 51
　――の認識 52
　全ゲノムの―― 10
塩基配列データベース 23
エントリ 23
オーソログ
　クエン酸回路の―― 125
オーソログ遺伝子 40, 76, 134
オーソログテーブル 124
　クエン酸回路の―― 138
オブジェクト指向データ
　　ベース管理システム 46
オープニング・ペナルティ 86
オペロン 136
重み行列 54, 104, 106
オルガネラ 50, 66
温覚 3
温度受容器 4
オンライン解析 47
オンラインヒト遺伝病
　　　　データベース 160

か

開始状態 59
階層性
　情報の―― 8
界面エネルギー 151
過学習 63
鍵と鍵穴 51
隠れマルコフモデル
　　(HMM も見よ) 56, 58
活性部位
　――の構造 182
カルモジュリン 161
関係データベース管理
　　　　　　システム 46
感度 79

き

記号出力確率 58
キサンチン 3 リン酸 186
疑似度数 65
期待値 98
機能ドメイン 177, 178
ギブス・サンプリング 64, 65
機能未知遺伝子 118
ギャップ 86
擬陽性 51, 83
極性 149
極性環境 150
極値分布 98

く

クエン酸回路
　――のオーソログ 125
　――のオーソログ
　　　　　テーブル 138
　――の比較 128
　――のリファレンス
　　　　　マップ 122
グラフ 126
グラフ比較 126
グローバル・アライン
　　　　　メント 88, 91
クロマチン構造 52
クーロン力 147, 151

け

形式言語理論 53
系統プロファイル 134, 135
経路探索
　グラフの―― 126
　パスウェイの―― 130
欠失 86
欠失状態 56, 59
決定性有限オートマトン 100
ゲノム
　――のシステム 8
　ショウジョウバエの―― 14
　チンパンジーの―― 15

索 引

193

ゲノム（つづき）
　大腸菌の―― 15
　微生物の―― 15
　ヒトの―― 14
ゲノム解析
　――とデータベース 12
　ショウジョウバエの―― 140
ゲノム計画 30
ゲノム情報 2, 3, 7
ゲノム情報学
　膜タンパク質の―― 157
ゲノムデータ 31
ゲノムネット（Genome Net）
　　　29, 31, 34, 35, 39, 40
ゲノム比較
　――による遺伝子発見 67, 76, 83
　――による遺伝子発見プログラム 81
ゲノムプロジェクト 30, 164
　――における遺伝子発見 81
　原核生物の―― 81
　真核生物の―― 82
原核生物
　――のゲノムプロジェクト 81
原子配置 181, 185

こ

語 94, 98, 100
効果器 5
高次機能
　――の発現 188
高次データベース 39
抗原結合部位 187
構造機能相関 167
構造ゲノムプロジェクト 168
構造ドメイン 177, 178
酵素共役型受容体 5
酵素番号 167
酵素反応のカスケード 117
誤差逆伝播法 63
コード領域 67, 76
コドン
　――の使用頻度 71, 82
コドンの読み枠 73
コミュニケーション
　細胞間の―― 4

コンセンサス配列 52, 70, 102, 103

さ, し

サイト特異的スコア・マトリックス 104
細　胞
　――における情報伝達 4
　細胞内局在化シグナル 66
　細胞膜透過 66
サーブレット 33
視　覚 3
時間計算量 91
シグナル同定 50
シグナル分子 4
シグナルペプチド 66, 67
シグナル類似配列 51
自己静電エネルギー 152
脂質二層膜 150, 155
質問緩和 131, 133
シミュレーション
　生物・細胞の―― 18
嗅　覚 3
受容器 3
受容体 5
ショウジョウバエ
　――のゲノム 14
　――のゲノム解析 140
状態遷移 59
状態遷移確率 58, 72, 75
使用頻度
　コドンの―― 71, 82
情報機械 1, 2, 7
情報受容器 3
情報伝達 2
　――のネットワーク 9
　細胞間の―― 4
　細胞内の―― 5
触　覚 3
真核生物
　――のゲノムプロジェクト 82
真核生物プロモーター 64
進化的な距離 14
進化的類縁関係 176
神経細胞 4, 62

神経伝達物質 4
シンテニー領域 76

す

水素結合 51, 148
水素結合ネットワーク 149
水溶性タンパク質
　――の構造予測 160
スコア 55, 86
スコア行列 56
スコア・テーブル 86, 89
スコアリング・システム 102
スーパーファミリー 173
スーパーフォールド 174, 175
スプライシング 70
スペーサー領域 61
3D キーノート 146
スレッディング 146

せ, そ

正規表現 53
制御パスウェイ 117
成熟 mRNA 61
静電相互作用 148
静電ポテンシャル 184
生物情報データベース 22, 26, 46
　――の多様化 29
生物進化 14
セカンドメッセンジャー 5, 6
接触表面積 151
セリンカルボキシペプチダーゼⅡ 182, 183
セリンプロテアーゼ 182
繊維状タンパク質 162
選択的スプライシング 63, 64
選別情報 66

相互作用ネットワーク 189
相同性 85
相同性検索 51, 85
相同タンパク質 85
挿　入 86
挿入状態 56
疎水性アミノ酸 103

疎水性インデックス 144, 152, 153
疎水性相互作用 51, 149, 150, 151

た

対角線法 95, 96
代謝系の再構築 125
代謝パスウェイ 117
対称性
　フォールドの―― 176
対数オッズ比 55
大腸菌
　――のゲノム 15
大腸菌プロモーター
　――の構造 61
炭化水素鎖 152
短距離相互作用 147
タンパク質
　――の機能 16, 141, 167
　――の構造 16, 146
　――の相互作用 117
　――の分類 140, 146
　――の立体構造 147, 164～
タンパク質合成系 188
タンパク質-タンパク質相互作用 147
タンパク質ファミリー 173
ダンベル型タンパク質 161, 162

ち, つ

聴　覚 3
長距離相互作用 147
超二次構造 170, 172
チンパンジー
　――のゲノム 15
ツーハイブリッド法 189

て

データベース 34

　――の構成 32
　――の統合化 30
　ゲノム解析と―― 12
データマイニング技術 43
テーブル照合 94, 96
電位依存性チャネル 7
電位依存性ナトリウムチャネル 7
転写産物
　――による遺伝子発見 67, 68, 81, 83
　――による遺伝子発見プログラム 79
転写終結領域 83
転写制御のネットワーク 117

と

問い合わせ配列 85
同義突然変異 76
統計的パラメータ 142, 143
統計的判別ルール 143
統合化
　データベースの―― 30
統合データベース 32
動的計画法 85
特異性 79
得　点 86
ドットマトリックス 95
ドナー部位 73
ドメイン 170
　――の定義 176

な 行

二次構造要素 170, 171
二次構造予測 146
ニューラルネット法 62
ニューロン 62

ヌル状態 59, 72, 75

熱ショックタンパク質 186
ネットワーク
　情報伝達の―― 9
ネットワーク解析 18

は, ひ

バイオインフォマティクス 11
排除体積効果 147
配　列
　――の類似性解析 14
バクテリオロドプシン 153
パスウェイ 19, 40, 117
パスウェイ情報 116
パスウェイ情報データベース 119
パターン認識 62
バックプロパゲーション法 63
ハードウェア 34
幅優先探索 131
反復配列 83

非極性環境 150
微生物
　――のゲノム 15
ヒト
　――のゲノム 14
ヒトゲノムプロジェクト 11
ヒト免疫不全ウイルス 168
表面張力 151

ふ

ファクトデータベース 28
ファミリー 173
ファン デル ワールス力 51, 147, 151
フォールド 16, 165
　――の数 179
　――の対称性 176
　――の比較法 171
　――の分類 176
　――の類似性 169, 173
不活性状態 7
物理化学的パラメータ 144, 152, 160
プロファイル HMM 56, 57
プロファイル解析 56
プロモーター 57
　真核生物の―― 64
プロモーター領域 76, 83
分子間相互作用 11, 18

分子認識　51
分子表面　184, 185
分泌細胞　11

へ, ほ

ペアワイズ・アラインメント　77, 102
並置　85, 87
並列処理　9
ポアソン-ボルツマン方程式　184
ポストゲノム配列解析　168
ホモロジー　13, 85, 142, 143
ホモロジー検索　23, 33, 38, 40, 51, 85
ホモロジー・プロファイル　105, 108
ホモロジーモデリング　146
ホルモン　4

ま 行

マイクロアレイ　137
−35 領域　61

−10 領域　54, 61
前向きアルゴリズム　59
膜貫通ヘリックス　5, 155
　──の本数　159
膜タンパク質　17, 142, 158
　──のゲノム情報学　157
　──の構造予測　152
膜電位変化　6
マトリックス検索　102
マルチプル・アラインメント　38, 102

味覚　3

メタボローム　137

モチーフ　53, 65, 102
モデリング
　立体構造の──　16
モノヌクレオチド結合タンパク質　183, 186

や 行

薬剤設計　168

有限オートマトン　101

有限状態マシン　100

ら 行

立体構造　16
　タンパク質の──　147, 164～
立体構造データベース　23
リファレンスパスウェイ　122, 124
リファレンスマップ
　クエン酸回路の──　122
リボソーム　188
両親媒性インデックス　144, 152, 153
類似性
　配列の──　13, 14
　フォールドの──　169, 173
類似度　97, 107

冷覚　3
連合データベース　32

ローカル・アラインメント　92

美宅成樹
1949 年 三重県に生まれる
1971 年 東京大学理学部 卒
現 東京農工大学工学部 教授
専攻 バイオインフォマティクス，タンパク質科学
理学博士

榊　佳之
1942 年 名古屋市に生まれる
1966 年 東京大学理学部 卒
現 東京大学医科学研究所 教授
専攻 ゲノム科学，分子遺伝学
理学博士

第 1 版 第 1 刷 2003 年 3 月 6 日発行

応用生命科学シリーズ 9
バイオインフォマティクス

Ⓒ 2003

編　者　美　宅　成　樹
　　　　榊　　佳　之
発行者　小　澤　美奈子
発　行　株式会社 東京化学同人
東京都文京区千石 3 丁目 36-7 (〒112-0011)
電話 03-3946-5311・FAX 03-3946-5316
URL：http://www.tkd-pbl.com/

印　刷　ショウワドウ・イープレス㈱
製　本　株式会社 松岳社

ISBN 4-8079-1428-6
Printed in Japan

応用生命科学シリーズ

編集代表　永井和夫

1. 応用生命科学の基礎　　永井和夫・松下一信・小林　猛 著
2. 細胞工学の基礎　　　　永井和夫・冨田房男・長田敏行 著
3. 微生物工学の基礎　　　冨田房男・浅野行蔵 著
4. 植物工学の基礎　　　　長田敏行 編
5. 動物工学の基礎　　　　永井和夫・白畑實隆 著
6. タンパク質工学　　　　松澤　洋 編
7. 酵素工学　　　　　　　松澤　洋・松本邦男 編
8. 生物化学工学　　　　　小林　猛・本多裕之 著
9. バイオインフォマティクス　美宅成樹・榊　佳之 編